# Découvrez l'histoire par les archives de presse

# RETRONEWS

Le site de presse de la BnF

www.retronews.fr

**5ᵉ Année**  **Janvier 1892**  39  **Nᵒ 40**

Ce Bulletin paraît le 15 de chaque mois.

# BULLETIN AGRICOLE
## DE L'OUEST

Organe des Syndicats Agricoles
des départements du Finistère, des Côtes-du-Nord,
du Morbihan, de la Loire-Inférieure, d'Ille-et-Vilaine, de la
Manche, de la Mayenne, de Maine-et-Loire, de la Sarthe,
de l'Orne, du Calvados, de l'Eure, d'Eure-et-Loir
et de la Seine-Inférieure.

*Publié sous la direction de :*

### H. LÉIZOUR, (✳ M. A.) (Q A.)

Professeur départemental d'Agriculture de la Mayenne. Directeur du Laboratoire
agronomique, Président du Syndicat des Agriculteurs de la Mayenne,

### GAROLA, (O ✳ M. A.) (Q A.)

Professeur départemental d'Agriculture d'Eure-et-Loir,
Directeur de la Station agronomique de Chartres.

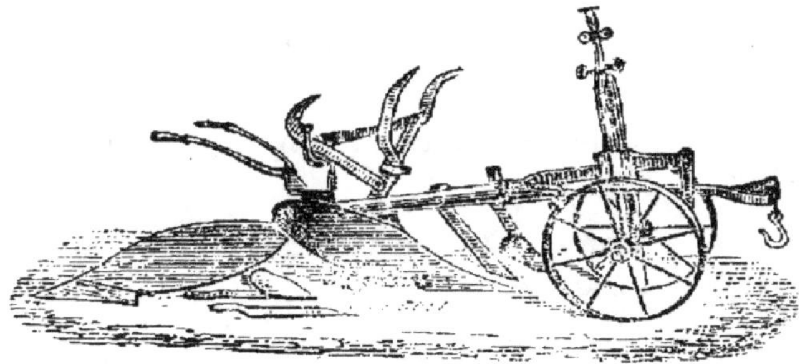

## ABONNEMENTS

Les membres des syndicats adhérents sont abonnés gratuitement par leurs
bureaux. — Pour les étrangers aux syndicats : **6 fr.** par an.

## ANNONCES

De 1 à 4 annonces. » **50ᶜ** la ligne.  {  De 8 à 12 annonces » **30ᶜ** la ligne
De 4 à 8  —  » **40ᶜ**  —  {  Au-delà de 12.  . » **20ᶜ**  —

Le bulletin publiera gratuitement les offres et demandes
des Syndicats abonnés.

*AVIS. — Tout ce qui concerne la rédaction, les Annonces et les Abonnements, doit être adressé à* **M. LÉIZOUR,** *rue de la Filature, 1, à Laval.*

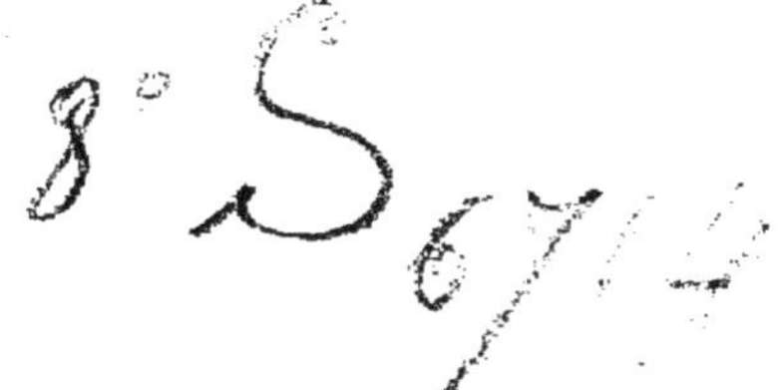

# Entrepôts du syndicat des agriculteurs
## de la Mayenne

Pour répondre aux nombreuses demandes qui nous parviennent de a part des cultivateurs syndiqués, nous indiquons ci-après les centres où nos divers entrepôts sont établis, les noms des entrepositaires et les localités desservies par chacun.

*Ernée.* — Chez M. **Pioget**, négociant à Ernée, pour le canton d'Ernée.

*Montaudin.* — Chez M. **Tirard**, quincaillier à Montaudin, pour le canton de Landivy.

*Mayenne.* — Chez M. **Romagné-Priolet**, négociant, pour les cantons de Mayenne.

*Ambrières.* — Chez M. **Ravé**, négociant à Ambrières, pour les cantons d'Ambrières, Lassay et Gorron.

*Evron.* — Chez M. **Bruand**, à Evron, pour les cantons d'Evron, Sainte-Suzanne et Bais.

*Montsûrs.* — Chez M. **Angot-Coulon**, négociant, cantons de Montsûrs et Argentré.

*Cossé-le-Vivien.* — Chez M. **Foucault**, négociant, canton de Cossé-le-Vivien.

*Craon.* — Chez M. **Goussé**, négociant, cantons de Craon et Saint-Aignan-sur-Roë.

*Château-Gontier.* — Chez M. **Ferré-Chauvet**, négociant, cantons de Château-Gontier et Bierné.

*Grez-en-Bouère.* — Chez M. **Hivert**, négociant, cantons de Grez-en-Bouère, Bierné et Meslay.

*St-Denis-de-Gastines.* — Chez M. **Hamon**, négociant, canton de Gorron.

*Pré-en-Pail.* — Chez M. **Guerre**, maître-d'hôtel.

*Villaines-la-Juhel.* — Chez M. **Geslin**, cafetier, à la Gare.

*Laval.* — Chez M. **Peyras**. Cet entrepôt tenu pour le compte du syndicat dessert les cantons de Laval et de Loiron.

MM. les syndiqués trouveront dans ces divers entrepôts tous les engrais dont ils auront besoin.

# BULLETIN AGRICOLE DE L'OUEST

## Les prairies naturelles en Bretagne

### (Suite)

Partout où l'arrosage est possible et où l'eau est de bonne qualité, on a raison de l'utiliser sur les prairies, car nulle autre culture n'a besoin d'autant d'eau. Mais jamais il ne saurait être bon d'amener cette eau sur le sol en quantité telle qu'elle soit susceptible de s'écouler avec rapidité et d'entrainer dans sa course les engrais déposés sur la prairie. Il faut la répartir en nappe mince et régulière, à l'aide de rigoles de niveau, et jamais à l'aide de rigoles tracées à l'œil et plus ou moins en pente.

L'arrosage continu, pratiqué généralement dans ce pays, même appliqué aux terres saines, ne peut produire que des effets désastreux sur la production de l'herbe. Il amène toujours la prédominance des plantes grossières, jonc, carex, etc., ne donnant qu'un fourrage de très mauvaise qualité.

Lorsque l'eau contient une certaine proportion de matières fertilisantes, on peut arroser pendant assez longtemps en hiver, alors que la végétation est arrêtée, mais il n'en est pas ainsi lorsque la température de l'air est élevée. Pendant le printemps et l'été, il ne faut arroser les prairies que pendant le temps strictement nécessaire pour rendre à la terre l'humidité utile à l'entretien de la végétation. Un ou deux arrosages de quelques heures suffisent pour toute la période active de la première pousse et un seul, après l'enlèvement du foin, pour stimuler la pousse du regain.

Mais sous le rapport du régime des eaux, la plupart des prairies de ce pays ont bien plus besoin de drainage que d'arrosages, et ces derniers ne devraient jamais être appliqués que sur les prairies assainies. Le drainage suivi d'une large application de phosphate fossile, d'engrais calcaires et d'une petite quantité d'engrais potassique, amè-

4

nerait, en quelques années, un changement complet
dans les prairies de la Bretagne, et par suite, dans sa
production agricole en général.

Une opération à peu près inconnue dans ce pays est le
hersage des prairies au printemps, opération importante
cependant et qui rend les plus grands services.

Le hersage des prairies maintient la surface du sol
régulière, en éparpillant les taupinières et les monticules
de diverses provenances qui tendent à s'y former. Il ren-
chausse les plantes, il aère le sol et le rend plus facilement accessible à l'eau. Enfin il détruit une grande partie
de la mousse qui, trop fréquemment, tend à envahir les
prairies mal soignées, épuisées ou trop humides.

Le hersage des prairies doit être pratiqué à l'aide
d'une herse spéciale, la herse à chainons, et non à l'aide
d'une herse ordinaire bourrée d'aubépine, comme cela se
pratique dans certaines contrées. L'aubépine se lisse très
rapidement et son action devient dès lors à peu près insignifiante. Un de nos grands constructeurs français d'instruments agricoles, M. Emile Puzenat, de Bourbon-
Lancy (Saône-et-Loire), construit, depuis quelques années,
une herse spéciale pour prairies, qu'il a appelée démous-
seuse ou herse couleuvre, tout en acier, et qui est très
recommandable. Elle sert également pour le hersage du
froment au printemps.

Enfin le sarclage des prairies, opération également inconnue en Bretagne, est une opération qui s'impose, en
raison des mauvais effets produits par les mauvaises
herbes des prairies, non seulement sur le produit de
celles-ci, mais encore, ainsi que je l'ai établi en com-
mençant, sur le produit des terres cultivées elles-mêmes.

En résumé, rien ne serait plus facile que de créer sur
la plupart des terres de la Bretagne, d'excellentes prairies ou des herbages. Il suffirait pour cela de donner au
sol une préparation raisonnée, d'y introduire les éléments
de fertilité qui lui font défaut et de l'ensemencer de
bonnes espèces.

Pour obtenir des prairies qui existent un produit infiniment supérieur à celui qu'elles donnent, il faudrait les
assainir par le drainage, les arroser moins copieusement
et d'une façon moins continue, et surtout leur apporter les
éléments fertilisants qui leur manquent, le calcaire et
l'acide phosphorique.

J'ai la conviction que c'est dans la culture de l'herbe

qne les agriculteurs de ce pays trouveront leur principale
source de richesse, soit qu'ils transforment cette herbe en
viande, soit qu'ils s'adonnent à la production du lait,
mais pour cela il faut qu'ils apprennent à faire cette culture, comme ils savent faire les autres, et qu'ils y appor-
tent la même énergie.

H. LÉIZOUR.

---

## Moyens de destruction des herbes adventices

Les herbes adventices occasionnent des pertes considérables dans les terres où elles se développent en grande
abondance, et là où le cultivateur ne fait aucun effort
pour protéger ses cultures contre leur envahissement.

Il ne suffit pas de semer les plantes agricoles dans des
terres riches ou bien fumées, il est aussi absolument
indispensable qu'elles soient exemptes de mauvaises herbes. Non seulement les herbes nuisibles occupent la place
de bonnes plantes, mais elles s'emparent de leur nourriture ; elles puisent dans le sol des éléments utiles qui se
trouvent ainsi soustraits en pure perte.

Les récoltes confiées à des terres malpropres, quelle
que soit leur richesse, sont toujours gravement compro-
mises. Outre les effets désastreux signalés précédemment,
les herbes adventices peuvent parvenir à entraver complètement le développement des récoltes, favoriser la
verse ; et dès lors ne permettre d'obtenir que des rendements à la fois inférieurs en quantité et en qualité.

Il est donc de la plus haute importance de s'efforcer
par tous les moyens possibles d'arriver à une destruction
complète des mauvaises herbes.

En général, les herbes adventices sont toutes celles
qui ne sont pas des plantes cultivées.

Leur nombre est donc considérable, et beaucoup d'entre elles se propagent avec une excessive rapidité. Toutes
se multiplient au moyen de leurs graines, quelques-unes
par leurs graines et par leurs racines. Ce sont évidemment
ces dernières les plus redoutables.

D'un autre côté, les graines des mauvaises herbes sont
douées d'une très grande rusticité. Consommées par les
animaux, elles ne sont pas assimilées, traversent les or-

6

ganes digestifs sans être attaquées, et arrivent ainsi au fumier, pour retourner ensuite dans les terres.

De plus, ces graines enterrées trop profondément ne germent pas, mais elles peuvent conserver leur faculté germinative pendant longtemps ; de sorte que lorsqu'elles se trouvent remises plus tard à une profondeur convenable, elles donnent naissance à des plantes nuisibles qui viennent de nouveau infester le terrain.

Il semblerait donc tout d'abord qu'il y a de nombreuses difficultés pour obtenir des terres exemptes d'herbes adventices ; mais, comme nous allons le voir, à côté des moyens généraux, il existe des procédés particuliers s'adaptant à leur destruction, et le cultivateur peut très bien, avec de la bonne volonté et une culture intelligente, s'en débarrasser d'une manière complète. Il se mettra ainsi à l'abri de sérieux préjudices.

On appelle plantes *salissantes*, celles qui occupent la terre pendant un temps relativement long, et qui permettent par conséquent aux herbes nuisibles de se développer et de se propager suffisamment pour envahir les cultures. Telles sont, par exemple, les céréales.

Les plantes *nettoyantes* sont, au contraire, celles à qui l'on donne de nombreux binages et sarclages qui favorisent la destruction des mauvaises herbes. Ce sont les plantes sarclées (betteraves, choux, pommes de terre, etc).

Il est très important de tenir compte de ces considérations dans les assolements, en faisant succéder autant que possible, une plante nettoyante à une plante salissante. De cette façon, on parvient jusqu'à un certain point à se débarrasser des plantes nuisibles, et conséquemment à obtenir des plantes agricoles des produits plus avantageux.

Beaucoup de cultivateurs ont du reste reconnu cette bonne manière de faire, et quand ils ont eu des terres très malpropres, par suite de la succession de plusieurs récoltes sur le même terrain, ils n'ont pas hésité à l'employer pour leur permettre de nettoyer ce sol, avant de recommencer de nouveau à le cultiver en céréales ou en prairies artificielles.

Cependant, cela ne suffit pas ; on ne peut parvenir par ce seul procédé à se débarrasser des mauvaises herbes d'une manière complète. Il est nécessaire d'avoir recours à d'autres moyens, ou plutôt d'exécuter différents autres travaux que tout cultivateur peut faire sans frais, afin de se soustraire totalement à leurs dommages. En tout cas, si la propreté du sol exige quelques dépenses, les nombreux avantages qui en résultent les compensent largement

Il est de la plus grande utilité de se rendre un compte exact des bons résultats obtenus par la destruction complète des herbes nuisibles ; on doit éviter avec soin de chercher à faire des économies de main-d'œuvre ou de travaux de cultures nécessaires pour atteindre ce but, car s'il en est autrement, on perd toujours beaucoup plus que la dépense que comporte une culture soignée.

Pour empêcher aux herbes adventices de se propager, et arriver à leur complète destruction, il est d'abord nécessaire que la préparation des terres ne laisse rien à désirer.

Les terres se préparent au moyen des labours et des façons culturales superficielles (hersages, roulage, extirpage, etc).

Sans parler de la forme et de la profondeur des labours, qui sont loin d'être indifférentes, l'état du sol labouré n'est pas toujours ce qu'il devrait être. Combien encore de terrains labourés ou façonnés par de mauvais temps, après de fortes pluies, souvent pour cause de retard dans les semailles !

Non seulement, les façons culturales exécutées dans ces conditions exercent de très mauvais effets sur les propriétés physiques des terres dans lesquelles elles sont pratiquées, mais elles empêchent encore de détruire les plantes nuisibles, elles facilitent au contraire leur développement.

Les hersages des céréales et des prairies concourent aussi à la destruction des herbes adventices.

Dans les céréales, au printemps, outre leurs bons effets au point de vue du maintien de l'humidité dans le sol et de son aération, les herses donnent au cultivateur le moyen de détruire les mauvaises herbes qui sont levées depuis peu de temps. Elles contribuent également beaucoup à la propreté des prairies, et empêchent ainsi l'altération de la quantité et de la qualité du foin récolté.

Or, dans beaucoup de situations, les hersages des céréales et des prairies au printemps sont complètement négligés. On se contente seulement quelquefois de passer la herse d'épines, mais cette herse est absolument insuffisante pour extraire les plantes nuisibles.

8

Une excellente opération à pratiquer pour détruire une grande quantité d'herbes adventices est le déchaumage, que l'on peut exécuter à la charrue, mais bien préférablement à l'aide de l'extirpateur, aussitôt après que les céréales sont récoltées.

On vient ainsi recouvrir les graines de ces plantes d'une couche de terre suffisante pour les faire germer, et on les détruit ensuite par des hersages dont le nombre varie avec l'état de propreté du sol.

Les façons culturales passées en revue précédemment, au point de vue seulement de la destruction des herbes adventices, doivent être faites d'une manière intelligente, à une époque favorable, au moment propice où il convient le mieux de les exécuter. Sans ces précautions, on est dans l'impossibilité, malgré beaucoup de travail, de faire disparaitre les mauvaises herbes.

Il est évident qu'il ne suffit pas que la préparation des terres soit convenable ; il faut aussi, pour avoir des terres propres, que les semences soient nettoyées aussi complètement que possible. Il ne servirait à rien, en effet, de bien préparer la terre, si on allait lui confier des semences renfermant des mauvaises graines. De là l'importance de la préparation des semences, et en particulier de leur nettoiement.

Le cultivateur peut avoir tout ce qu'il lui faut sous la main pour que ce nettoyage soit fait dans d'excellentes conditions, et pour que les semences qu'il incorpore au sol soient parfaitement pures.

Autrefois, avant la découverte des instruments perfectionnés qui rendent de si grands services à l'agriculture, on triait les semences à la main ; de cette façon, on ne choississait que les grains sains, toutes les mauvaises graines étaient soigneusement mises de côté. Mais cette opération, quoique donnant de très bons résultats. était longue, et par conséquent très coûteuse.

A l'époque actuelle. on peut arriver économiquement, et d'une manière bien plus expéditive et presque aussi complète, à nettoyer les semences des principales plantes agricoles, par l'emploi successif des tarares et des trieurs.

Les tarares ont pour but de séparer les grains qui n'ont pas la même densité. Il est dès lors facile de comprendre que ces instruments exercent une action incomplète, attendu que, parmi les graines de même poids, il s'en trouve à la fois des bonnes et des mauvaises.

De là l'utilité d'avoir recours à l'emploi des trieurs, qui mettent de côté les graines qui ont la même densité que les bons grains, sans avoir la même forme.

En se servant à la fois de ces deux sortes d'instruments, on arrive à mettre les semences dans de bonnes conditions de propreté.

Enfin, dans beaucoup de cas, il serait souvent nécessaire, pour se mettre à l'abri de l'invasion d'une plante parasite très redoutable, de se servir des décuscuteurs. Ce sont des trieurs spéciaux qui sont chargés de séparer *la cuscute ou teigne* des graines de trèfle et de luzerne.

Il y aurait lieu de croire maintenant, après avoir pris toutes ces précautions, que la plante cultivée, semée pure et dans une terre bien préparée, devrait être d'une propreté irréprochable ; cependant, il n'en est pas ainsi la plupart du temps, et beaucoup de mauvaises graines sont apportées dans les terres par les vents, les oiseaux, etc.

Il est donc indispensable de compléter les travaux précédents par autant de binages et de sarclages nécessaires, pour arriver à tout prix à la propreté parfaite des terres.

Les binages ne sont généralement appliqués qu'aux plantes sarclées. Donnés aux céréales, ils produisent cependant de très heureux effets. Ils concourent non seulement à détruire les herbes nuisibles, mais ils augmentent considérablement les rendements, et par suite les bénéfices du cultivateur.

Les binages des céréales ne peuvent s'effectuer que dans des terres semées en lignes. Dans de pareilles terres, les sarclages se font aussi dans de bonnes conditions, bien plus complètement et avec beaucoup plus de facilité que s'il s'agit de semis à la volée. Ce sont là de précieux avantages résultant de l'emploi des semoirs mécaniques.

On peut parvenir jusqu'à un certain point à entraver la propagation des herbes adventices, en faisant prématurément la récolte des céréales et des plantes fourragères.

La quantité de mauvaises graines arrivées à complète maturité est, en effet, plus ou moins considérable, suivant que la récolte se trouve plus ou moins retardée. Plus on fauchera de bonne heure par conséquent, et moins grand sera le nombre des plantes nuisibles.

Sauf le cas où la récolte doit servir à fournir la semence, et dans lequel on doit la laisser mûrir complètement, on peut très bien, par exemple pour le froment, le couper avant qu'il ne soit parfaitement mûr. Cette méthode nécessite quelquefois un peu plus de dépense, mais les quelques frais supplémentaires qu'elle entraîne sont plus que compensés par les avantages qu'elle procure.

En effet, outre la perte de grain qu'on évite en coupant sur le vert, on obtient encore un grain d'un plus bel aspect, plus brillant, plus lourd, plus vif, le blé *à la main*.

D'autre part, le nombre des mauvaises graines se trouve considérablement réduit.

Les céréales doivent être également coupées aussi ras terre que possible.

Il faut éviter avec soin la pratique défectueuse qui consiste à les faucher à moitié ou au tiers paille, dans le but de venir plus tard enlever le chaume qui reste pour l'utiliser comme litière.

Cette manière de faire permet aux herbes nuisibles d'achever de mûrir complètement toutes leurs graines, lesquelles tombant peu à peu sur le sol, viennent de nouveau l'infester. En outre, les litières ainsi obtenues sont toujours sales, et les mauvaises plantes se trouvent par cela même reproduites par l'incorporation du fumier aux terres.

Il est certain que lorsqu'on coupe une céréale ras terre, le battage est plus onéreux ; néanmoins, les pailles se trouvent purgées de toute espèce de mauvaise graine. Les graines sont malpropres, mais il est facile de les amener, ainsi que nous l'avons vu, à un état de propreté très satisfaisant sinon parfait. par l'emploi simultané des tarares et des trieurs.

Pour parvenir à la destruction complète des herbes adventices, il est aussi de la plus grande nécessité que la confection du fumier de ferme soit faite dans de bonnes conditions.

Les céréales étant bien battues, il ne doit rester dans les litières qu'une quantité insignifiante de mauvaises graines.

Toutes les graines pouvant donner naissance à des plantes nuisibles doivent être recueillies dans la ferme avec beaucoup de soin. Il faut éviter de les incorporer à la masse du fumier ; on doit, au contraire, les faire consommer par les volailles, les excréments de ces animaux étant mis dans un endroit spécial, en un tas complètement séparé de celui du fumier de ferme.

Une très bonne manière de les utiliser est de les mettre en composts, en les mélangeant avec de la chaux.

Au bout d'un certain temps, après de nombreux brassages et recoupages, la presque totalité de ces mauvaises graines ayant perdu leur faculté germinative ne seront plus à redouter. Néanmoins, il est bon d'agir prudemment, et pour prévenir le retour de quelques-unes d'entre elles dans les terres labourées, il est nécessaire d'employer les composts ainsi fabriqués à la fertilisation des prairies.

Dans ces conditions, un certain nombre d'herbes nuisibles, dont les effets auraient été très préjudiciables dans les cultures de céréales ou de plantes sarclées, donneront, dans les prairies, un foin d'assez bonne qualité. Leur mauvaise action sera donc loin d'être aussi grande que si elles avaient été mélangées au tas de fumier.

Nous venons de passer en revue les moyens généraux destinés à empêcher la propagation des plantes nuisibles. Aucun d'eux ne doit être négligé ; s'il en est autrement, on ne peut arriver à un résultat satisfaisant, malgré beaucoup de labeur.

Il serait donc urgent qu'ils soient suivis par tous ceux qui se rendent compte de l'importance des pertes qu'occasionne dans les cultures la présence des herbes adventices. Ils sont, du reste, à la portée de tout le monde ; chacun peut les mettre en pratique, d'autant plus que les avantages qui résultent de leur emploi sont incontestables.

Employés avec discernement, concurremment avec les procédés relatifs à la destruction de chacune des diverses espèces de mauvaises herbes en particulier, telle que celle du chiendent et des plantes similaires, qui ont la propriété de se reproduire principalement par leurs racines, et en y ajoutant les moyens les plus pratiques pour combattre les plantes parasites, dont la présence dans les récoltes est dûe aux mauvaises graines qui sont incorporées dans le sol, on est assuré du succès (1).

En résumé, pour arriver à une destruction complète des herbes adventices, il est nécessaire d'employer avec

---

(1) Voir les numéros 4, 6, 8 et 22 du *Bulletin*.

intelligence les moyens généraux que nous venons d'indiquer ; on doit faire disparaître par des procédés spéciaux les plantes envahissantes à racines traçantes ; il faut aussi favoriser la germination des mauvaises graines avant le semis et après la récolte des céréales ; et enfin, d'autre part, exécuter les binages et les sarclages avec méthode et perfection.

En tenant compte de ces différentes considérations, le cultivateur n'aura pas à redouter l'altération de ses récoltes, tant au point de vue des rendements qu'en ce qui concerne la qualité des produits.

C. MÉRY.

## La Sanve ou Moutarde Sauvage

Quel est le cultivateur qui ne connait pas la Moutarde sauvage *(Sinapis arvensis* ou *Brassica arvensis)*.

Tous la connaissent, peut-être pas sous ce nom, mais ils vous comprendront si vous leur nommez la *Sanve, Sénevé, Jatte, Raveluche, Ravenelle, Russe*, etc.

Il s'agit de cette maudite plante à fleur jaune qui semble être la *reine* de nos champs pendant quelques mois de l'année, juin, juillet et août, particulièrement.

Je dis la *reine* parce qu'elle enveloppe du manteau d'or de ses brillants pétales toutes les autres plantes, même et surtout celles qui sont cultivées. Gardez-vous de croire que cette plante envahissante entre toutes est confinée dans l'ouest de la France, son aire géographique comprend toute l'Europe, l'Asie occidentale, l'Afrique septentrionale jusqu'aux Canaries et y compris les régions tempérées des deux Amériques : elle semble avoir été semée tout exprès.

La Moutarde sauvage fait partie de la famille des Crucifères, c'est-à-dire que ses fleurs sont disposées en croix. Elle a de 4 à 8 décimètres de hauteur, sa tige est droite, rameuse, dure, souvent hérisée de poils rudes ; les feuilles inférieures lyrées, bordées de dents inégales, les supérieures sont inégalement sinuées dentées.

La Sanve ressemble beaucoup à la *Ravenelle (Raphanus raphanistrum)* aussi bien comme propriétés que caractères botaniques. A ce dernier point de vue il existe cependant une différence dans le fruit ou *silique* et dans la couleur des pétales : les siliques de la *Ravenelle* se partagent à la maturité en articles transversaux monospermes ; celles de la *Moutarde* sont à valves et ne se partagent pas transversalement.

Les veines violettes des pétales de la *Ravenelle* permettent également de la distinguer de la *Moutarde*.

Ces différences n'ont d'importance qu'au point de vue botanique ; au point de vue agricole ces plantes sont les mêmes, toutes les deux adventices et aussi nuisibles l'une que l'autre.

La Moutarde ainsi que la Ravenelle a les graines rondes, lisses, noires, très-fines, pesant environ un milligramme.

Ces deux plantes sont annuelles, c'est-à-dire qu'elles germent et meurent dans la même année. Malgré cela, il est très difficile de s'en débarrasser parce qu'elles produisent beaucoup de graines et ces graines conservent fort longtemps leur faculté germinative, grâce à l'huile essentielle qu'elles contiennent.

Cette propriété particulière déroute quelquefois le cultivateur et le pousse à croire à la végétation spontanée.

En effet, voila un champ dans lequel il n'y avait pas eu de *Sanve* depuis longtemps et qui en est envahi cette année. Pourquoi ?

Le plus simple est de croire à la végétation spontanée et d'attribuer cet envahissement au temps, à l'air, au brouillard, etc.

On ne pense pas que la mauvaise graine est conservée dans le sol et que c'est en labourant ce champ qu'on l'a ramenée à la surface.

Mais, pourrait-on nous objecter, pourquoi cette graine n'a-t-elle pas germé plus tôt, ce n'est pas la première fois qu'on laboure ce champ ?

A cela nous répondrions : parce qu'elles ne se trouvait pas dans les conditions voulues pour cela.

Pour qu'une graine germe il lui faut *absolument* de l'*air*, de la *chaleur* et de l'*humidité*. Or, si la graine de Sanve se trouvait enterrée trop profondément, l'air lui manquait et elle ne pouvait pas germer.

Admettez, si vous voulez, que l'air ne lui faisait pas défaut, pas plus que l'humidité ni la chaleur, alors elle germe mais se trouvant enterrée trop profondément et la tigelle n'ayant pas assez de force pour percer une couche de terrain trop épaisse ou trop résistante et atteindre la surface l'embryon meurt.

Par un labour approprié, opéré par un temps favorable, le cultivateur a, sans le vouloir, ramené la mauvaise graine à la surface et fait juste le nécessaire pour lui permettre de germer. Voilà pourquoi le champ est envahi par cette plante nuisible.

On a vu des terres de défrichement qui n'avaient pas été labourées depuis 20, 30, 40 ans envahies par la Ravenelle et la Sanve lorsqu'on est venu à retourner le sol.

En quoi ces plantes sont-elles nuisibles ?

Elles sont nuisibles :

1° Parce qu'elles se nourrissent aux dépens des plantes cultivées ;

2° Parce qu'elles tiennent la place de ces dernières et les étiolent.

Il ne faut pas croire comme on le fait quelquefois que la Sanve ou la Ravenelle empêchent la verse des céréales, bien au contraire, l'étiolement facilite cet accident et ce n'est pas la rigidité de ces plantes adventices qui compense le grave inconvénient de l'étiolement.

Maintenant que nous savons que ces Crucifères ne poussent pas spontanément et qu'elles sont très nuisibles, nous comprendrons plus facilement la possibilité et l'utilité de les détruire.

Pour atteindre ce but nous ne voyons que deux moyens :

*L'arrachage* avant la maturité des graines ou *l'enfouissement* de la plante à l'état herbacé.

Le premier moyen ne demande aucune explication, mais beaucoup de courage et de patience ; tout cultivateur soigneux ne doit cependant pas le négliger ; on doit sarcler les cultures. Mauvaises herbes et mauvais cultivateurs font ménage ensemble.

Il faut apporter une extrême réserve dans l'utilisation de cette plante comme fourrage vert. Des essais concluants ont été tentés à l'école vétérinaire de Lyon : il y a été constaté que son extrême acreté doit la faire proscrire de l'alimentation du bétail ; chaque fois qu'elle a été absorbée en notable quantité, il en est résulté des hématuries graves compliquées de coliques néphrétiques de la nature la plus dangereuse.

Quand au second moyen il consiste à déterminer tout d'abord la germination des graines par un labour léger, puis à enfouir la plante avant la floraison par un autre labour plus profond.

Ce moyen est beaucoup plus rapide que le premier mais on ne peut le pratiquer qu'en laissant la terre en jachère.

Pourquoi n'y a-t-on pas recours dans notre contrée où la jachère entre dans l'assolement ? C'est sans doute par négligence et peut-être aussi par ignorance. Pour ce dernier cas ces modestes notes pourraient avoir quelque intérêt. L'enfouissement de la Sanve à l'état herbacé a, non seulement l'avantage de nettoyer le sol, mais c'est en outre un moyen d'obtenir un engrais vert dont l'effet utile est incontestable.

Il ne faut pas avoir la prétention de détruire complètement cette peste au bout d'une année ; il est indispensable que le sol soit purgé de toutes les mauvaises graines qu'il peut contenir et pour cela il est nécessaire de pratiquer plusieurs labours à différentes saisons et à différentes profondeurs. On peut, par exemple, commencer par un labour de déchaumage aussitôt la récolte terminée puis opérer un labour profond avant l'hiver.

Au printemps, on recommence un labour léger et on enfouit les mauvaises plantes quand elles commencent à fleurir.

Le sol bien purgé de toute graine de Sanve et de Moutarde, on peut être tranquille, celles des champs voisins ne viendront pas l'infester, elles sont, en effet, trop denses pour être emportées par le vent.

Il est vrai qu'il y a encore un autre mode de propagation : c'est le fumier de ferme si la paille employée comme litière ou les fourrages consommés par les animaux n'en étaient pas dépourvus. Ces graines sont si fines quelles échappent à la mastication et traversent le tube digestif sans altération capable de détruire leurs propriétés germinatives.

Terminons en disant qu'il faut pour la destruction de toutes les mauvaises herbes quelles qu'elles soient beaucoup de patience et de persévérance. En ceci comme en tout.

Patience et longueur de temps
Font plus que force ni que rage.

J.-M. LAVALOU.

Le Tremblay, le 23 novembre 1891.

(Extrait du *Bulletin du Syndicat agricole de Bernay*.)

## Culture de la pomme de terre. — Moyen d'obtenir de forts rendements (Suite).

*Engrais.* — Sans parler des rendements maximum obtenus dans les terres riches et favorables à la culture de la pomme de terre, si nous admettons une bonne récolte moyenne de 25.000 kilos à l'hectare, nous estimons qu'un pareil produit enlèvera au sol les quantités suivantes d'éléments fertilisants :

| | |
|---|---|
| Azote | 85 kilos |
| Acide phosphorique | 41 |
| Potasse | 160 |

Comme on le voit, la pomme de terre est très exigeante en potasse et aussi en azote, elle demande également une assez grande quantité d'acide phosphorique.

La durée végétative de la pomme de terre étant relativement restreinte, il est nécessaire que cette plante trouve en abondance les éléments de sa formation à un état promptement assimilable, c'est-à-dire des éléments, des engrais actifs.

Dans cette culture, comme d'ailleurs dans celle de de toutes les plantes fourragères qui ne craignent pas la verse, l'emploi du fumier est tout indiqué comme base de fumure, mais sa production, dans la ferme, étant limitée et d'un autre côté sa composition ne répondant pas exactement aux besoins de la plante qui nous concerne, il y a lieu de compléter cette fumure ordinaire par les engrais chimiques, ces derniers permettant en outre de choisir plus judicieusement les matières qui conviennent, c'est-à-dire celles qui sont absorbées en quantité par la plante.

Certaines terres, notamment celles de la Mayenne, en général, contiennent beaucoup de potasse, mais elle ne s'y trouve pas toujours à un état assez promptement assimilable, et l'emploi des engrais potassiques augmentera toujours les rendements.

Étant donné que la pomme de terre réclame 84 kilos d'azote pour une récolte de 25.000 kilos à l'hectare et que des expériences concluantes ont démontré qu'il n'y a, en moyenne, que 25 0/0 de l'azote du fumier employé qui est absorbé par la récolte, (ce qu'on nomme l'aliquote, c'est-à-dire le pouvoir assimilateur de la plante), il en résulte qu'une fumure ordinaire de fumier de ferme, employée seule, ne met pas assez d'azote immédiatement assimilable à la disposition de la plante pour produire beaucoup. Il faut donc, encore là, pour obtenir des rendements élevés, avoir recours à un complément de matières azotées, soit au nitrate de soude ou au sulfate d'ammoniaque qui contiennent leur azote à un état immédiatement et presque complètement assimilable.

Ce qui vient d'être dit pour la potasse et l'azote s'applique également à l'acide phosphorique, le fumier ne contient cet élément qu'en petite quantité (2 pour mille) et sous une forme lentement assimilable. Pour apporter cette matière économiquement on pourrait incorporer au sol, pendant les labours préparatoires de l'hiver, 500 ou 600 kilos de phosphates fossiles ou de scories par hectare, ces engrais se solubiliseraient peu à peu avec le temps, et serviraient en grande partie à la récolte, à défaut de phosphates employés à l'avance, on aura recours au superphosphate, mais il ne faut pas perdre de vue que le kilogramme d'acide phosphorique employé et pris par la récolte à l'état de superphosphate coûtera le double de celui des phosphates et naturellement il n'aura pas plus de valeur sous forme de pomme de terre.

En résumé et comme conclusion, la formule qui a donné les meilleurs résultats dans les expériences qui ont été faites sur la pomme de terre, est la suivante :

Fumure ordinaire de fumier 25 à 30.000 k.  
Superhosphate 300 k.  
Nitrate de soude 150 k.  
Chlorure de potassium 100 k.  
} à l'hect.

Cette fumure, abstraction faite du fumier, revient à 75 ou 80 fr. par hectare.

M. Aimé Girard conseille d'employer le sulfate de potasse au lieu de chlorure de potassium, une formule qui lui a donné de bons résultats à Joinville, près Paris, est la suivante :

20 à 25.000 k. fumier  
250 k. superphosphate  
150 k. nitrate de soude  
200 k. sulfate de potasse  
} à l'hectare.

Les engrais chimiques doivent être pulvérisés séparément, puis ensuite mélangés, par deux brassages successifs sur une surface propre et unie. Si la fumure au fumier est plus abondante, on peut restreindre la proportion de nitrate de soude et réciproquement. Si elle est moins élevée on pourra employer plus de nitrate.

Contrairement à ce que font certains cultivateurs, il est préférable d'employer le mélange d'engrais avant le dernier labour, vers la fin de mars, pour que cette dernière façon les mélange intimement au sol, cette méthode vaut mieux que de les semer à la surface ou au pied de la pomme de terre, d'ailleurs le buttage rassemble la terre et l'engrais autour de la plante au moment où la végétation devient active.

*Choix des tubercules.* — Dans la plupart des cas le choix n'existe pas. À l'inverse des autres cultures, blés, betteraves, etc., pour lesquelles on sème ce qu'il y a de mieux réussi, pour la pomme de terre, au contraire, on prend souvent les tubercules inférieurs, ceux que le marché n'aurait pas voulu accepter, c'est encore à cela qu'est due, pour une bonne part, l'infériorité de nos récoltes.

Dans une même variété de pommes de terre il faut toujours choisir les tubercules moyens, il est démontré aujourd'hui, par des expériences concluantes, qu'ils ont autant de vitalité et de puissance productive que les gros tubercules.

Si on emploie les gros tubercules on les coupe généralement en deux ou quelquefois en trois morceaux, on arrive ainsi à employer sensiblement le même poids par hectare, mais il paraît que le sectionnement de la pomme de terre n'est pas étranger à la maladie (la gangrène du pied) qui a sévi l'année dernière, sur la Richter's Imperator.

Si important que soit, au point de vue pratique, le choix des tubercules, en ce qui concerne leur grosseur, il y a encore autre chose à considérer, je veux parler de la densité, du poids spécifique des tubercules, qui indique leur richesse en fécule.

Partant de ce principe que les qualités héréditaires sont transmises aux descendants, chez les plantes comme chez les animaux, les tubercules productifs et les tubercules riches en fécule, donneront des pommes de terre productives et des pommes de terre riches en fécule. Il serait donc intéressant de compléter le triage comme grosseur, par un autre triage au point de vue de la densité, d'opérer une sorte de sélection qui aurait pour but d'éliminer les tubercules légers, les tubercules dégénérés, en un mot les tubercules qui occuperaient mal leur place dans la plantation.

Voici comment on pourrait opérer cette sélection. Dans un baquet contenant environ 100 litres d'eau, on fait dissoudre un sel, le nitrate de soude, par exemple, c'est le plus pratique, car il est très répandu aujourd'hui, il est connu de tout le monde et de plus il se dissout très rapidement. Le liquide devient alors beaucoup plus lourd, plus dense, et si on y plonge des pommes de terre on remarque qu'une partie d'entre elles reste à la surface du liquide, celles-là, plus légères que les autres, sont moins riches en fécule, elles doivent être mise de côté.

Pour donner une idée de la marche à suivre dans ce travail on peut indiquer, comme composition du bain de sélection, les chiffres suivants, pour les variétés ordinaires. Lorsqu'on fait dissoudre 18 kilos de nitrate de soude dans 100 litres d'eau, on obtient une densité de 1.110, si on plonge dans ce liquide une corbeille de pommes de terre, il y aura environ 15 à 20 0/0 des tubercules, les plus légers, qui surnageront.

Toutes les variétés n'ayant pas la même densité on pourra arriver par tâtonnement, en employant tantôt un peu plus de 18 kilos de nitrate par hectolitre d'eau, tantôt un peu moins, à composer une solution de façon à faire surnager et ensuite à éliminer environ le 1/5$^e$ des tubercules.

Cette opération devrait de préférence être faite en hiver, ou tout au moins avant le réveil de la végétation. Les tubercules lourds qui restent dans le panier au fond du bain de nitrate seront ensuite passés dans un baquet d'eau propre et exposés au soleil pour les faire sécher.

Le nitrate ayant servi à cette opération n'est pas perdu, il pourra être utilisé en arrosage.

Tout cela, pure théorie, vont dire certains cultivateurs ! Cependant en réfléchissant un peu sur le but de cette sélection, on peut se demander pourquoi l'on fait si soigneusement le triage des céréales, par exemple ? N'est-ce pas dans le but de ne confier à la terre que des germes plus vigoureux et plus productifs ? Evidemment si ! Eh bien pourquoi n'en serait-il pas de même pour cette plante si utile, la pomme de terre ? Ah ! c'est le temps qui fait défaut, non, c'est surtout la bonne volonté.

Si on trouve ce travail trop compliqué, quoique peu coûteux, on pourrait toujours bien agir en petit, et en sélectionner une certaine quantité que l'on planterait séparément pour en obtenir des tubercules de choix comme semence l'année suivante, surtout si l'on a une bonne variété.

*Soins à donner aux semenceaux.* — Le choix des tubercules de semences étant fait, on les disposera en lieu sec, dans un tas peu élevé, à l'abri des variations de température ; il sera bon de les remuer à la main au moins une ou deux fois, en ayant soin d'éliminer celles qui pourraient se gâter. Quelques cultivateurs se trouvent bien de les sortir dans la cour de la ferme pour les exposer à la lumière, par une journée de beau soleil, au moment où les germe commencent à sortir, dans le but de retarder la végétation. Dans tous les cas, il faudra éviter d'avoir à planter des tubercules trop germés.

*Date de la plantation.* — Cette date, bien entendu, est variable suivant que la pomme de terre est hâtive ou tardive, ce qui est indiqué par le développement plus ou moins précoce des germes.

Elle varie également suivant les conditions atmosphériques qui peuvent venir modifier les dernières façons culturales. Mais, en année ordinaire, l'époque la plus favorable pour la plantation est du 5 au 15 avril, pour la plupart des variétés de grande culture.

*Espacement des plantes.* — Les plantations éloignées sont toujours défavorables pour l'obtention des rendements élevés, l'espacement qui donne les meilleurs résultats est de 0$^m$60 à 0$^m$65 entre les lignes et de 0$^m$50 sur la ligne. A cet écartement, la végétation couvre le sol, elle étouffe les plantes adventices et de ce fait diminue l'importance des façons culturales. Cette distance suffit également pour le développement normal d'un poquet de pommes de terre et son rendement est aussi élevé que celui d'un autre poquet qui occuperait un tiers de surface en plus.

C'est donc une mauvaise pratique que de faire des plantations à des distances exagérées allant à 0$^m$80 et même 1$^m$ entre les lignes, cependant c'est la distance adoptée par beaucoup de cultivateurs, malgré qu'il y ait un espace employé trop considérable, c'est un gaspillage de son terrain.

Il serait nécessaire, pour obtenir de forts rendements,

de serrer les plants aux dernières limites que permettent les façons culturales.

Comme on plante généralement à la charrue, si on retourne des bandes de terre de $0^m 30$ environ, on devra placer les tubercules toutes les 2 raies à moitié de leur hauteur et aussi exactement que possible tous les $0^m 50$.

En observant les indications pratiques qui viennent d'être développées ci-dessus et dans le numéro précédent de ce bulletin, on est assuré d'un commencement de succès, mais pour qu'il soit complet, il faut aller jusqu'au bout, il faut suivre la végétation de la pomme de terre et la protéger contre la terrible maladie, le phytophtora infestans, qui sévit avec tant d'intensité, surtout dans les années pluvieuses et qui vient presque anéantir les plus belles espérances.

Nous reviendrons prochainement sur cette dernière question, ainsi que sur les soins d'entretien de la pomme de terre pendant sa végétation.

P. MASSERON.

---

## Destruction du puceron lanigère. — Histoire de trente-deux pommiers

Un très grand nombre de recettes ont déjà été proposés pour combattre le puceron lanigère, et chaque année on en voit surgir de nouvelles, ce qui tendrait à faire croire que le terrrible puceron se moque de toutes. Il n'en est fort heureusement pas ainsi, et il est aussi facile à combattre que les autres espèces de pucerons. On ne peut certainement prétendre à le détruire pour ne plus le revoir ; car en supposant qu'on le détruise entièrement sur les arbres traités, il en reviendra toujours venant d'arbres du voisinage, même d'assez longue distance. Il faut donc toujours être sur la brèche et prêt à se défendre. Mais si, au moyen de quelques soins et d'une menue dépense, les arbres vivent et fructifient, on peut se déclarer satisfait.

Voici une petite histoire qui démontrera qu'il ne faut pas s'alarmer outre mesure de la présence du puceron lanigère ni croire que les arbres qui en sont recouverts ne sont plus bons qu'à abattre.

Parmi les arbres fruitiers que j'ai à soigner, il se trouve autour d'un gazomètre, trente-deux pommiers en buissons, lesquels, lors de mon arrivée, en 1878, étaient à l'agonie ; ils étaient entièrement couverts d'exostoses et de pucerons lanigères ; les pousses de l'année atteignaient au plus deux à trois centimètres de longueur. C'est dans cet état que j'entrepris de les asperger à la nicotine diluée au un trentième. Pour mouiller complètement, troncs, branches et feuilles de ces arbres qui formaient chacun un buisson compact de 3 mètres de diamètre sur autant de hauteur, il me fallait 30 litres de liquide que j'aspergeais en tous sens avec une seringue Raveneau. Le lendemain, ou le surlendemain je recommençais la même opération. Quelques jours après, il était très difficile de rencontrer des pucerons ayant échappé à l'action de l'insecticide. Un à deux mois après, de nouvelles taches de pucerons reparaissant, je recommençais deux nouvelles aspersions à une ou deux journées d'intervalle. Je fis ainsi quatre doubles traitements dans le courant de la campagne. Chaque traitement me demandant une demi heure de temps et 1 litre de nicotine (jus des manufactures pesant 13 degrés) à 1 franc — aujourd'hui le litre vaut de 50 à 75 centimes — la dépense totale de l'année fut donc de 8 francs, soit 25 centimes par arbre, plus six à huit heures de temps pour le tout.

Je choisissais pour faire mes seringuages, le matin, alors qu'il y avait une très légère rosée, ou s'il n'y avait pas de rosée j'aspergeais au préalable à l'eau claire afin de faciliter l'extension des goutelettes de nicotine. Toutefois, pour la deuxième aspersion, et afin de ne pas faire partir le résidu du premier nicotinage, je ne faisais pas d'aspersion préalable. Quoique la nicotine tue instantanément les pucerons qu'elle atteint, il est bon de ne pas opérer par un temps pluvieux, parce que si un certain nombre de pucerons bien cachés ne périssent pas sur-le-champ, ils meurent peu après asphyxiés par l'exhalaison de la nicotine. L'hiver suivant, année du grand hiver, les pommiers furent gelés jusqu'à 40 à 50 centimètres du sol, ils furent recepés à cette hauteur et ils repoussèrent vigoureusement. Quelques taches de pucerons parurent encore et je dus faire, dans le cours de l'été, trois nouveaux traitements ; mais, sur la réduction des arbres il ne fallait plus qu'une très petite quantité de nicotine. Les quelques années suivantes, je ne fis plus qu'une seule aspersion dès le début de la végétation ; le puceron n'apparaissant plus, ce traitement n'était donné que par simple précaution, sur le tronc et les branches principales.

Enfin j'ai continué depuis à donnner, un peu avant que les feuilles paraissent, un seul seringuage, non plus à la nicotine, mais au savon gras à la dose de 100 à 200 grammes par litre d'eau, sur le tronc et sur les grosses branches. Le puceron lanigère n'y existe plus. Ces arbres sont restés en buisson poussant librement et sans aucune taille ; le branchage est seulement éclairci quand il devient trop compact. Ils ont actuellement 5 à 6 mètres de hauteur sur 4 mètres de largeur, et sont en pleine production. Malheureusement depuis quelques années un nouveau fléau les menace, ainsi que les poiriers : un cryptogame apparaît dans le cours de l'été sur les feuilles qui noircissent et tombent à l'instar du mildew des vignes,

A une centaine de mètres de ce groupe de pommiers, un autre pommier isolé fut attaqué par le puceron lanigère vers 1887 et 1888. Quelques aspersions de nicotine en ont eu raison, et ces trois dernières années, 1889, 1890 et 1891 le puceron n'a pas reparu.

Au mois de septembre 1890, sur un autre pommier, je trouvais une branche couverte de puceron lanigère ; j'essayais une aspersion de savon gras (savon mou des épiciers) à la dose de 100 grammes par litre. Quelques pucerons ayant échappé, je refis une seconde aspersion quelques jours après, et cette fois aucun puceron n'a échappé, et l'année 1891 a été complètement indemne. Il semblerait donc que le savon gras, employé en dilution suffisamment forte : 50 à 100 grammes par litre, peut aussi détruire cet insecte. Si, comme je le pense, le succès de ce moyen se confirmait, il deviendrait moins coûteux encore qu'avec la nicotine.

J'ajouterai qu'une solution de savon à 100 grammes par litre doit être employée presque chaude, ou au moins tiède ; car froide la pulvérisation se ferait difficilement. Si, sous les arbres à traiter, il se trouvait des légumes, des fleurs, ou plantes à feuillages tendre, il serait bon de s'assurer, au préalable, si la dose de savon ne serait pas trop forte pour ces plantes. A la dose de 100 grammes par litre, la solution n'altère pas les fruits, ni sensiblement les feuilles d'arbres, mais elle peut altérer les plantes délicates.

Avec les appareils pulvérisateurs que l'on possède aujourd'hui, qui permettent d'utiliser les insecticides bien mieux qu'autrefois, ce serait mal comprendre ses intérêts que de laisser croître la vermine qui trop souvent hélas, vient réduire nos récoltes.

G.-D. Huet.

(Extrait du *Journal de l'Agriculture*.)

## Soins à donner au pommier. — Traitement d'hiver.

Tous les cultivateurs constatent avec tristesse que depuis plusieurs années les pommiers ne donnent plus guère de pommes, malgré les plus belles floraisons comme celle de l'année dernière. Au début on attribuait ce manque de récolte aux intempéries, brouillards froids, brume et aux diverses maladies. Aujourd'hui, chacun sait que l'anthonome en est la véritable cause, et personne ne doit rester indifférent devant les immenses dégats qui menacent de détruire une des principales richesses du pays.

En ce moment de l'année, l'anthonome habite, à l'état d'insecte parfait, sous les écorces et dans les crevasses du tronc des arbres. Il erre et choisit sur ce tronc les crevasses et cachettes d'écorce et de mousse à l'abri du vent, principalement du côté du midi, en effet, chaque fois que j'ai eu l'occasion d'en chercher, c'est toujours de ce côté que je les ai trouvés. L'anthonome reste immobile par les grandes gelées et il n'est pas engourdi le jour.

Depuis le mois de novembre jusqu'à la fin de février, il ne quitte pas cette demeure. C'est donc là qu'il y a lieu de lui faire la chasse pour en détruire le plus possible.

A cet effet, deux moyens principaux peuvent être employés :

1° Gratter le tronc pour en détacher les écorces que l'on aura soin de brûler ensuite.

2° Asperger le tronc et les principales branches à l'aide d'un pulvérisateur, avec une bouillie composée de : sulfate de fer, 10 kilos par hectolitre d'eau, et 3 kilos de chaux. Le traitement s'opère comme l'indique le dessin ci-contre, bien qu'il représente les arbres en pleine végétation.

Ce traitement a pour but de détruire la mousse et les lichens qui recouvrent les arbres et de provoquer la chute des vieilles écorces. les arbres font ainsi *peau neuve* et les insectes mal abrités sont livrés à la merci des petits oiseaux insectivores qui en détruisent alors des quantités considérables.

D'un autre côté, l'arbre débarrassé des parasi-

tes qui vivent à ses dépens et qui contribuent à son épuisement, reprend de la vigueur et de ce fait devient plus résistant.

C'est le moment le plus favorable de l'année pour faire ce travail ; que tous les cultivateurs se mettent à l'œuvre, aucune autre occupation ne rétribuera plus largement leur temps.

P. MASSERON.

---

## Syndicat des agriculteurs de la Mayenne

Le Syndicat des agriculteurs de la Mayenne a renouvelé ses marchés pour la fourniture du nitrate de soude, du sulfate d'ammoniaque et du noir animal dont les anciens marchés expiraient le 31 décembre 1891.

Les prix des divers engrais, jusqu'au 30 juin prochain, sont les suivan's :

*Superphosphate minéral* dosant au minimum 14 0/0 d'acide phosphorique soluble au citrate d'ammoniaque.    8 85 les 100 kil.

*Nitrate de soude* dosant 15 à 16 0/0 d'azote :
En sacs d'origine non réglés. . . . . .    25 70    —
En sacs réglés à 100 kilos . . . . . . . .    26 20    —

*Phosphate fossile des Ardennes* passant entiè-rement au tamis n° 100 et dosant au minimum :
33 0/0 de phosphate de chaux tribasique. .    5 30    —
36 0/0            —                —       . .    5 55    —
39 0/0            —                —       . .    5 80    —
41 0/0            —                —       . .    6 05    —

*Guano du Pérou* dosant 17 à 19 0/0 d'acide phosphorique et 5 à 6 0/0 d'azote. . . . .    19 75    —

*Phosphate de scories*, mouture passant dans la proportion de 65 0/0 au tamis n° 100 et do-sant au minimum 16 0/0 d'acide phosphorique.    3 50    —

*Phosphate de l'Oise*, mouture 80 0/0 passant au tamis n° 100 et dosant au minimum :
14 0/0 d'acide phosphorique . . . . . .    3 80    —
16 0/0            —             . . . . . .    4 10    —
18 0/0            —             . . . . . .    4 60    —

*Sulfate d'ammoniaque* dosant de 20 à 21 0/0 d'azote . . . . . . . . . . . . . . .    30 75    —

*Chlorure de potassium* dosant de 49 à 51 0/0 de potasse . . . . . . . . . . . . .    23 10    —

*Sulfate de fer* en petits cristaux. . . . .    6 75    —
        id.    moulu . . . . . . . .    7 »    —

*Phospho-guano organique de Bondy* dosant de 2 à 3 0/0 d'azote et 8 à 10 0/0 d'acide phos-phorique . . . . . . . . . . . . .    9 »    —

*Noir animal de raffinerie* dosant de 18 à 20 0/0 d'acide phosphorique et 0,80 à 1 0/0 d'azote (très humide) . . . . . . . .    12 20    —

*Plâtre tamisé*, en vrac :
Cru . . . . . . . . . . . . . . .    0 75    —
Cuit . . . . . . . . . . . . . . .    1 05    —

Le plâtre cru ne sera fourni qu'en vrac.

Pour le plâtre cuit logé, sacs en location à rendre dans le délai de 3 semaines, 0 fr. 20 en plus par 100 kilos.

Tous ces prix s'entendent pour marchandises rendues franco dans toutes les gares de la Mayenne et celles qui desservent le département, *par wagons complets de 5,000 kilos au moins*, sauf pour le *Guano du Pérou*, le *plâtre* et le *Guano organique de Bondy*, dont les frais de transport resteront à la charge de l'acheteur.

Paiement à 30 jours sous 2 0/0 d'escompte ou à 90 jours sans escompte.

En présence de la grande humidité du *noir animal*, qui a pour conséquence la détérioration rapide des toiles, et des faibles quantités de sulfate d'ammoniaque demandées, il a été aussi trai-té pour la fourniture de ces deux engrais par quantités moindres de 5,000 kilos.

La majoration des prix pour ce genre de fourniture est de 0 fr. 50 pour le noir animal et de 1 fr. pour le sulfate d'ammo-niaque, par 100 kilos.

Afin d'éviter toute confusion, les divers entrepôts ne tiendront à la disposition des syndiqués que du *phosphate fossile des Ardennes dosant au minimum 39 0/0 de phosphate tribasique*. Pour avoir cet engrais avec un autre dosage, il faut le commander directement à M. Peyras, agent principal du syndicat, et en prendre 5.000 kilos au minimum.

*En raison des deux modes de paiement des engrais, il ne faut jamais oublier d'indiquer celui que l'on entend appliquer, lorsqu'on adresse une demande de wagon complet.*

Il est rappelé à MM. les membres du syndicat que les entrepositaires ne sont tenus de livrer les engrais qui leur sont demandés par quantités de 1.000 kilos ou plus, qu'à la condition d'avoir été avisés au moins **huit jours à l'avance.** (Bul. n° 39, décembre 1891).

H<sup>te</sup> LÉIZOUR.

---

# Syndicat agricole de l'arrondissement de Chartres

### FOURNITURES DE PRINTEMPS 1892
### *Résultats de l'adjudication du 19 décembre 1891*

Le Secrétaire du Syndicat donne avis que MM. les membres de l'Association peuvent, jusqu'au 1<sup>er</sup> *juin* 1892, se procurer aux prix ci-après les substances qui leur seront nécessaires.

Il est expressément recommandé d'envoyer les échantillons dans la huitaine de la prise de livraison.

La Chambre syndicale, sise à Chartres, rue Régnier, n° 11 (café Bordier, près des Halles), est ouverte au public tous les samedis, de 3 à 6 heures du soir.

| | PRIX DES 100 KILOS | |
|---|---|---|
| | par 5.000 kil. et au-dessus | au-dessous de 5,000 kil. |

## § 1. — Prix :

1° *Superphosphates d'os.* — Le vendeur garantit qu'ils sont d'os pur, exempts de phosphates précipités ou de superphosphates minéraux. — Azote 1/2 à 1 0/0 ; acide phosphorique soluble à l'eau et au citrate 16 à 18 0/0, dont les 2/3 au moins solubles à l'eau.

| | par 5.000 kil. et au-dessus | au-dessous de 5,000 kil. |
|---|---|---|
| 1° Superphosphates d'os | 11 28 | 11 78 |

Adjudicataires : MM. Morel et Georget.

2° *Superphosphate minéral, soluble à l'eau et au citrate.* — Acide phosphorique soluble à l'eau et au citrate 14 à 16 0/0 . . .

| | par 5.000 kil. et au-dessus | au-dessous de 5,000 kil. |
|---|---|---|
| 2° Superphosphate minéral | 6 89 | 7 39 |

Adjudicataire : M. Lorme.

3° *Superphosphate minéral soluble à l'eau.* — Acide phosphorique soluble dans l'eau 14 à 16 0/0 . . .

| | par 5.000 kil. et au-dessus | au-dessous de 5,000 kil. |
|---|---|---|
| 3° Superphosphate minéral | 7 62 | 8 12 |

Adjudicataire M. Lorme.

4° *Nitrate de soude.* — 15 à 16 0/0 d'azote :

| | par 5.000 kil. et au-dessus | au-dessous de 5,000 kil. |
|---|---|---|
| En sacs d'orig., poids brut p<sup>r</sup> net. | 25 15 | 25 75 |
| En sacs réglés à 100 kg. | 25 50 | 26 » |

Adjudicataire : M. Delmotte.

5° *Sulfate d'ammoniaque.* — Exempt de cyanures, sulfocyanures, et sulfate de protoxyde de fer. — Azote ammoniacal 20 à 21 0/0 . . . . . . . . . . . 29 75 — 30 25

    Adjudicataires : MM. Morel et Georget.

6° *Phosphates minéraux.* — 18 à 20 0/0 d'acide phosphorique. — Mouture impalpable . . . . . . . . . . . 3 65 — 4 15

    Adjudicataire : M. Foucher.

7° *Scories de déphosphoration.* — Poudre impalpable 16 à 18 0/0 d'acide phosphorique . . . . . . . . . . . 5 24 — 5 75

    Adjudicataire : M. Foucher.

8° *Chlorure de potassium* — Exempt de chlorure de magnésium. — Potasse 50 0/0. 22 20 — 22 75

    Adjudicataire : M. Delmotte.

9° *Kaïnit.* — Dosant au moins 12 0/0 de potasse . . . . . . . . . . . 6 90 — 7 40

    Adjudicataires : MM. Morel et Georget.

10° *Sang desséché pur.* — 13 à 15 0/0 d'azote garanti exempt de toute matière azotée étrangère. . . . . . . . 23 30 — 23 80

    Adjudicataires : MM. Morel et Georget.

11° *Corne torréfiée.* — 14 à 15 0/0 d'azote. 22 50 — 23 »

    Adjudicataire : M. Foucher.

12° *Phospho guano ordinaire.* — Dosant 3 0/0 d'azote nitrique et 12 à 14 0/0 d'acide phosphorique soluble dans le citrate. . . 11 45 — 11 95

    Adjudicataire : le Crédit agricole.

13° *Phospho-guano surazoté.* — Dosant 5 0/0 d'azote nitrique et 10 0/0 d'acide phosphorique soluble au citrate. . . . . 13 95 — 14 45

    Adjudicataires : MM. Morel et Georget.

14° *Sel dénaturé aux tourteaux* (1) pour bestiaux . . . . . . . . . . . 6 » — 6 55

    Adjudicataire : M. Delmotte.

15° *Sulf te de fer* . . . . . . . . 6 75 — 7 25

    Adjudicataire : M. Foucher.

16° *Sulfate de cuivre*, 98 0/0 de pur, fûts ou sacs. . . . . . . . . . . 46 » — 46 75

    Adjudicataire : M. Lefebvre-Duhordel.

(1) Les demandes de sel dénaturé ne seront délivrées que sur la production d'un certificat demandé par la douane et ainsi conçu :

SELS
POUR
L'AGRICULTURE
—

## CERTIFICAT
—

Nous soussigné, Maire de la Commune d        canton d        arrondissement d        département d        certifie que M        est cultivateur dans cette commune et que son exploitation agricole comporte l'emploi d        kilog. de sel.

A        le        189

Cachet de la Mairie :        Signature de M. le Maire :

## AVIS IMPORTANT

Un dépôt ayant été créé à Chartres pour satisfaire aux oublis et aux commandes tardives, les engrais ci-dessus pourront à l'avenir être délivrés immédiatement, contre paiement comptant et avec une faible majoration pour frais de magasinage, en s'adressant à M. Mercier, comptable du Syndicat, tous les jours de la semaine, dimanches et fêtes exceptés (le samedi avant midi).

### § 2. — Tourteaux alimentaires

Le Syndicat se charge de la fourniture des différents tourteaux alimentaires, aux prix suivants sur wagon Marseille et par wagons complets de 5.000 kil. au moins :

Lin pur première qualité. . . . . . . . 19 15 les 100 kil.
Arachide décortiquée (1er choix pr nourriture). 16 40 —
Sésame blanc du Levant . . . . . . . . 15 25 —
Sésame blanc de l'Inde. . . . . . . . . 14 75 —
Coprah pour vaches laitières, Ceylan. . . . 15 » —
    id.       1re qualité. . . 14 25 —
    id.       qualité ord. . . 13 25 —
Coton d'Egypte, 1re qualité . . . . . . . 11 50 —

Ces prix sont valables jusqu'au 30 juin 1892.

Adjudicataire : M. Béëry-Allier.

Paiements : à 30 jours 1 0/0 d'escompte, — à 60 jours 1/2 0/0 d'escompte, — à 90 jours sans escompte.

Plusieurs syndiqués peuvent se réunir pour la formation d'un wagon, de même qu'un wagon peut être composé de plusieurs espèces de tourteaux.

Pour les petites commandes, les membres du Syndicat pourront s'adresser chez M. Mercier, 4, place Saint-Michel, qui leur fournira, au dépôt, la quantité de tourteaux qu'ils désireront, contre paiement comptant et aux prix fixés pour le détail. Des tourteaux broyés pourront être livrés au magasin, aux personnes qui en feront la demande 8 jours à l'avance et qui enverront des sacs (1 sac par 100 kil.). A défaut de sacs, il en sera fourni et leur prix sera ajouté à celui des tourteaux. Toutefois ces sacs pourront être prêtés en location, à la condition qu'ils soient rendus sous huitaine.

### § 3. — Graines.

L'adjudication de la fourniture des graines est ajournée au 16 janvier 1892.

---



---

Manufacture d'engrais et produits chimiques pour l'agriculture

FABRIQUE D'ACIDE SULFURIQUE

## Spécialité de superphosphates minéraux et de superphosphates d'os

THÉOPHILE CONILLEAU, AU MANS

*Bureaux, rue de Bel-Air, 44. — Usine à Préau, rue des Maraîchers*

La situation de cette importante usine, établie au centre de l'Ouest, permet de livrer dans toute la région, à des conditions très-avantageuses, les produits de 1er choix de sa fabrication.

---

## VINS DE BORDEAUX

Garantis naturels. — Médaillés à l'Exposition universelle de 1889.

| VINS ROUGES | VINS BLANCS |
|---|---|
| La pièce de 225 litres : | La pièce de 225 litres : |
| Palus 1889 ..... .... 115 f. | Entre 2 Mers 1890.... 110 f. |
| Côtes 1889........... 125 | Petites Graves 1889 . 125 |
| 1res Côtes 1888....... 150 | Graves ou Côtes 1888. 150 |
| Côtes supér. 1888..... 175 | Côtes 1887......... .. 200 |
| Graves 1887..... ... 250 | Sauternes, Barsac, Prix div. |

Caisses assorties de 12, 25 et 50 bouteilles, depuis 1 fr. 50 la bouteille.

Les vins sont logés et rendus *franco*, gare de départ.

Paiement à 90 jours net, ou à 30 jours avec 2 0/0 d'escompte.

Les expéditions sont faites par les soins de M. G. BORD, secrétaire général du Syndicat agricole de CADILLAC (Gironde).

---

# AU PROGRÈS

# MAISON MOTTE

TAILLEUR CIVIL ET MILITAIRE

## 12, rue du Grand-Faubourg, 12

À L'ENTRÉE DE LA PLACE DES ÉPARS

CHARTRES

**Spécialité de Dolmans pour Officiers, de Tuniques et Livrées pour Pensions et Maisons particulières. — Grand choix de Draperie Française et Anglaise. — Complet confection depuis 20 fr. — Complet sur mesure depuis 55 fr.**

Il sera délivré à tout acheteur de costume complet UN SUPERBE PLASTRON.

*Remise de 5 % à tout membre du Syndicat agricole, et sur la présentation de sa carte de syndiqué.*

---

## SYNDICAT DE CHARTRES

SAISON DE PRINTEMPS DE 1892

### VINS

Le Syndicat donne avis qu'il peut, pendant la prochaine saison, fournir aux prix ci-dessous les vins naturels, garantis purs raisins frais, des provenances ci-après :

## 1° Vins d'Algérie

1° Vin rouge de Bône, à 43 fr. l'hectolitre.

2° Vin blanc de Bône, à 43 fr l'hectolitre.

3° Vin rouge d'Aïn-Beda d'Oran, à 115 fr. la pièce de 220 à 225 litres. Recommandé. (Pour cette espèce, il n'y a pas de demi-pièce).

Nota. — Tous ces prix s'entendent franco gare de l'acheteur, fût perdu, paiement à 90 jours de l'expédition.

Les vins d'Algérie seront livrés jusqu'au 1er avril seulement, à cause des chaleurs, sauf épuisement avant cette date.

Les commandes sont reçues dès maintenant.

## 2° Vins Français

### Vins rouges du Gard

| | Récolte 1890 | | Récolte 1891 | |
|---|---|---|---|---|
| | la pièce | la demi-pièce | la pièce | la demi-pièce |
| 1° Montagne..... | 102 fr. | 53 fr 50 | 100 fr. | 52 fr. 50 |
| 2° Bon ordinaire. | 92 | 48 50 | 90 | 47 50 |
| 3° Saint-Gilles ... | 102 | 53 50 | 100 | 52 50 |
| 4° Costière extra. | 115 | 60 » | 115 | 60 » |

### Vin blanc du Gard

Vin blanc sec nouveau (1891), la pièce 100 fr., la demi-pièce 52 fr. 50

Contenance de la pièce 220 à 225 litres. de la demi-pièce 110 à 112 litres, le tout franco gare de l'acheteur, fût perdu, paiement à 90 jours.

### Vins rouges de Bordeaux

1° Bonnes côtes de Bordeaux, 1er choix, 1891 140-160 fr., 1890 180-200 fr. la pièce de 225 à 228 litres.

(Prière de bien indiquer le prix qu'on a choisi).

2° Fronsac, 1er crû...... ........... 1890, 230 fr.

3° Côte St-Christophe de St-Emilion. 1890, 250; 1889, 300 fr.

4° Sables de Saint-Emilion......... 1890, 300; 1889, 350

5° Saint-Estèphe........ .. .........' 1890, 350; 1889, 400

6° Saint-Emilion et Haut Pomerol.. 1889, 400; 1887, 500

        id. 1884, 600; 1881, 700

### Vins blancs de Bordeaux

1° Petites Graves, la barrique de 225 à 228 litres, 1891, 120-140

        id. 1890, 160

        id. 1889, 180

2° Graves, 1er crû.................. 1890, 200; 1889, 230

3° Preignac-Sauternes ............. 1890, 250; 1889, 3 0

4° Barsac-Sauternes ............... 1890, 350; 1890, 400

5° Ht-Sauternes. 1890, 450; 1889. 500; 1887, 600; 1884, 700

Le tout franco gare de l'acheteur. paiement à 30 jours 3 0/0 ou à 90 jours sans escompte. — Par 1/2 pièce et 1/4 de pièce, 5 fr. en sus pour logement.

## 3° Eaux-de-vie du Gard

Eaux-de-vie, type Béziers, 50 degrés........ 0 fr. 80 le litre.

    —      de Marc,      — ........ 1 » —

    —      pur vin, extra,    — ........ 1 20 —

Le tout pris sur place, logé en bonbonnes d'au moins 10 litres ou en fûts d'au moins 20 à 25 litres.

Nota. — Les droits et le transport, environ 90 centimes par litre, sont à la charge de l'acheteur.

## VINS DE BORDEAUX

Rouge (1888) à 125 francs et Blanc (1887) à 200 francs les 225 litres logés sur wagon départ.

S'adresser à M. G BORD, secrétaire général du syndicat agricole à Cadillac-sur-Garonne (Gironde).

## VACHERIE A CÉDER

Aux portes de Paris, après fortune,

20 bonnes vaches, 2 chevaux 3 voitures et tout le matériel.

Vente journalière, 300 litres de lait à 40 et 50 centimes le litre. Bénéfice net par an. 10,000 fr. prouvés. — Grande habitation. On traitera avec 10.000 fr., ou sans argent avec garanties sérieuses. Ecrire à *M. Dagory* 149, rue Lafayette, Paris. Renseignements gratuits.

## VINS DE BORDEAUX

rouge 1888 à 125 fr. ( les 225 litres logés sur wagon départ.
blanc 1887 à 200 fr. ( paiement 30 jours.

Vins plus vieux à des prix supérieurs, des vignobles de M. Numa **Médeville**, vice-président du Syndicat agricole de Cadillac (Gironde), qui a obtenu médaille d'or, grande culture, pour le département de la Gironde, médaille vermeil de la Société des agriculteurs de France.

## AVOINE FOUDROYANTE

**Pour détruire les rats, souris. taupes, mulots, etc.**

Destruction générale et complète dans les **24** *heures*, sans danger pour les animaux domestiques.

Prix du paquet : **1 franc.** — 6 paquets : **5 francs.**

Envoi franco à domicile contre mandat ou timbres-poste adressés à *H. PIGOT, rue des Amandiers, 89, à Paris.* On demande des dépositaires.

## Avis

Les membres du Syndicat des Agriculteurs de la Mayenne, sont informés que M. FERRÉ-CHAUVET. marchand de matériaux, entrepositaire du Syndicat à Château-Gontier, représente depuis le 1er avril 1891, la maison Louis Bouhé et Sankey de Saint-Nazaire, importateur direct des charbons anglais pour le port de Saint-Nazaire.

En conséquence, MM. les Syndiqués qui peuvent avoir besoin de charbons de terre Cardiff. Gaillettes, charbon de forges, flambant d'Ecosse et briquettes de Cardiff, etc., etc., pourront se les procurer aux meilleures conditions possibles. comme bon marché et qualité supérieure.

Adresser les commandes à M. Ferré Chauvet, entrepositaire du Syndicat à Château-Gontier.

Envoi des prix courant et conditions de vente sur demande.

*Le Gérant*, E. MOREAU.

Laval, Imp. L. Moreau.

5e Année — Février 1892 — No 41

Ce Bulletin paraît le 15 de chaque mois.

# BULLETIN AGRICOLE
## DE L'OUEST

**Organe des Syndicats Agricoles**
des départements du Finistère, des Côtes-du-Nord,
du Morbihan, de la Loire-Inférieure, d'Ille-et-Vilaine, de la
Manche, de la Mayenne, de Maine-et-Loire, de la Sarthe,
de l'Orne, du Calvados, de l'Eure, d'Eure-et-Loir
et de la Seine-Inférieure.

*Publié sous la direction de :*

**H. LÉIZOUR, (✳ M. A.) (◊ A.)**
Professeur départemental d'Agriculture de la Mayenne, Directeur du Laboratoire
agronomique, Président du Syndicat des Agriculteurs de la Mayenne,

**GAROLA, (O. ✳ M. A.) (◊ A.)**
Professeur départemental d'Agriculture d'Eure-et-Loir,
Directeur de la Station agronomique de Chartres.

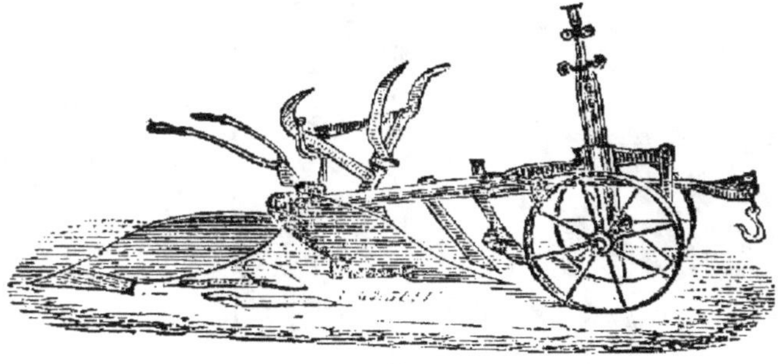

## ABONNEMENTS

Les membres des syndicats adhérents sont abonnés gratuitement par leurs
bureaux. — Pour les étrangers aux syndicats : **6 fr.** par an.

## ANNONCES

| De 1 à 4 annonces. » **50**c la ligne. | De 8 à 12 annonces » **30**c la ligne |
|---|---|
| De 4 à 8 — » **40**c — | Au-delà de 12. . » **20**c — |

Le bulletin publiera gratuitement les offres et demandes
des Syndicats abonnés.

*AVIS. — Tout ce qui concerne la rédaction, les Annonces et les Abonnements, doit être adressé à M. LÉIZOUR, rue de la Filature, 1, à Laval.*

## AVOINE DE BRIE
POUR SEMENCE
21 francs les 100 kil. logés gare Coulommiers.

S'adresser à M. COUESNON-BONHOMME, agriculteur à Coulommiers (Seine-et-Marne).

**A VENDRE**, une **jument de trait**, de bonne race, noire, forte, prenant 4 ans ; pleine de **Caprice**, magnifique percheron primé de l'Etat et dans plusieurs concours régionaux, appartenant à M. Ganne de Craon.

S'adresser à M. A. JAGELIN, à Avesnières, ou à la Vannerie de Sacé.

**ŒUFS A COUVER** *de Dorckings* (la poule de ferme par excellence), poids des adultes : 4 kil.: *de Hambourgs argentin*, sujets extra beaux, 6 fr. la douzaine (emballage gratis).

**LAPINS** *beliers gris et noirs*, au sevrage, 6 fr. la couple, en g. Poids des adultes : 6 kilos.

M. LALOY, à Mayenne.

# PULVÉRISATEURS SPÉCIAUX

Pour chauler les arbres fruitiers

## V. VERMOREL
CONSTRUCTEUR
à Villefranche (Rhône)

340 Premiers Prix et Médailles

Pulvérisateur « Éclair » nº 1, avec lance à coulisse de 0m80 à 1m50 et tuyaux de 1m20.... **43 f.**
Pulvérisateur « Éclair » nº 2, avec les mêmes accessoires....... **33 f.**

Accessoires supplémentaires d'après M. LANGLAIS pour la pulvérisation des arbres:
1 tube caoutchouc de 2m50
1 robinet raccordant les 2 tubes ;
1 lance courte *pour perche* **9 f.**
Lance à coulisse, de 2 m. 50 à 4 m..... **15 f.**
Lance à coulisse, de 0m 80 à 1m50........ **10 f.**

Cette dernière est facilement dirigée par l'ouvrier qui actionne la pompe.

# BULLETIN AGRICOLE DE L'OUEST

## Les achats d'engrais

Nous arrivons à l'époque où il convient d'appliquer aux céréales d'hiver le complément de fumure dont elles peuvent avoir besoin, par suite de l'insuffisance de la fumure d'automne. C'est aussi le moment où les cultivateurs doivent s'assurer la fourniture des engrais complémentaires destinés aux cultures de printemps, céréales et plantes fourragères. Le moment nous semble donc favorable pour attirer à nouveau leur attention sur les agissements habituels des vendeurs d'engrais, qui sont encore loin d'avoir renoncé, dans nos départements, à l'exploitation de la crédulité du cultivateur et continuent à faire fortune à ses dépens.

A voir ce qui se passe encore trop souvent dans nos fermes, on dirait que beaucoup de cultivateurs croient qu'il suffit qu'une matière quelconque soient emballée dans des sacs, des barriques ou des barils, pour constituer un engrais, dont la valeur n'a de limite que la rapacité du vendeur. En effet, il suffit qu'un voyageur quelconque, absolument inconnu de tous, se présente dans nos fermes ou dans nos bourgs et offre une poudre quelconque, sans autre garantie que celle qu'il veut bien donner verbalement, pour que, le petit verre et la tasse de café aidant, il trouve acheteur. Lorsque le marché est conclu, il fait signer, pour la forme, dit-il, simplement pour qu'il puisse faire voir à sa maison qu'il a fait quelque chose, un petit papier préparé d'avance, qui n'est autre chose qu'un marché en règle portant un semblant de garantie pour la composition de l'engrais et mettant le cultivateur, ou le petit commerçant, dans l'impossibilité de se rétracter.

Il y a bien une loi de 1888, sur la répression de la fraude dans le commerce des engrais, qui a été édictée en faveur des cultivateurs, mais, comme toutes les lois, les tribunaux peuvent l'interpréter de diverses manières et il arrive parfois que l'interprétation qui en est faite semble plutôt favorable au fraudeur qu'au cultivateur. Ce dernier fera donc bien d'éviter d'y avoir recours, en ne faisant que des marchés convenables.

On ne conçoit pas qu'un cultivateur qui veut acheter de l'engrais ne se fasse pas le petit raisonnement suivant: « Si, pendant l'été, je m'amusais à mettre en sacs ou en barriques la poussière de la route, je suis certain que le plus beau langage d'un inconnu serait insuffisant pour que cette poussière devienne un engrais. Et cependant, rien ne me prouve que ce n'est pas une poussière identique à celle-là qui m'est offerte, car selon les contrées, selon la nature du sol et celle des pierres employées, la couleur de la poussière peut varier, et il suffit d'y introduire quelques pincées de viande très faisandée ou de corne rapée et torréfiée pour lui donner l'odeur d'un *phospho* quelconque et permettre au vendeur de dire que c'est un engrais excellent, phosphaté et azoté ! »

Un raisonnement semblable conduirait le même cultivateur à se demander si le fameux engrais qui lui est offert sous le nom de *Noir animal* est autre chose que ce qu'il obtiendrait en mettant en barrique ou en sac de la terre de bruyère ou de la tourbe, préalablement desséchée, pulvérisée et, au besoin, noircie en y ajoutant un peu de noir de fumée.

Personne n'ignore que pour qu'une matière quelconque mérite le nom d'engrais et soit capable de produire quelque effet sur les récoltes, il est absolument nécessaire qu'elle contienne au moins une partie des éléments que ces récoltes doivent emprunter à la terre.

Ces éléments utiles sont aujourd'hui connus, mais il est impossible à qui que ce soit d'en reconnaitre l'existence dans un engrais, autrement que par l'analyse chimique. Il n'y a donc pas de fausse honte à avoir pour demander à un chimiste d'apprécier la valeur réelle d'un engrais, et les cultivateurs qui se laissent encore tromper dans leurs achats ne sont vraiment pas dignes d'être plaints, puisqu'ils ont à leur disposition, souvent gratuitement, des laboratoires agricoles, spécialement institués pour le contrôle de ces achats. Ils ont, de plus, les syndicats agricoles auxquels ils peuvent s'adresser en toute sécurité, puisque ce sont des sociétés composées exclusivement de cultivateurs, ayant pour principal but la repression de la fraude dans le commerce des engrais, but qu'elles atteignent en achetant en gros et en contrôlant rigoureusement tout ce qui leur est livré.

Il y a d'ailleurs, des commerçants qui, après avoir habillé aussi malproprement que possible les administrateurs des syndicats, prennent pour base les prix auxquels ces sociétés livrent les engrais aux cultivateurs en les réduisant de quelques centimes, en apparence, tout en garantissant, verbalement toujours, qu'ils ont même provenance et même composition. Il est extrêmement facile aux cultivateurs de se rendre un compte exact de la valeur du raisonnement que ces marchands leurs tiennent. Ils n'ont qu'à remarquer que tous les dosages garantis varient dans une limite assez étendue, 2 à 5 0/0 le plus souvent, et que toujours le minimum garanti par le marchand est inférieur à celui du syndicat. Or, le minimum seul est exigible.

Le superphosphate, par exemple, est livré au syndicat de la Mayenne avec une garantie de 14 0/0 *au moins*, d'acide phosphorique soluble dans le citrate d'ammoniaque. En réalité il dose à peu près régulièrement 14.50 à 15 0/0. Il coûte 8 fr. 35 les 100 kilos. Le kilogramme d'acide phosphorique revient donc à 0 fr. 596, en se basant sur le dosage minimum, le seul, qu'on puisse exiger du vendeur.

Les commerçants dont il s'agit offrent du superphosphate qu'ils garantissent avec un dosage de 10 à 15, — 12 à 15 ou 13 à 15 0/0 d'acide phosphorique, en réduisant le prix du syndicat de 0 fr. 05 par sac, soit au prix de 8 fr. 30. Ils disent bien haut que la garantie est la même qu'au syndicat.

Le dosage minimum garanti étant seul exigible, c'est sur lui qu'il faut calculer. Prenons comme exemple le meilleur de ceux qui sont offerts, 13 à 15 pour cent. Le prix du kilogramme d'acide phosphorique dans cet engrais revient à 0 fr. 638, c'est-à-dire à 0 fr. 042 de plus que dans celui livré au syndicat. Le cultivateur qui l'achète paie donc, pour les 13 kilogrammes d'acide phosphorique contenus dans chaque sac, 0 fr. 546 de plus qu'il ne les paierait au syndicat. Le marchand, tout en ayant l'air de vendre moins cher, fait donc payer, en réalité, 0 fr. 546 de plus chaque sac de superphosphate.

Il va de soi que plus le minimum garanti diminue, plus le cultivateur paie cher, malgré la réduction de prix, en apparence plus grande, consentie par le vendeur. Et je ne parle ici que des engrais livrés par le commerce honnête. Il ne saurait en être autrement.

Les frais généraux d'une entreprise sont en raison inverse des affaires traitées. Aucun commerçant de nos

38

localités ne pouvant vendre autant d'engrais que le syndicat, il est clair que ses frais sont relativement plus élevés, sans compter les nombreux verres d'eau de-vie accompagnés ou non d'autant de tasses de café que le dit commerçant offre à ses clients. Quand donc ces derniers comprendront-ils que ce sont eux-mêmes qui paient ces libations par une diminution énorme de leurs futures récoltes ?

Et il n'y a pas que les frais généraux dans cette question. Le commerçant ne vend pas d'engrais pour le seul plaisir d'en vendre. Il faut bien qu'il vive de son métier, qu'il réalise par conséquent des bénéfices. Au détriment de qui, sinon au détriment de l'acheteur ?

Le syndicat qui achète de très grosses quantités d'engrais, les obtient à meilleur marché, ses frais généraux étant peu élevés et ses bénéfices nuls, il est évident que ses majorations sont bien inférieures à celles du commerce.

Il faut remarquer en outre, qu'il y a 99 sur cent des négociants s'occupant des engrais, qui ne savent pas ce que c'est qu'un engrais, qui sont incapables par conséquent, de l'acheter dans de bonnes conditions, et, craignant d'être obligés de tromper les cultivateurs sciemment, se gardent bien de faire analyser ce qui leur est livré. Si l'engrais n'est pas bon, s'ils le vendent plus qu'il ne vaut, ce n'est pas leur faute, mais bien celle de leur fournisseur. Ce qui n'empêche pas que c'est toujours le cultivateur qui paie, qu'il se persuade à tort que tous les engrais ne valent rien et que sa terre continue à ne lui donner que des récoltes médiocres dont tout le monde se ressent.

Les syndicats, au contraire, ne livrent jamais aucun engrais dont le contrôle rigoureux n'ait été fait, dont les effets, par suite, ne soient absolument certains, si le cultivateur sait en faire usage.

Il reste entendu d'ailleurs, qu'en écrivant ces lignes nous n'avons nullement l'intention de démontrer que le commerce n'est pas une partie nécessaire de l'activité humaine et de la richesse publique ; nous voulons simplement défendre les intérêts agricoles, qui seuls nous préoccupent.

Hte LÉIZOUR.

## SYNDICAT DES AGRICULTEURS DE LA MAYENNE

L'Assemblée générale du Syndicat des agriculteurs de la Mayenne a eu lieu le samedi 23 janvier 1892, dans la salle des réunions de l'entrepôt central du Syndicat, 48, rue Solférino, à Laval. La séance est ouverte à 2 h. 1/2, sous la présidence de M. Léizour, président.

M. le secrétaire donne lecture du procès-verbal de la dernière assemblée qui est adopté.

M. le président rend compte à l'Assemblée des opérations effectuées pendant l'année 1891. Malgré les désastres occasionnés par le terrible hiver de l'année dernière, le chiffre des affaires faites, dit-il, a été au moins aussi important qu'en année moyenne, et les nouvelles adhésions aussi nombreuses.

Les opérations faites en 1890 étaient de 298.187 fr. 30, elles ont été de 356.027 fr. 95 en 1891, soit une augmentation de 57.840 fr. 65, pour un total d'engrais, tourteaux et graines de 3.593.196 kilos.

Nos achats se décomposent de la façon suivante :

| | | | |
|---|---|---|---|
| Superphosphate | 1.593.700 k. | pour 148.544 fr. | 90 |
| Nitrate de soude | 356.996 | 75.664 | 15 |
| Phosphates divers | 1.386.600 | 72.635 | 50 |
| Noir animal | 37.000 | 4.477 | 50 |
| Chlorure de potassium | 10.000 | 2.275 | » |
| Guano du Pérou | 96.300 | 21.301 | 75 |
| Tourteaux alimentaires | 45.000 | 7.176 | » |
| Plâtre | 45.000 | 414 | 45 |
| Sulfate de cuivre | 500 | 282 | 50 |
| Sulfate de fer | 40.000 | 700 | 10 |
| Sulfate de potasse | 100 | 25 | 60 |
| Sel dénaturé | 12.000 | 672 | » |
| Graines | » | 14.611 | 40 |
| Instruments | » | 11.947 | 10 |
| Totaux | 3.593.196 k. | pour 356.027 fr. | 95 |

L'entrepôt central, dit M. le Président, a pris une part très active au fonctionnement de notre association, son chiffre d'affaires a été de 105.852 fr. 50. Le bénéfice réalisé sur ces opérations, au profit de la caisse syndicale, s'est élevé à 4.873 fr. 55, soit 4,60 0/0. Malgré sa modicité, ce bénéfice est plus que suffisant pour couvrir les frais qu'entraîne l'entrepôt, et cependant notre agent principal qui en est chargé, s'occupe en même temps de toutes les opérations que nous effectuons.

Dans le courant de l'année qui vient de s'écouler, le bureau a été appelé a prendre quelques décisions d'un ordre nouveau pour notre association. Sur la demande de M. Dubois-Fresney, conseiller général et président du comice agricole de Château-Gontier, auteur du projet de création d'un concours départemental, le Syndicat a accordé son patronnage moral pour cette organisation, dans le but de contribuer à l'avancement du progrès agricole.

La question des concours agricoles, dit M. le président, a été fréquemment agitée depuis quelques années, et un grand nombre d'opinions ont été émises en ce qui concerne leur utilité et la meilleure manière de les organiser. Beaucoup d'hommes compétents paraissent gagnés à la cause des concours départementaux, et le Parlement a décidé la suppression d'un certain nombre de concours régionaux, en 1892, et l'attribution aux concours départementaux des économies réalisées de ce chef. Il serait donc à souhaiter que le département de la Mayenne puisse en profiter.

En terminant son discours, M. le président invite MM. les membres du Syndicat à ne pas attendre au dernier moment pour adresser leurs commandes d'engrais et de graines dans le but de simplifier le plus possible le service du Syndicat pendant la période la plus active des transactions, puis il adresse ses plus sincères remerciements à ses collègues MM. les membres du bureau.

M. Fontaine trésorier, donne lecture de son rapport pour l'année 1891. La parole est ensuite donnée à M. Guerlin pour la lecture du procès-verbal de la commission nommée par le bureau pour la vérification des comptes du Syndicat. Cette commission en a reconnu la complète exactitude, et les comptes sont approuvés à l'unanimité. Au nom de l'association toute entière et pour son compte personnel, M. le président remercie chaudement le trésorier pour le dévouement qu'il apporte dans sa tâche de plus en plus lourde, ainsi que MM. Pichard, Perrot et Guerlin, qui ont bien voulu se charger du travail de la vérification des comptes.

M. le président expose ensuite les raisons qui ont conduit le bureau à demander quelques modifications aux statuts. Il donne lecture de la nouvelle rédaction qui est adoptée.

M. le président revient ensuite sur la question du concours départemental d'agriculture, il annonce que le bureau, dans une de ses délibérations, a décidé de proposer à l'assemblée générale, d'accorder à ce concours une somme de 1.000 fr. La proposition est adoptée à l'unanimité.

L'Assemblée nomme ensuite une commission composée de 18 membres pris en nombre égal dans chacun des arrondissements. Cette commission est chargée de l'étude et de l'organisation du concours départemental agricole.

M. Léizour, président, propose ensuite à l'Assemblée l'admission des 303 membres qui lui ont envoyé leur adhésion et dont la liste a été transmise à tous les membre du Syndicat. A l'unanimité, l'Assemblée prononce leur admission.

Après quelques discussions sur le fonctionnement du Syndicat et la création du concours départemental d'agriculture, la séance est levée à 4 h. 1/2.

*Le Rapporteur,*

P. MASSERON

---

## Sur l'alimentation des vaches laitières

Avant de donner tel ou tel aliment à ses vaches laitières, le cultivateur doit se préoccuper de savoir comment ces aliments agiront sur la production du lait en qualité et en quantité. Et d'abord l'on sait bien que la mamelle est un des organes émonctoires par où s'éliminent les matières qui ne sont pas introduites dans le sang par la digestion et l'absorption intestinale. Si donc les substances ingérées non nutritives, qui ne sont pas digérées et absorbées, ont une saveur défectueuse, une partie plus ou moins forte de ces substances passant dans la mamelle et le lait, celui-ci aura un goût détestable. Se fondant sur cette notion on a même pu produire de la sorte des laits médicamenteux en faisant absorber aux vaches laitières les produits pharmaceutiques que l'on voulait retrouver dans leur lait.

Partant de là, on écartera de la nourriture des vaches laitières toute substance ayant une odeur ou une saveur désagréables. Telles sont les crucifères, les alliacées, les asphodélées, les asparaginées, etc., parmi les plantes qui peuvent se trouver accidentellement dans les prairies et au nombre des aliments concentrés, les tourteaux de graines oléagineuses, lin et colza et même les drèches de brasserie et les pulpes trop avancées en fermentation, les pommes de terre germées, etc. Par les mamelles sont éliminés de la même façon une partie des principes odorants agréables qui peuvent se trouver dans l'alimentation. C'est ce qui fait la réputation de certains pâturages, comme ceux de Sotteville, Gournay, Isigny, qui produisent du lait et du beurre renommés.

Mais la qualité du lait est loin de dépendre uniquement de la finesse de son goût, elle est de plus en corrélation intime avec la quantité de matières sèches qu'il renferme et avec la composition chimique de ces mêmes matières sèches. Le lait est un liquide qui peut renfermer de 84 à 92 0/0 d'eau et de 8 à 16 0/0 de matières sèches. Il est tout naturel de penser que le lait le plus riche sera celui qui renfermera le plus de ces matières sèches, eu égard à sa richesse en globules butyreux ou beurre. Eh bien, la proportion d'eau contenue dans le lait d'une vache est en raison de celle renfermée dans les aliments consommés par cette vache. Plus la nourriture est aqueuse, pauvre en matières sèches, plus le lait obtenu est aqueux et pauvre en matières sèches. C'est pourquoi les nourrisseurs des grandes villes qui visent surtout à la quantité et non à la qualité du lait, n'alimentent leurs animaux qu'avec les substances les plus riches en eau : drèches, pulpes, barbottages de son, de farine d'orge, etc.

D'autre part, la proportion de beurre renfermée dans le lait que l'on croyait autrefois sous la dépendance exclusive de l'individualité de l'animal, en d'autres termes de *l'aptitude beurrière* de ce dernier, est influencée en partie par l'alimentation. Plus la nourriture est riche en matières sèches et en protéine ou matière azotée, plus le lait contiendra de beurre et par conséquent pour augmenter la production de celui-ci, on devra donner aux vaches laitières des aliments pas trop humides et renfermant un certain quantum de matière azotée, ces aliments seront principalement des tourteaux, 3 à 4 kilog. par jour et par animal, 5 à 6 kilog. de foin ou de regain de prairies naturelles et 25 à 30 kilog. de betteraves fermentées.

Cette ration journalière ne suffirait pas à elle seule pour assurer au cultivateur, comme nous l'avons vu, un lait riche en beurre s'il n'avait soin en même temps d'élever dans ses étables des animaux de race réputée beurrière. Nourrissez exactement de la même façon deux vaches de races différentes et même de race identique, presque toujours l'une aura un lait plus riche en beurre que l'autre, parce que l'animal lui-même, par ses propres facultés ou ses qualités individuelles, est pour quelque chose dans la richesse du lait en beurre. Par conséquent, pour mettre tous les atouts dans son jeu, pour obtenir le maximum possible de beurre pour telle quantité de lait, le cultivateur devra :

1° Choisir des vaches ayant une grande aptitude pour la production du beurre ;

2° Donner à ses animaux une ration suffisamment riche en matières sèches et protéine, tout en restant assez aqueuse pour ne pas diminuer la secrétion du lait, comme nous l'avons indiqué ci-dessus.

PÉRETTE

*Professeur à l'École d'Agriculture de Mayenne.*

---

## Culture de la betterave fourragère. Ses avantages au double point de vue alimentaire et économique.

La question relative à l'alimentation des animaux de la ferme est généralement une de celles qui éveillent le plus l'attention du cultivateur.

Il ne suffit pas, en effet, pour obtenir des résultats satisfaisants, d'entretenir un nombre d'animaux relativement élevé par rapport à l'étendue de l'exploitation, il faut aussi que leur accroissement soit rapide, qu'ils donnent le maximum possible des divers produits qu'on leur demande, conditions qui ne peuvent être obtenues que par une alimentation, en toutes saisons, rationnelle et abondante.

Ce n'est pas ainsi que cela se pratique partout dans la Mayenne. Pendant la belle saison, les animaux trouvent une bonne partie de leur nourriture au pâturage. Si celui-ci est de bonne qualité, avec un peu de supplément à l'étable, leur alimentation peut être suffisante. Il en est tout autrement, pendant l'hiver, dans les fermes où le cultivateur manque de prévoyance, tout ce qu'il y a de bon fourrage est consacré aux animaux destinés à être vendus et aux vaches mères. Pour les élèves de un an et au-dessus, la paille est souvent la base de l'alimentation.

Avec un tel régime ils ne sauraient prendre de développement et maigrissent ; il faut les premiers mois de printemps, d'une nourriture rafraichissante, pour réparer l'effet des privations endurées pendant la saison d'hiver. On conçoit sans peine que, dans de semblables conditions d'alimentation, l'accroissement des animaux soit très lent, et qu'il faille 4 ou 5 années pour obtenir le poids de viande qu'il serait possible de produire dans l'espace de 2 ans 1/2 ou 3 ans, sous l'influence d'une bonne nourriture hivernale.

Le cultivateur doit donc rechercher quelles sont, parmi les nombreuses plantes fourragères, celles susceptibles de fournir, pour une étendue donnée, le maximum de produits alimentaires pouvant être avantageusement utilisés pendant la mauvaise saison.

En ce qui est relatif à la nourriture de l'espèce bovine et ovine. il n'y a pas de doute, comme nous le démontrerons par la suite, que la betterave peut, sous ce rapport, prendre place au premier rang. Mais, malgré les services que cette précieuse racine peut rendre au cultivateur, sa culture, dans bien des contrées de la Mayenne, est très restreinte, lorsqu'elle n'est pas complétement exclue de l'assolement.

Les causes de cette exclusion sautent aux yeux. Question d'habitude en premier lieu. de routine, et aussi le manque de connaissances sur son mode de culture et sa valeur alimentaire.

La betterave est susceptible de donner de très forts produits, mais, comme pour toutes les plantes qui se trouvent dans le même cas, pour obtenir ce résultat, il faut pour sa culture le concours de plusieurs circonstances favorables à son développement, que nous allons sommairement étudier et qui sont relatives :

1° A la nature du sol ; 2° aux travaux de préparation du sol ; 3° à la fumure ; 4° au choix des variétés ; 5° au mode de semis et au repicage ; 6° aux façons culturales à donner à la plante pendant la période de sa végétation.

*Nature du sol.* — Le sol qui convient le mieux pour la betterave est celui qu'on est convenu de désigner sous le nom de sol de *moyenne consistance,* de *terre franche,* c'est-à-dire ni léger ni compacte. Dans les terres fortes, bien ameublies et bien fumées, la betterave peut fournir un produit aussi élevé que dans les terres franches, mais comme leur ameublissement est difficile à obtenir, souvent impossible dans certaines années, les frais de culture sont très élevés.

Il faut aussi que le sol soit profond, qu'on ne rencontre pas à 10 ou 15 centimètres de la surface une couche imperméable, de nature rocheuse ou argileuse, qui mettrait obstacle à la pénétration des racines. Une profondeur de 25 à 30 centimètres, qui peut être obtenue par un bon labour, peut toutefois être jugée suffisante.

*Préparation du sol.* — Généralement, la betterave succède dans l'assolement à une céréale, avoine, blé ou orge. Après l'enlèvement de la céréale, la première opération à effectuer en vue de la culture de la betterave l'année suivante, consiste en un déchaumage, c'est-à-dire à donner un labour superficiel de 6 à 8 centimètres suivi d'un hersage, ou un coup de scarificateur également suivi d'un hersage. Ce déchaumage a pour but de favoriser la germination des mauvaises graines tombées à la surface du sol, afin d'éviter, ce qui arrive fréquemment, de les enterrer dans les couches profondes pour un labour d'hiver où elles se conserveraient intactes jusqu'à ce qu'un nouveau labour les ramène à la surface.

Au déchaumage succédera un labour profond de 25 à 30 centimètres, qui devra être donné en novembre ou décembre au plus tard. Les agents atmosphériques, principalement les gelées, ayant la propriété de favoriser l'ameublissement du sol et la transformation des principes fertilisants qu'il contient, ce labour sera d'autant plus efficace qu'il sera donné plus tôt.

Dans le courant de février, lorsque le sol sera bien ressuyé, il y aura lieu de donner un hersage suivi de un ou deux coups de scarificateurs, afin de compléter l'ameublissement et l'aération dans la mesure du possible et de favoriser la germination des mauvaises graines. Vers la mi-mars toutes les graines seront germées et le moment sera venu de donner un troisième et dernier labour de moyenne profondeur, 15 à 18 centimètres. Quelques jours après, par un beau temps, ce labour sera suivi d'un double hersage croisé et, s'il y a des mottes, d'un léger coup de rouleau.

Si des mauvaises graines se trouvent dans cette nouvelle couche superficielle, avec cette préparation préalable, leur germination sera assurée dans un intervalle de 10 à 12 jours, après lesquels on pourra procéder à une dernière façon pour les détruire : un bon coup de herse si le sol est bien meublé, et un coup de scarificateur suivi d'un hersage dans le cas contraire.

Ces diverses opérations culturales demandent une dépense de main-d'œuvre assez considérable ; mais cette dépense se produit aux époques de la morte saison, alors que le personnel de la ferme et les attelages sont peu occupés. En serait-il autrement qu'il n'y aurait pas à hésiter à agir de même : pour obtenir des résultats rémunérateurs, quelle que soit la nature de l'entreprise, il ne faut lésiner ni sur le travail nécessaire ni sur les dépenses indispensables.

Dans les opérations qui précèdent, le résultat cherché porte sur deux points : le nettoyage du sol et son ameublissement.

Nous donnons trois labours. Le premier léger de 6 à 8 centimètres, en septembre, pour faire germer les graines tombées sur le sol, et nous les détruisons par des hersages. Le deuxième, profond de 30 centimètres, qui nous permet de placer la couche ameublie et nettoyée au fond du labour, de laquelle couche il n'y a plus à s'occuper.

Par ce labour profond nous ramenons une nouvelle couche à la surface ; elle sera ameublie et nettoyée fin février et commencement de mars. Reste la couche moyenne. Nous la ramenons à la surface par le labour de mars, nous l'ameublissons et la nettoyons à son tour, par des hersages et des scarifiages précédant la semaille.

Notre but est ainsi complètement atteint : ameublissement et nettoyage de toute la profondeur de la terre arable.

*Engrais.* — Le fumier de ferme peut être employé seul à la culture des betteraves fourragères. S'il est bien préparé et que la fumure soit abondante, qu'elle atteigne, de 40 à 60.000 kilos à l'hectare, on pourra obtenir un fort produit, suivant la fertilité initiale du sol.

La fumure devra être appliquée en deux fois, à des époques différentes.

La première moitié sera enterrée par le labour profond, donné en novembre ou décembre. Pendant l'hiver et les premiers mois du printemps ce fumier subira un commencement de décomposition qui le mettra en état d'être en partie absorbé, lorsque les racines de la betterave atteindront cette profondeur.

La seconde moitié du fumier, qui devra être choisi parmi le plus décomposé, sera enterré par le labour de mars.

Quels que soient, cependant, les résultats obtenus par ce procédé, il serait préférable d'employer une fumure mixte, moitié fumier de ferme, moitié engrais chimiques. Ces derniers, mélangés au sol par les hersages ou le coup de scarificateur précédent le semis, remplaceraient la deuxième partie de la fumure mise en mars.

Les engrais chimiques étant de solubilité immédiate, le jeune plant, sous leur action, se trouverait, dès les premiers jours, dans d'excellentes conditions de végétation et prendrait un rapide développement. Cela permettrait d'effectuer les façons de binage et de sarclage avant les travaux de fenaison et de moisson, pendant lesquels le cultivateur n'a guère le loisir de s'occuper des plantes sarclées.

Comme fumure complémentaire aux engrais chimiques, la formule ci-après conviendrait par hectare :

Superphosphate. . . . 400 kilos.
Nitrate de soude . . . 200 id.

Le tout tamisé et bien mélangé avant l'épandage.

Le nitrate de soude pourrait être remplacé par 150 k. de sulfate d'ammoniaque.

À cette formule il serait cependant bon d'ajouter 100 kilos de chlorure de potassium. Mais l'addition de cet engrais, employé au moment du semis ou du repicage des betteraves, ne donne pas toujours des résultats satisfaisants. En voici la cause. Les chlorures, en général, possédent des propriétés qui nuisent à la végétation. Pour que les engrais employés sous cette forme agissent favorablement, il faut qu'ils subissent dans le sol une transformation préalable, qu'ils passent de l'état de chlorures à l'état de carbonates. Or, cette transformation demande un temps plus ou moins long, suivant la nature et la composition du sol.

Il serait donc bon, si on se propose d'ajouter du chlorure de potassium à la fumure, de le semer sur le premier labour, en février ou commencement de mars, avant le coup de scarificateur qui précède le labour de mars.

Pour faciliter l'épandage on le mélangerait à un volume égal de cendres ou de tout autre engrais pulvérulent, plâtre ou phosphate.

*Choix des variétés.* — Les bonnes variétés de betteraves fourragères sont nombreuses et bien connues, nous ne nous arrêterons pas longuement à les énumérer.

Il y a des variétés longues, des demi-longues et des globes.

Parmi les variétés longues, les disettes d'Allemagne sont les principales. Il y a la variété jaune et la variété rouge. Elles donnent de très forts produits dans de bonnes conditions de culture, mais il s'en trouve alors fréquemment de creuses, qui se conservent mal. Elles sortent beaucoup de terre ; pour les terrains de moyenne profondeur et de moyenne fertilité elles nous paraissent devoir être préférées.

Dans les variétés demi-longues figurent l'ovoïde des barres et la mammouth. Cette dernière est recommandable par les forts rendements qu'elle est susceptible de donner. La jaune ovoïde des barres est des plus appréciées ; si elle donne moins de produit que la mammouth, elle parait être plus saine et plus nutritive. Les variétés demi-longues demandent un terrain fertile et profond.

Parmi les betteraves globes, c'est la jaune qui est la plus recherchée. Elle est très saine et des plus nutritives, sort peu de terre. Il lui faut des terres bien fumées et profondes.

*Semis.* — On effectue le semis des betteraves à la main ou au semoir. L'emploi du semoir nécessite plus de graine, mais il économise de la main d'œuvre. Si on a à semer de grandes étendues, le semoir peut être avantageusement employé, mais pour des surfaces restreintes, comme le cas est général dans la Mayenne, le semis effectué à la main est très pratique.

Le procédé mis en usage dans le midi de la France pour la culture du maïs à graine pourrait être avantageusement adopté pour le semis des betteraves à la main.

Voici en quoi il consiste : Lorsque le terrain est complètement préparé, bien meuble, on passe en long et en travers un instrument dit rayonneur, qui trace des raies dans les deux sens, à la profondeur reconnue nécessaire pour enterrer les graines. Celles-ci sont déposées au nombre de 2 ou 3 dans chaque intersection des raies et sont recouvertes généralement avec le pied, quelquefois avec une houe à main.

Les graines de betteraves qui ne doivent être placées qu'à une très faible profondeur, pourraient être recouvertes avec la main.

L'écartement des raies est de 60 à 65 centimètres en tous sens, ce qui permet de passer en long et en travers la houe à cheval et le butteur et de réduire ainsi au minimum possible les travaux de binage et de sarclage à la main.

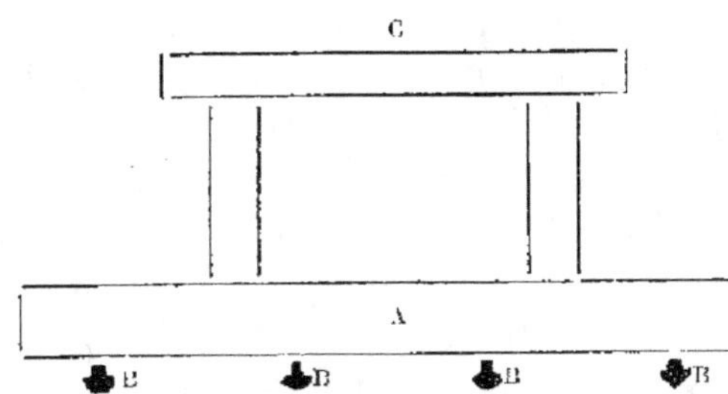

Nous représentons dans la figure ci-contre l'élévation du rayonneur. Il se compose d'une pièce en bois A, de 2$^m$ 20 à 2$^m$ 80 de longueur, sur laquelle sont fixées des palettes en fer B, destinées à tracer les raies et distantes de 60 à 65 centimètres. La traverse C permet à l'ouvrier de guider l'instrument et de tracer des lignes bien droites afin de faciliter la manœuvre de la houe à cheval et du butteur. L'instrument est traîné par un cheval attelé dans des brancards fixés sur la pièce principale A.

Si le semis doit être pratiqué par les procédés ordinaires, le rayonneur peut encore être avantageusement utilisé pour rayonner le terrain dans un seul sens.

On ne doit pratiquer le semis des betteraves que sur des terrains bien ameublis et bien nettoyés. Si la préparation fait défaut, il vaut mieux attendre et repiquer, ce qui permet de compléter les travaux.

Lorsque le semis n'est pas aligné dans les deux sens, l'espacement à donner aux betteraves varie de 60 à 70 centimètres entre les lignes et de 40 à 50 centimètres dans le sens des lignes.

C'est la deuxième quinzaine d'avril qui convient le mieux pour effectuer le semis des betteraves sur place. Cependant il serait encore préférable d'attendre la première quinzaine de mai que de semer dans de mauvaises conditions de nettoyage et d'ameublissement du sol. Après le quinze mai la saison est trop tardive pour le semis, il vaut mieux, après cette date, procéder au repiquage.

La quantité de graine nécessaire par hectare varie de 3 à 4 kilos pour le semis à la main, et de 10 à 12 kilos pour le semis au semoir.

*Repiquage*. — Il faut recourir au repiquage des betteraves, lorsque le terrain n'est pas suffisamment préparé à l'époque du semis ; dans le cas contraire, nous n'hésitons pas à conseiller de donner la préférence au semis en place.

Lorsqu'on se propose de repiquer il faut établir une pépinière sur un terrain bien préparé et bien fumé, exposé au midi, autant que possible près d'un abri, d'un mur par exemple. Ces conditions permettent d'obtenir un plant vigoureux et précoce. Les plants dont la racine près du collet a la grosseur du petit doigt sont les plus convenables pour repiquer. Leur reprise est plus assurée que celles de plants plus jeunes, moins développés.

*Des façons culturales à donner aux betteraves.* — Nous arrivons à la question la plus épineuse, la moins comprise de beaucoup de cultivateurs, quoiqu'elle soit la plus importante pour assurer la réussite. Ils sont nombreux, en effet, dans la Mayenne, ceux qui ignorent ce qu'on désigne par binages et sarclages, qui ne possèdent dans leurs fermes ni houe à cheval, ni houe à main. Une petite ratisse à l'usage du potager, résume tout le matériel d'exploitation de ce genre dans bien des fermes.

Comme les choux, les betteraves, dans nos contrées, sont généralement repiquées, or, lorsque ce travail est accompli, le cultivateur routinier se croise souvent les bras ; il pense que c'est à la pluie et au soleil qu'incombe par la suite le soin de lui procurer une abondante récolte. Quelquefois cependant, longtemps après le repiquage, lorsque la mauvaise herbe recouvre le sol, il se décide à passer entre les lignes, une charrue à billons. Cette opération lui permet d'arracher l'herbe sur une faible surface des interlignes, mais la plus grande partie, celle placée le plus près des plants de betteraves, ne se trouve pas atteinte, elle reçoit au contraire un buttage et n'en continue à pousser que de plus belle.

Dans des conditions culturales aussi déplorables, quelle que soit la dose de fumure employée, il est impossible d'obtenir un résultat rémunérateur.

Comment en serait-il autrement ? La mauvaise herbe éminemment rustique, prélève une large part des éléments de fertilité et de l'humidité du sol, en même temps qu'elle prive par sa présence la plante cultivée, de l'air et du soleil qui lui sont aussi indispensables que l'eau et les éléments de fertilisation.

On obtient ainsi, ce qui n'a rien de surprenant, une modique récolte, mais par compensation les mauvaises herbes abondent, et leurs graines, tombant sur le sol, germeront avec celles confiées à ce même terrain pour une récolte ultérieure, laquelle sera traitée avec la même négligence que les betteraves. (*A suivre*) G. PEYRAS.

## Conférence faite à Mayenne le 11 janvier 1892

Messieurs,

La laiterie est une industrie essentiellement agricole et qui peut donner aux cultivateurs intelligents des bénéfices très appréciables. Aujourd'hui que la lutte contre l'abaissement du prix de vente est plus vive que jamais et que le producteur cherche à augmenter la valeur du produit livré au consommateur, il est utile et important de considérer les transformations subies par l'industrie laitière depuis ces dernières années.

Le lait, Messieurs, est secrété par les glandes mammaires des animaux supérieurs, sa composition peut varier suivant certaines causes qui sont inhérentes au milieu de la production. Ces causes que je ne ferai que vous citer sont la nourriture donnée à l'animal, la variété et l'individu lui-même enfin la constitution du sol envisagée au point de vue géologique.

La Mayenne se rapproche par ce dernier fait à la Bretagne ; une partie du département, et c'est je crois la plus importante, puisque c'est celle où se trouvent les prairies naturelles en plus grand nombre, est d'origine granitique ; elle peut donc donner des produits laitiers aussi estimés sur les marchés étrangers que les produits bretons.

La composition du lait varie quant à la quantité des éléments qui y sont contenus mais non par ces éléments eux-mêmes. L'eau y rentre dans la proportion de 85 à 87 pour cent. Les matières sèches de 13 à 15 pour cent. Parmi ces dernières, la matière grasse ou beurre, seule, nous préoccupe, elle varie de 2 à 6 pour cent, c'est-à-dire que 100 litres de lait peuvent donner de 2 à 6 kilogrammes de beurre. Une bonne moyenne est 5 0/0.

Elle est atteinte je crois dans les bonnes exploitations avec la variété cotentine et des essais faits à l'école pratique de Beauchêne m'ont donné comme résultat général 4,80 pour cent.

Il nous importe donc de retirer le plus possible de cette matière grasse et de ne laisser dans le petit lait que des proportions infimes de beurre. Telle doit être le but du cultivateur soucieux de ses intérêts. J'ajouterai que c'est aussi la bonne qualité du produit qu'il faut rechercher et cette condition est correspondante à celle du rendement.

Dans les exploitations, en général, l'écrémage se fait ainsi : on met le lait en des pots de terre ou de grès, dans des pièces chauffées et on écrème avec un écumoir en bois ou en fer lorsque la montée de la crème est complète. Ce système est très défectueux, outre qu'il est lent, il ne donne qu'un produit qui n'est point de qualité supérieure. Le petit lait, aigri, ne peut plus servir qu'à la nourriture des porcs l'utilisant aussi comme déchet de fabrication.

Et le rendement ?

Il est très faible, ce système laisse une proportion très grande de beurre dans le petit lait.

Aujourd'hui, l'on se sert d'appareils perfectionnés, d'écrémeuses centrifuges, que je n'ai point ici l'intention de vous décrire ; qu'il me suffise de vous dire qu'elles sont destinées par une rotation rapide allant jusqu'à 6,000 tours à la minute, à accélérer la montée de la crème. Le lait est mis dans l'appareil à la sortie de l'étable, et en peu de temps, une heure par 100 litres environ, il reparaît totalement dépouillé de l'élément gras qu'il renfermait.

Ce petit lait obtenu est doux, normal et peut être employé pour la nourriture des veaux, il suffit de remplacer la matière grasse disparue par de la farine de lin, par exemple.

Cet aperçu succinct des deux procédés, messieurs, ne peut se compléter que d'un argument économique afin de vous montrer l'avantage pécunier du dernier.

Des analyses que j'ai fait, et qui ont été publiées dans l'*Agriculture nouvelle*, ont donné les résultats suivants. Deux échantillons de lait ont été écrémés : l'un mécaniquement, l'autre à la main. Ces laits étaient du même animal.

A l'analyse, le petit lait de celui qui avait été soumis à la centrifuge donnait comme reste 0,170 gr. pour 100 tandis qu'avec l'ancien système il contenait 1 kg. 50 gr. ; pour un autre échantillon, le premier 0,240 gr. tandis que l'autre 0,980 : enfin, un troisième 0,270 pour 1,080. Vous voyez combien ces chiffres sont concluants. Ces restes de 1 kg. de beurre sur 100 litres de lait représentent une perte de 2 centimes au minimum par litre. Vous perdez 1 kilog. de beurre sur 5 et c'est à considérer.

De plus, au lieu de 24 à 25 litres de lait, pour obtenir

ces deux livres de beurre, le cultivateur n'en aurait plus besoin que 19 à 20; je dirai même que j'ai vu obtenir ce kilog. de beurre avec 18 litres.

Et quel beurre ? mais un beurre qui a, sur le marché local, une plus-value légère mais qui, sur les marchés étrangers, peut doubler de prix car sa conservation est bien plus facile en même temps que plus longue.

Messieurs, en ce qui concerne le barattage, des règles spéciales sont à observer et là on peut obtenir avec n'importe quelle baratte un beurre fin, à condition que l'on emploie un outil propre et sans odeur.

On doit toujours procéder au lavage de l'instrument avant l'opération. Ce lavage sera fait à l'eau froide en été et en hiver avec de l'eau chaude, de façon à ce que l'on puisse baratter 40 à 45' une crème ayant une température de 13 à 15°. Mais là où doit se fixer l'attention, c'est sur la prise du beurre. Au lieu que, comme c'est l'usage dans nos campagnes, l'on laisse se produire une masse pâteuse, on s'efforcera de mener le barattage de façon à obtenir un beurre en grains gros comme du millet. Vous en comprenez la raison : Il est plus facile d'en extraire le lait de beurre. Ce moment venu, on lave le beurre et on fait ensuite opérer la prise en masse. Si l'on possède une délaiteuse mécanique, on délaite alors complètement et le beurre ainsi privé de son lait et son eau est malaxé, pétri à la spatule pour être livré au consommateur.

Quelques opérations complémentaires sont nécessaires et la coloration artificielle en est une. Employer des substances innoffensives est la simple règle à suivre, et mieux les vaut à l'état liquide et mise dans la baratte directement lorsqu'on ne possède pas de malaxeurs mécaniques.

La question du lavage du beurre fut un moment controversée, mais on n'eut pas de peine à reconnaitre la nécessité de cette pratique qui raffermit le beurre, elle retarde son rancissement, car les sels calcaires saturent les acides qui se transforment, et expulse complètement le lait de beurre qui y est contenu.

Ainsi obtenu, Messieurs, le produit est de goût fin et se conserve facilement.

Je vous donnerai pour finir ce simple aperçu que je vous ai fait sur la question, quelques règles générales résumées :

Ecremer à basse température, par les centrifuges,

54

l'écrémage à basse température, quel que soit le procédé employé, est de rigueur. Il augmente la qualité du produit en même temps qu'il est plus expéditif.

Laisser aigrir la crème et ne point baratter une crème avant 24 heures après sa sortie de l'écrémeuse, sans quoi l'on aurait un beurre sans goût.

Baratter de façon à ce que l'opération ne dure que 35 à 40 minutes.

Délaiter en baratte à l'eau froide.

Délaiter si possible est, à la centrifuge, puis laisser le beurre se raffermir pour le pétrir, le malaxer ensuite.

A cela, Messieurs, j'ajouterai quelques précautions générales, on ne se servira jamais que d'eau pure et potable en outre on évitera de toucher le beurre avec ses mains. Une grande propreté est de rigueur.

Quant à la question du colorant, on emploiera une substance innoffensive, généralement d'une composition voisine de celle de la matière grasse à laquelle on la mêle, liquide on la mêle à la crème, pulvérulante on la malaxe plus généralement avec le beurre.

Ainsi donc, Messieurs, ces règles suivies, vous êtes à même d'obtenir des bénéfices sérieux.

Pour un kilogramme de beurre le procédé ordinaire vous demande 26 litres soit un rendement d'environ 4 0/0 tandis que le procédé mécanique vous donne 5 et, en outre, le produit se vend sur les marchés de Paris aux grands exportateurs et aussi sur les marchés du pays avec bénéfices. Vous avez réalisé la seule pensée économique qui puisse être appliquée avec succès c'est-à-dire faire le mieux, le plus et avec le moins de frais en vendant plus cher. Vous augmentez le rendement et c'est ce qui relèvera plus l'agriculture que les tarifs minimum et maximum qui, s'ils protègent momentanément une branche de l'agriculture, grève l'autre dans une proportion correspondante.

La répression des fraudes concernant le beurre est l'occupation du Parlement actuellement.

Il y a lieu d'espérer que la loi permettra dans la mesure des données scientifiques actuelles de sévir rigoureusement sans nuire pour cela à la fabrication de la margarine qui est appelée à jouer au point de vue social un grand rôle.

A. SUISSE,<br>
Professeur à l'École pratique d'agriculture de la Mayenne.

## Les engrais germinatifs [1]

Les cultivateurs sont depuis plus de vingt ans, sollicités d'employer tantôt sous une forme, tantôt sous une autre, des mélanges plus ou moins secrets, qui ont pour but à la fois d'activer la végétation, de détruire les germes des maladies cryptogamiques, et, en définitive, d'augmenter le rendement d'une façon certaine.

Plusieurs personnes dignes de foi se sont très bien trouvées de l'emploi de ces mélanges offerts sous les noms les plus divers, liquides ou solides, en fûts ou en boîtes, dissous ou pulvérulents, et dont aucun, en particulier, n'est visé ici.

Mais que sont ces mélanges? Et si l'Académie de médecine n'admet pas l'emploi du *remède secret* en thérapeutique, comme on l'a nettement proclamé, par exemple, à propos de la lymphe de Koch, pourquoi, en agriculture, un laboratoire admettrait-il un mélange secret pour engrais?

Enfin, pense-t-on que la composition secrète ne puisse facilement être découverte? Mais c'est l'enfance de l'art.

J'ai examiné quelques produits ainsi employés faisant bon effet. Je me suis vite convaincu que la composition secrète n'a d'autre raison d'être que de cacher la valeur intrinsèque du mélange.

Voici, par exemple, une formule qui n'a la prétention d'être celle d'aucun des mélanges commerciaux répandus. Elle est simple et à la portée de tous. Qu'on l'essaie comparativement et qu'on établisse ensuite le prix de revient dans l'un et l'autre cas.

| | | | | Fr. |
|---|---|---|---|---|
| Nitrate de soude. | 300 gr. à 25 fr. les 100 kil. | | | 0,075 |
| Sulfate d'ammoniaque. . . . . . | 300 | — 30 | — | 0,090 |
| Chlorure de potassium. . . . | 200 | — 23 | — | 0,046 |
| Sulfate de cuivre. | 50 | — 70 | — | 0,035 |
| Superphosphate 12 à 15°. . . . . | 650 | — 7 50 | — | 0,049 |
| | 1.500 | pour . . . . . . . . . | | 0.295 |

<hr>

[1]. Bien que cette communication ne corresponde pas aux préoccupations actuelles de la culture, nous croyons devoir l'insérer en ce moment. Extraite de l'*Annuaire du laboratoire départemental de Saône-et-Loire* qui est encore, croyons-nous, en voie d'impression, elle donnera à nos lecteurs plus d'une indication précieuse dont ils pourront profiter au printemps.

Qu'on fasse des paquets de ce mélange, et que, la veille au soir du jour où l'on doit semer, on verse un de ces paquets dans 10 litres d'eau, ou mieux qu'on le suspende dans un panier dont le fond plonge à la partie supérieure du récipient de 10 litres (en bois, ou en faïence, ou en grès) ; en quelques instants tout se dissoudra, sauf le superphosphate qui gagnera le fond sous forme de boue. Avec 10 litres, arroser un hectolitre de blé préalablement versé dans un baquet assez grand, en vue du foisonnement ; remuer à la pelle ; attendre au lendemain matin ; le blé s'est considérablement gonflé et a bu les 10 litres d'eau. Mais il serait peu coulant pour le semer ; alors il est bon de le praliner avec des cendres ou des scories de déphosphoration. Semer comme à l'ordinaire.

C'est ce simple mélange qui coûte jusqu'à 25 francs quand il est à l'état liquide : il coûte bien, au plus, 0 fr. 30 quand on le prépare soi-même. Ajoutons, pour être juste, que depuis quelque temps on a la bonté de l'offrir pulvérulent et bien plus transportable pour 5 francs. Même à 5 francs, je serais tenté de croire que ce n'est pas une petite économie, comme je disais, mais une sérieuse économie que je propose aux agriculteurs de bonne volonté !

Voyons ce qu'il y a lieu d'espérer de l'emploi de cette formule, et jugeons si du même coup, nous n'avons pas préparé un gain certain.

Tout d'abord on utilise jusqu'à la dernière parcelle d'engrais en l'incorporant au blé, et non à la terre, la répartition est parfaite entre chaque grain, grâce à l'emploi de l'eau ; le blé s'est gonflé et est prêt à germer quand on le sème ; on avance donc la germination ; la tigelle et les racines vont se nourrir d'abord aux dépens de l'amidon du grain, et, une fois cette réserve épuisée, elles trouveront l'engrais chimique, puissant et rapide, mis immédiatement à leur portée au moment où elles sont le plus délicates et en ont le plus besoin. Le sol se chargera du reste. L'enveloppe du blé, grâce au contact prolongé du sulfate de cuivre, n'admettra aucun parasite, et, au printemps, on pourra la trouver intacte, non pourrie, adhérente à la racine, ayant éloigné les insectes comme les cryptogames.

Enfin, on sème à la fois le blé et l'engrais chimique, c'est-à-dire qu'on économise les frais d'épandage de ce dernier.

Cette immersion partielle des semences active tellement la germination et la végétation qu'on peut se contenter de liquides infiniment moins riches que celui dont je propose l'emploi. Aussi me racontait une personne qui avait essayé, il y a vingt ans, d'arroser ses semences de blé avec un mélange de 5 litres de purin et 5 litres de sulfate de cuivre à 1 0/0 par hectolitre de blé — il se produisit une vive effervescence) — l'effet a été remarquable. On m'a cité depuis des graines de betteraves immergées douze heures dans le purin seul, qui avaient eu bientôt sur les autres une avance de 15 jours au printemps dernier.

Mais n'est-il pas à craindre que l'acidité du sulfate de cuivre et du sulfate d'ammoniaque commerciaux jointe à celle du superphosphate, retardent la végétation, comme par exemple fait l'acide sulfurique à 2 0/0 dans le cas des pommes de terre (méthode de conservation de M. Schribaux) ou encore, comme par exemple l'emploi du sulfate de fer très acide contre l'anthracnose, retarde le débourrage ?

L'expérience est là pour répondre à cette objection. On comprend déjà que l'acidité du mélange ci-dessus est très faible ; et d'ailleurs, par l'emploi des scories et des cendres pour le pralinage, on la diminue considérablement ; on la neutralise même et au delà.

N'est-il pas à craindre aussi qu'une immersion trop prolongée ne vienne détruire le pouvoir germinatif des grains de blé? Evidemment. Mais tout cela est affaire de mesure. Voyez la méthode du sulfatage préconisée par M. Schribaux. Le blé séjourne pendant 12 heures dans un bain de sulfate de cuivre à 0,5 0/0. L'expérience lui a démontré que les blés ainsi traités n'avaient, en rien perdu de leur faculté germinative. Voilà pour la quantité de liquide.

Voyons pour la dose et le temps ; l'année dernière j'ai laissé du blé 48 heures dans une solution de sulfate de cuivre à saturation, c'est-à-dire au milieu même des cristaux mouillés de leur poids d'eau dans un vase de porcelaine ; à la levée pas un seul grain n'a manqué.

Mais ce n'est pas tout. N'est-il pas à craindre encore que cette quantité de 10 litres d'eau par hectolitre de blé ne mouille tellement le blé, que l'addition de scories ou de cendres ne fasse, le lendemain, une véritable bouillie ?

Pas davantage. En mars 1891 j'ai soumis 100 grammes de blé à l'action de l'eau en excès pendant 24 heures.

Voici les accroissements de poids :

Au bout de 1 heure le blé avait augmenté de 16,50 0/0 — De 2 heures de 18,40 0/0. — De 3 heures de 19 0/0. — De 5 heures de 21,8 0/0. — De 6 heures de 23,3 0/0. — De 7 heures de 24,7 0/0. — De 8 heures de 25,4 0/0. — De 10 heures de 28,8 0/0. — De 24 heures de 34 0/0.

En traduisant ces chiffres par une courbe, pour rendre les résultats plus visibles, on voit qu'au bout d'une heure le blé sec a retenu presque la moitié du poids de l'eau qu'il retiendra en 24 heures, et qu'au bout de ce temps, il retient 34 0/0 de son poids d'eau. Donc, du soir au lendemain matin, un hectolitre de blé sec pesant 75 à 80 kilogr. retiendra 21 à 22 litres d'eau. A plus forte raison pourra-t-il boire, 10 litres pendant ce temps ; on a de la marge ; on peut même doubler la dose ci-dessus.

Donc pas d'inconvénient non plus à employer 10 et même 20 litres du mélange ci-dessus.

Je ne prévois donc que des avantages et pas d'inconvénients dans l'application de ce traitement facile et ayant déjà produit les meilleurs résultats.

En fait d'inconvénients, on m'en a signalé un seul : « Vous allez, m'a-t-on dit, faire pousser des hauts cris aux marchands de régénérateurs, germinateurs, etc.; c'est-à-dire que vous allez faire du tort à des vulgarisateurs de produits utiles dont vous reconnaissez vous-même les bons effets. »

Je crois que les marchands de ces produits auraient tort de se fâcher : d'abord on pourrait bien un jour en considérer la vente comme une entorse à la loi du 4 février 1888 ; ensuite, il faut être philosophe ; le progrès n'est pas l'œuvre d'un jour, et, d'ici à ce que tous les agriculteurs de la campagne soient guéris de la croyance au merveilleux, ceux qui leur vendent des compositions secrètes auront bien le temps de faire encore d'amples moissons !

Ça doit être bien bon puisque ça coûte si cher ! on en a acheté et on en achètera.

A ce compte, ma petite formule ne vaut pas le diable. Essayez-la cependant ; sa mise en pratique au moins n'est pas ruineuse.

A. BERNARD,<br>du Laboratoire départemental de Saône-et-Loire.

## Jurisprudence. — Accidents de Machines.

La Cour d'appel de Chambéry a rendu, le 8 décembre dernier, un arrêt qu'il est bon de signaler aux propriétaires ruraux pour faire connaître les responsabilités auxquelles ils sont exposés en matières d'accidents produits par des machines agricoles.

Un jeune homme, nommé Coutaz, avait été blessé à Saint-Pierre-de-Genebroz, près des Echelles, par une machine à battre le blé et sa blessure avait nécessité l'amputation du bras.

Le Tribunal de Chambéry avait condamné l'entrepreneur de battage à des dommages-intérêts envers la victime, mais avait mis hors de cause le propriétaire qui avait fait venir la machine pour battre son blé. La Cour, au contraire, a condamné le ou plutôt les propriétaires, les frères et sœurs D...-D..., comme solidairement responsables de l'accident, avec l'entrepreneur, en relevant une faute à leur charge dans les faits retenus par l'arrêt.

Voici le texte de cet arrêt :

« *La Cour*. — Attendu que l'accident dont le jeune
« Coutaz (Jean) a été victime est survenu pendant le
« battage du blé des frères et sœurs D...-D... au moyen
« d'une machine à vapeur fournie par C...;

« Qu'il résulte des enquêtes que l'opération était diri-
« gée à la fois par C..., qui avait fourni en même temps
« que la machine deux ouvriers chargés de la faire
« fonctionner, et par les D...-D..., qui avaient eux-mê-
« mes embauché tous les autres ouvriers et notamment
« le jeune Coutaz ;

« Que ce dernier, au moment de l'accident, était sur
« la plate-forme de la machine, à la place qui lui avait
« été assignée par le mécanicien, du consentement de
« D...-D... ; qu'il n'a d'ailleurs été relevé contre lui au-
« cun fait d'imprudence ;

« Que l'accident a eu pour cause l'introduction dans
« l'un des organes de la machine d'un boulon en fer mê-
« lé à des débris de paille ; que ce fait est dû à une dou-
« ble négligence : celle des ouvriers des consorts D...-
« D..., qui ont transmis les débris de paille à l'engre-
« neur, ouvrier de C..., qui a jeté les débris dans la ma-

« chine sans qu'aucun d'eux se soit préoccupé de la pré-
« sence d'un corps étranger qui, par son volume et son
« poids, devait cependant appeler leur attention.

« Que les D...-D... et C.... sont responsables de la né-
« gligence et de l'impéritie des ouvriers qu'ils emplo-
« yaient ;

« Qu'ils ont, en outre, à se reprocher d'avoir, l'un
« placé, les autres laissé placer Coutaz, âgé seulement
« de 18 ans et inexpérimenté, sur la plate-forme de la
« machine, c'est-à-dire au poste le plus dangereux, ainsi
« que l'événement l'a démontré ;

« Que la responsabilité des D...-D... et C... est la mê-
« me ; qu'elle résulte d'un quasi-délit ; qu'il y a donc lieu
« de les condamner solidairement à la réparation du
« préjudice qu'ils ont causé.... ;

« Par ces motifs... condamne lesdits D...-D... solidai-
« rement avec C... à payer à Jean Coutaz, sa vie durant,
« la somme de 365 fr. par an, par trimestre échu, et
« en outre, un capital de 3.000 fr. qui devra être con-
« verti en rente 3 % française au nom dudit Jean
« Coutaz....... »

---

## Syndicat agricole de Chartres

Le syndicat agricole de Chartres donne avis qu'il peut fournir les graines ci-après aux prix et conditions qui suivent :

| | | | |
|---|---|---|---|
| Trèfle violet extra de pays | 1 fr. | 40 | le kilog |
| Trèfle violet de pays | 1 | 30 | — |
| Trèfle blanc de pays | 2 | 30 | — |
| Trèfle hybride de pays | 2 | 35 | — |
| Trèfle jaune des Sables | 1 | 35 | — |
| Luzerne de pays, très rustique, gros grains | 1 | 43 | — |
| Luzerne de Provence, vraie, de couleur naturelle | 1 | 57 | — |
| Minette de pays | 0 | 70 | — |
| Betterave rouge géante Mammouth | 1 | 20 | — |
| — champêtre | 1 | 20 | — |
| — globe jaune | 1 | 20 | — |
| — jaune golden Tankard | 1 | 20 | — |
| — jaune géante de Vauriac | 1 | 20 | — |
| Carotte blanche collet vert | 3 | | — |
| — améliorée d'Orthe | 3 | 30 | — |
| — des Vosges | 3 | 50 | — |

Transport à la charge de l'acheteur de Paris en gare destinataire. Emballage facturé au prix coûtant. — Paiement à 30 jours.

Betterave jaune avoine des Barres :

| | | | |
|---|---|---|---|
| de 1 kilog. à 49 kilog. | 1 fr. | 30 | le kilog. |
| de 50 kilog. à 99 kilog. | 1 | 20 | — |
| pour 100 kilog. et au-dessus, | 1 | 10 | — |

Cette espèce rendue franco gare de l'acheteur, emballage facturé au prix coûtant.

Le syndicat peut également fournir toutes graines pour prairies (graminées et autres) ; les prix en seront donnés sur demande adressée à M. Mercier, agent comptable du syndicat.

Toutes les graines ci-dessus sont garanties absolument exemptes de cuscute (teigne).

**AVIS TRÈS IMPORTANT.** — La récolte d'un grand nombre d'espèces de graines étant limitée et inférieure à la demande, il peut arriver avant la fin de la saison que certaines graines soient épuisées et introuvables chez les producteurs sérieux ; c'est pourquoi les graines ci-dessus ne seront livrées que jusqu'à épuisement des approvionnements.

Il est donc très à propos de ne pas attendre au dernier moment pour faire les commandes.

---

## SYNDICAT DES AGRICULTEURS DE LA MAYENNE

**GRAINES.** — Le Syndicat des Agriculteurs de la Mayenne livrera à ses membres associés les graines énoncées ci-dessus par le Syndicat de Chartres aux mêmes prix majorés de 2 %. Le fournisseur nous a accordé, pour toutes les commandes directes, comme délai de paiement jusqu'au 30 juin prochain, au lieu du paiement à 30 jours, c'est ce qui justifie la majoration de 2 %.

Les conditions de livraison et d'emballage sont les mêmes que pour le Syndicat de Chartres.

*Pour les livraisons faites dans les entrepôts les prix seront majorés des frais de transport et d'entrepôt comme pour les engrais.*

Notre approvisionnement, quoique assez important, pourra se trouver insuffisant pour certaines graines. Afin d'éviter tout retard dans les livraisons, ous recommandons aux cultivateurs Syndiqués, qui auraient des graines à nous demander, de nous adresser d'avance les commandes.

**TOURTEAU DE LIN.** — L'entrepôt de Laval s'est approvisionné à nouveau de tourteau de lin, qu'il livre aux prix ci après :

En pains et en vrac . . . . . . . 23 fr. les 100 k.
Concassé dans les sacs de l'acheteur 23 fr. 30 —
Concassé et logé . . . . . . . . 23 fr. 80 —

Pour nous permettre de satisfaire aux nombreuses demandes de greffons de pommiers qui nous sont adressées, nous serions reconnaissants aux personnes qui possèdent des arbres de bonnes variétés de vouloir bien nous en envoyer, en ayant soin de les classer par espèces et de les étiqueter.

---

Manufacture d'engrais et produits chimiques pour l'agriculture
FABRIQUE D'ACIDE SULFURIQUE

## Spécialité de superphosphates minéraux et de superphosphates d'os

THÉOPHILE CONILLEAU, AU MANS

*Bureaux, rue de Bel-Air, 44. — Usine à Préau, rue des Maraîchers*

La situation de cette importante usine, établie au centre de l'Ouest, permet de livrer dans toute la région, à des conditions très-avantageuses, les produits de 1er choix de sa fabrication.

## VINS DE BORDEAUX

Garantis naturels. — Médaillés à l'Exposition universelle de 1889.

| VINS ROUGES | | VINS BLANCS | |
|---|---|---|---|
| La pièce de 225 litres : | | La pièce de 225 litres : | |
| Palus 1889 | 115 f. | Entre 2 Mers 1890.... | 110 f. |
| Côtes 1889 | 125 | Petites Graves 1889 . | 125 |
| 1res Côtes 1888 | 150 | Graves ou Côtes 1888. | 150 |
| Côtes supér. 1888 | 175 | Côtes 1887 | 200 |
| Graves 1887 | 250 | Sauternes, Barsac, Prix div. | |

Caisses assorties de 12, 25 et 50 bouteilles, depuis 1 fr. 50 la bouteille.

Les vins sont logés et rendus *franco*, gare de départ.
Paiement à 90 jours net, ou à 30 jours avec 2 0|0 d'escompte.
Les expéditions sont faites par les soins de M. G. BORD, secrétaire général du Syndicat agricole de CADILLAC (Gironde).

# AU PROGRÈS

# MAISON MOTTE

TAILLEUR CIVIL ET MILITAIRE

## 12, rue du Grand-Faubourg, 12

À L'ENTRÉE DE LA PLACE DES ÉPARS

CHARTRES

**Spécialité de Dolmans pour Officiers, de Tuniques et Livrées pour Pensions et Maisons particulières. — Grand choix de Draperie Française et Anglaise. — Complet confection depuis 20 fr. — Complet sur mesure depuis 55 fr.**

Il sera délivré à tout acheteur de costume complet UN SUPERBE PLASTRON.

*Remise de 5 %, à tout membre du Syndicat agricole, et sur la présentation de sa carte de syndiqué.*

## SYNDICAT DE CHARTRES

### SAISON DE PRINTEMPS DE 1892

## VINS

Le Syndicat donne avis qu'il peut, pendant la prochaine saison, fournir aux prix ci-dessous les vins naturels, garantis purs raisins frais, des provenances ci-après :

## 1° Vins d'Algérie

1° Vin rouge de Bône, à 43 fr. l'hectolitre.

2° Vin blanc de Bône, à 43 fr. l'hectolitre.

3° Vin rouge d'Aïn-Beda d'Oran, à 115 fr. la pièce de 220 à 225 litres. Recommandé. (Pour cette espèce, il n'y a pas de demi-pièce).

Nota. — Tous ces prix s'entendent franco gare de l'acheteur, fût perdu, paiement à 90 jours de l'expédition.

Les vins d'Algérie seront livrés jusqu'au 1er avril seulement, à cause des chaleurs, sauf épuisement avant cette date.

Les commandes sont reçues dès maintenant.

## 2° Vins Français

### VINS ROUGES DU GARD

| | Récolte 1890 | | Récolte 1891 | |
|---|---|---|---|---|
| | la pièce | la demi-pièce | la pièce | la demi-pièce |
| 1° Montagne..... | 102 fr. | 53 fr 50 | 100 fr. | 52 fr. 50 |
| 2° Bon ordinaire. | 92 | 48 50 | 90 | 47 50 |
| 3° Saint Gilles ... | 102 | 53 50 | 100 | 52 50 |
| 4° Costière extra. | 115 | 60 » | 115 | 60 » |

### VIN BLANC DU GARD

Vin blanc sec nouveau (1891). la pièce 100 fr., la demi-pièce 52 fr. 50

Contenance de la pièce 220 à 225 litres. de la demi-pièce 110 à 112 litres, le tout franco gare de l'acheteur, fût perdu, paiement à 90 jours.

### VINS ROUGES DE BORDEAUX

1° Bonnes côtes de Bordeaux, 1er choix, 1891 140-160 fr., 1890 180-200 fr. la pièce de 225 à 228 litres.

(Prière de bien indiquer le prix qu'on a choisi).

2° Fronsac, 1er crû........ ........ 1890, 230 fr.

3° Côte St-Christophe de St Emilion. 1890, 250; 1889, 300 fr.

4° Sables de Saint-Emilion......... 1890, 300; 1889, 350

5° Saint-Estèphe........ ......... 1890, 350; 1889, 400

6° Saint-Emilion et Haut Pomerol.. 1889, 400; 1887, 500

       id. 1884, 600; 1881, 700

### VINS BLANCS DE BORDEAUX

1° Petites Graves, la barrique de 225 à 228 litres, 1891, 120-140

    id. 1890, 160

    id. 1889, 180

2° Graves, 1er crû................. 1890, 200; 1889, 230

3° Preignac Sauternes ............. 1890, 250; 1889, 300

4° Barsac-Sauternes .............. 1890, 350; 1890, 400

5° Ht-Sauternes. 1890, 450; 1889, 500; 1887, 600; 1884, 700

Le tout franco gare de l'acheteur, paiement à 30 jours 3 0/0 ou à 90 jours sans escompte. — Par 1/2 pièce et 1/4 de pièce, 5 fr. en sus pour logement

## 3° Eaux-de-vie du Gard

Eaux-de-vie, type Béziers, 5 degrés........ 0 fr. 80 le litre.

   —     de Marc,     — ........ 1 » —

   —     pur vin, extra,   — ........ 1 20 —

Le tout pris sur place, logé en bonbonnes d'au moins 10 litres ou en fûts d'au moins 20 à 25 litres.

Nota. — Les droits et le transport, environ 90 centimes par litre, sont à la charge de l'acheteur.

## Syndicat agricole de Fresnay-sur-Sarthe

OFFRE. — 1° Blé Dattel pour semences de printemps à 35 **fr.** les 100 kilos (logé sur wagon Fresnay).

2° Blé Chiddam de Mars, pour semences de printemps, 35 **fr.** les 100 kilos, (logé sur wagon Fresnay).

3° Pommes de terre, Ritschers-Imperator 12 à 13 fr. les 100 kilos, (sur wagon Fresnay).

4° Pommes de terre, Institut de Beauvais, 7 à 8 fr. les 100 kilos (sur wagon Fresnay). — Suivant quantité.

## VACHERIE A CÉDER

Aux portes de Paris, après fortune,

20 bonnes vaches, 2 chevaux 3 voitures et tout le matériel.

Vente journalière, 300 litres de lait à 40 et 50 centimes le litre.

Bénéfice net par an, 10,000 fr. prouvés. — Grande habitation.

On traitera avec 10.000 fr., ou sans argent avec garanties sérieuses.

Ecrire à *M. Dagory* 149, rue Lafayette, Paris. Renseignements gratuits.

## VINS DE BORDEAUX

rouge 1888 à 125 fr.  | les 225 litres logés sur wagon départ.
blanc 1887 à 200 fr.  |        paiement 30 jours.

Vins plus vieux à des prix supérieurs, des vignobles de M. Numa **Médeville**, vice-président du Syndicat agricole de Cadillac (Gironde), qui a obtenu médaille d'or, grande culture, pour le département de la Gironde, médaille vermeil de la Société des agriculteurs de France.

## AVOINE FOUDROYANTE

**Pour détruire les rats, souris, taupes, mulots, etc.**

Destruction générale et complète dans les **24** *heures*, sans danger pour les animaux domestiques.

Prix du paquet : **1 franc.** — 6 paquets : **5 francs.**

Envoi franco à domicile contre mandat ou timbres-poste adressés à *H. PIGOT, rue des Amandiers*, 89, *à Paris.* On demande des dépositaires.

## Avis

Les membres du Syndicat des Agriculteurs de la Mayenne, sont informés que M. FERRE-CHAUVET. marchand de matériaux, entrepositaire du Syndicat à Château-Gontier, représente depuis le 1<sup>er</sup> avril 1891, la maison Louis Bouhé et Sankey de Saint-Nazaire, importateur direct des charbons anglais pour le port de Saint-Nazaire.

En conséquence, MM. les Syndiqués qui peuvent avoir besoin de charbons de terre Cardiff, Gaillettes, charbon de forges, flambant d'Ecosse et briquettes de Cardiff, etc., etc., pourront se les procurer aux meilleures conditions possibles, comme bon marché et qualité supérieure.

Adresser les commandes à M. Ferré-Chauvet, entrepositaire du Syndicat à Château-Gontier.

Envoi des prix courant et conditions de vente sur demande.

*Le Gérant,* E. MOREAU.

Laval, Imp. L. Moreau.

5e Année — Mars 1892. — N° 42

Ce Bulletin paraît le 15 de chaque mois. *132*

# BULLETIN AGRICOLE
## DE L'OUEST

Organe des Syndicats Agricoles
des départements du Finistère, des Côtes-du-Nord,
du Morbihan, de la Loire-Inférieure, d'Ille-et-Vilaine, de la
Manche, de la Mayenne, de Maine-et-Loire, de la Sarthe,
de l'Orne, du Calvados, de l'Eure, d'Eure-et-Loir
et de la Seine-Inférieure.

*Publié sous la direction de :*

**H. LÉIZOUR**, (✳ M. A.) (Ọ A.)
Professeur départemental d'Agriculture de la Mayenne, Directeur du Laboratoire
agronomique, Président du Syndicat des Agriculteurs de la Mayenne,

**GAROLA**, (O. ✳ M. A.) (Ọ A.)
Professeur départemental d'Agriculture d'Eure-et-Loir,
Directeur de la Station agronomique de Chartres.

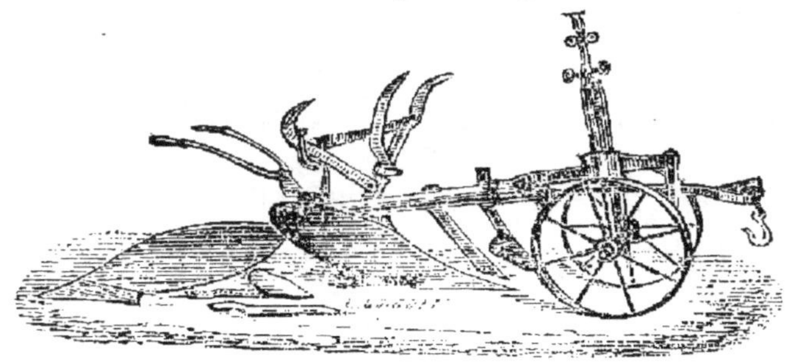

## ABONNEMENTS

Les membres des syndicats adhérents sont abonnés gratuitement par leurs
bureaux. — Pour les étrangers aux syndicats : **6 fr.** par an.

## ANNONCES

De 1 à 4 annonces. » **50**ᶜ la ligne.   De 8 à 12 annonces » **30**ᶜ la ligne
De 4 à 8 — » **40**ᵒ —   Au-delà de 12. » **20**ᵒ —

Le bulletin publiera gratuitement les offres et demandes
des Syndicats abonnés.

*AVIS. — Tout ce qui concerne la rédaction, les Annonces et les Abon-
nements, doit être adressé à M. LÉIZOUR, rue de la Filature, 1, à Laval.*

# PULVÉRISATEURS
## CONTRE LE MILDIOU
### Et la maladie des pommes de terre

**Pulvérisateurs spéciaux pour chauler les arbres fruitiers**

Pour chauler les arbres fruitiers

## V. VERMOREL
CONSTRUCTEUR
### à Villefranche (Rhône)

340 Premiers Prix et Médailles

Pulvérisateur « Éclair » n° 1, avec lance à coulisse de 0<sup>m</sup>80 à 1<sup>m</sup>50 et tuyaux de 1<sup>m</sup>20.... **43 f.**
Pulvérisateur « Éclair » n° 2, avec les mêmes accessoires. ...... **33 f.**

Accessoires supplémentaires d'après M. LANGLAIS pour la pulvérisation des arbres:
1 tube caoutchouc de 2<sup>m</sup>50
1 robinet raccordant les 2 tubes ;
1 lance courte *pour perche* **9 f.**
Lance à coulisse, de 2 m. 50 à 4 m...... **15 f.**
Lance à coulisse, de 0<sup>m</sup> 80 à 1<sup>m</sup>50........ **10 f.**

Cette dernière est facilement dirigée par l'ouvrier qui actionne la pompe.

Quelques modèles sont en dépôt à l'entrepôt **central du Syndicat des agriculteurs de la Mayenne.**

**TAUPES** Moyen infaillible *et très pratique* DE LES DÉTRUIRE toutes et partout, en quelques heures, aussi nombreuses qu'elles soient. *Envoi gratis et franco du Prospectus sur demande affranchie.* LAPORTE, agriculteur à St-Angel, par Montluçon (Allier).

# BULLETIN AGRICOLE DE L'OUEST

## Concours agricole départemental de la Mayenne

La commission nommée le 23 janvier dernier par l'Assemblée générale des membres du Syndicat des agriculteurs de la Mayenne, pour étudier le projet de concours agricole départemental, s'est réunie le 5 mars et a constitué son bureau de la façon suivante :

*Présidents d'honneur :* M. le Préfet de la Mayenne ; M. Denis, président du Conseil général.

*Président :* M. Duboys-Fresney, conseiller général, président du Comice agricole de Château-Gontier.

*Vice-Présidents :* M. Billion, maire de Laval ; M. Bidault, vice-président du Syndicat.

*Trésorier :* M. Peyras, agent principal du Syndicat.

*Secrétaire :* M. Léizour, professeur départemental d'agriculture.

*Secrétaires-adjoints :* M. Masseron, préparateur au Laboratoire départemental de chimie agricole ; M. Méry, professeur d'agriculture à Château-Gontier.

Après avoir pris connaissance des subventions sur lesquelles on peut compter en 1892, la commission décide qu'un concours sera organisé cette année, à Laval, à une époque qui sera ultérieurement fixée ; mais il est déjà entendu qu'il se tiendra à la fin du mois de septembre ou au commencement d'octobre.

Il est décidé que le concours comprendra les *six* divisions suivantes, dont un programme détaillé sera ultérieurement publié :

1° Concours entre les exploitations agricoles les mieux tenues, avec récompenses pouvant être accordées pour des spécialités ;

2° Concours d'animaux reproducteurs des espèces bovine, ovine, porcine et d'animaux de basse-cour;

3° Concours d'enseignement agricole entre les instituteurs et les élèves des écoles primaires ;

4° Concours hippique ;

5° Concours de produits agricoles et horticoles et de plantes d'ornement ;

68

6° Concours d'instruments agricoles.

Pour les concours d'exploitations et d'enseignement agricoles, la commission divise le département en quatre circonscriptions, dont une seule prendra part au concours chaque année. Elle décide en outre, que les exploitations de 10 hectares au moins, cultivées par des fermiers ou des métayers, pourront seules prendre part au concours.

Ces circonscriptions sont délimitées de la façon suivante :

| *Mayenne-Ouest.* | *Laval.* |
|---|---|
| Cantons de Landivy. | Cantons de Loiron. |
| Gorron. | Laval-Ouest. |
| Ernée. | Laval-Est. |
| Chailland. | Argentré. |
| Mayenne-Ouest. | Montsûrs. |
| Mayenne-Est. | Evron. |
| | Sainte-Suzanne. |

| *Mayenne-Est.* | *Château-Gontier.* |
|---|---|
| Cantons d'Ambrières. | Cantons de Saint Aignan. |
| Lassay. | Craon. |
| Le Horps. | Château-Gontier |
| Bais. | Cossé-le-Vivien. |
| Villaines-la-Juhel | Bierné. |
| Couptrain. | Grez-en-Bouère. |
| Pré-en-Pail. | Meslay. |

Le sort désigne l'ordre dans lequel ces circonscriptions devront concourir. Cet ordre est le suivant :

1892   Mayenne-Ouest.
1893   Laval.
1894   Mayenne-Est.
1895   Château-Gontier.

Les concours d'animaux et de produits agricoles et horticoles sont ouverts chaque année pour tous les producteurs du département et le concours d'instruments aux constructeurs de tous les pays. Ce dernier comportera, en 1892, des concours spéciaux de houes à cheval et de scarificateurs, avec essais publics et attribution de récompenses.

La Commission, considérant que le concours départemental est institué en vue des progrès dans toutes les branches de la production agricole, que les comparaisons et les études que les cultivateurs pourront y faire seront d'autant plus fructueuses que les expositions

seront plus complètes, émet le vœu que les divers concours hippiques qui se tiennent dans le département
soient annexés au concours départemental.

Le bureau est chargé de l'élaboration du programme
détaillé des différents concours et de prendre les dispositions nécessaires pour les porter à la connaissance des
intéressés.

H. LÉIZOUR.

## Culture de la Betterave (Suite)

Quoi d'étonnant qu'avec de semblables procédés de
culture, les rendements des diverses récoltes soient très
faibles, que le cultivateur aussi imprévoyant soit souvent
dans la plus grande gène et que le propriétaire n'obtienne
que de médiocres revenus de son exploitation !

Les procédés pratiques pour le nettoyage des terres et
les façons à donner aux récoltes sarclées, sont cependant
bien connues des agriculteurs qui marchent de l'avant, et
nous sommes heureux de reconnaître qu'il y a dans la
Mayenne des pionniers qui appliquent depuis longtemps
la culture rationnelle et pour lesquels ce qui fait l'objet
de cette étude est bien connu et ne présente nul intérêt.
Nous ne pouvons que souhaiter qu'ils fassent promptement école.

Après cette digression, qui nous a entraîné un peu loin,
nous passons à la description des façons culturales à
donner à la betterave pendant les premiers mois de végétation.

Aussitôt que la betterave est levée, que les lignes sont
bien apparentes, il faut sans retard passer entre les lignes
qu'il y ait de la mauvaise herbe ou non, une houe à
cheval ou une houe à main.

Cette opération, ce binage, a pour but d'ameublir la
couche superficielle du sol et de détruire les mauvaises
herbes, levées ou simplement germées. Si le semis a été
fait à la main, en poquets, avec la houe à la main, on
passe entre les poquets, afin qu'il ne reste pas, en dehors
de l'emplacement des betteraves, de surface non remuée.
Si le semis a été fait au semoir, ce premier binage se
borne à passer la houe entre les lignes.

Douze ou quinze jours plus tard, suivant le degré de

développement de la plante, on donne une deuxième façon qui consiste à placer les betteraves et à les démarier, c'est-à-dire à ne laisser dans les lignes qu'un seul plant tous les 40 ou 50 centimètres, suivant l'espacement qu'on se propose de leur donner. Si le semis a été fait à la main, il n'y a qu'à procéder au démariage, à ne laisser qu'un plant par poquet, le plus vigoureux.

C'est l'opération la plus délicate, celle qui demande le plus de temps et le plus de soins ; elle doit être effectuée à la houe à main ; si rien ne laisse à désirer au point de vue de l'exécution, la mauvaise herbe ne reparaîtra pas et il suffira, par la suite, de donner entre les lignes un ou deux binages supplémentaires à la houe à cheval pour maintenir la surface ameublie.

L'ameublissement du sol ralentit l'évaporation à la surface, contribue par conséquent à maintenir la fraîcheur dans le sol et à prévenir les mauvais effets d'une sécheresse. Un binage vaut un arrosage, dit le proverbe, et ce proverbe est pleinement justifié. C'est par le beau temps, quand le sol n'est ni sec ni humide, qu'il convient d'effectuer les binages et les sarclages. C'est dans ces conditions qu'il y a le moins de dépense de main d'œuvre et qu'on obtient le plus fort degré d'ameublissement.

S'il s'agit de betteraves repiquées, tout se borne à donner les binages nécessaires à maintenir la surface du sol meuble et exempte de mauvaises herbes.

Nous terminons l'étude de la culture proprement dite de la betterave fourragère, par quelques mots sur l'arrachage.

Cette opération doit s'effectuer dans le courant d'octobre, du 10 au 20 autant que possible, par un beau temps. En attendant plus tard on s'expose à être surpris par des gelées de nature à compromettre la récolte, et aussi à voir apparaître le mauvais temps, les pluies, qui peuvent en cette saison se prolonger et occasionner du retard au point de vue de la préparation du sol et l'emblavure en froment des champs cultivés en betteraves.

Si on arrache les betteraves par un temps humide, la terre reste adhérente aux racines, ce qui grève les transports et entraîne à un travail de grattage et de lavage au moment de le faire consommer, qu'il y a lieu de prendre en considération.

D'autre part nous n'avons pas besoin d'insister sur les inconvénients qui résultent des charrois effectués par du mauvais temps sur des routes et des champs détrempés, tous les cvltivateurs ont été à même de s'en rendre compte.

Il n'y a pas à hésiter sur l'époque de l'arrachage ; lorsque le moment propice est arrivé il faut opérer par un temps favorable, afin de se mettre à l'abri des difficultés et des causes d'insuccès qui peuvent résulter d'un arrachage trop tardif.

On arrache les betteraves longues et quelquefois les demi-longues à la main. Pour les globes qui présentent peu de prise et pénètrent plus avant dans le sol, il faut s'aider d'un instrument, bèche ou fourche. Une fourche à deux dents solides, sans arêtes, afin d'éviter les meurtrissures, est l'instrument qui convient le mieux.

G. PEYRAS.

*(A suivre).*

## Les semences de trèfle et de luzerne du commerce

Aux agriculteurs qui demandent au commerce leurs semences de trèfle et de luzerne, nous croyons devoir signaler un double danger : la présence sur le marché de nombreux lots cuscutés ou plus ou moins mélangés de graines d'origine américaine.

I

La cuscute épargnait autrefois quelques contrées : le zélé professeur d'agriculture de la Mayenne, M. Léizour, nous affirmait récemment que la Bretagne avait jadis cette bonne fortune.

Le commerce a propagé partout le redoutable parasite. Les semences de diverses provenances étant le plus souvent mélangées dans les magasins, un lot contaminé suffit pour empoisonner toute la masse.

Les marchands grainiers prétendent bien disposer de décuscuteurs parfaits, mais ils oublient d'ajouter qu'une épuration rigoureuse entraîne nécessairement un déchet souvent considérable et que peu d'entre eux consentent à ce sacrifice. Au cours de la dernière campagne d'analyses de la station d'essais de semences, 37.24 0/0 des échantillons de trèfle renfermaient de la cuscute, à raison de 5 à 2.085 graines par kilogr. Un agriculteur qui aurait employé ces trèfles à la dose ordinaire de 20 k. à l'hectare, aurait répandu en même temps de 100 à 41.700 graines de cuscute.

Les semences de luzerne n'étaient pas moins impures, sur 105 échantillons, 35,5 étaient cuscutés.

Ces chiffres sont d'autant plus inquiétants que les analyses de la station se rapportent, en grande partie, à des échantillons de choix qui nous avaient été adressés par des agriculteurs, des syndicats auxquels le vendeur avait garanti l'absence de cuscute, ou par des négociants persuadés que leurs semences étaient irréprochables.

## II

Les nouveaux tarifs de douane frappent les trèfles et les luzernes d'origine étrangère de droits presque prohibitifs, aussi, avant le 1er février, en a-t-on importé de grandes quantité d'Amérique en France.

Que les acheteurs y prennent garde : les Américains auxquels nous sommes redevables, entre autres fléaux, du *peronospora* de la pomme de terre, du mildew et du phylloxéra, pourraient bien introduire encore de nouveaux ennemis dans nos cultures en même temps que leurs semences fourragères.

Les observations multiples auxquelles nous avons soumis les légumineuses d'origine américaine nous permettent d'affirmer qu'elles sont bien plus sensibles aux maladies cryptogamiques que nos variétés indigènes. Les trèfles sont pris par la rouille (*Uromyces appendiculatus*), et les luzernes, par le blanc (*Erysiphe communis*), à tel point que, dans un mélange, il nous est arrivé souvent de distinguer les légumineuses américaines aux nombreux champignons qui recouvraient les tiges et les feuilles.

A l'automne de 1888, les carrés de trèfle d'Amérique étaient tellement rouillés que nous les distinguions à plus de cinquante pas. Trèfles et luzernes résistaient mal à la rigueur de nos hivers. Nous devons encore relever, à leur charge, la présence dans les semences d'une cuscute particulière (*Cuscuta arvansis*) possédant des graines très grosses, que les criblages les plus énergiques ne peuvent éliminer.

Il est évident que toutes ces circonstances retentissent défavorablement sur les récoltes.

Depuis cinq ans que nous cultivons les légumineuses américaines en comparaison avec nos variétés françaises, elles se sont toujours montrées inférieures à celles-ci comme productivité. Dans nos expériences de 1887-1888, poursuivies simultanément sur cinq points différents du nord de la France, les trèfles d'Amérique nous ont livré en moyenne 17,221 kilogr. de fourrage vert à l'hectare, alors que les trèfles de la Vendée ont produit 23,545 k., soit 6.324 kilogr. de plus.

En 1889, de la luzerne d'Amérique a produit à peine la moitié de la luzerne du Poitou, cultivée dans les mêmes conditions.

Les chimistes nous déclarent que les récoltes de trèfle et de luzerne vont diminuant dans beaucoup d'exploitations, par suite de l'épuisement des terres en éléments minéraux, en potasse notamment. Cette explication, parfaitement juste, est pourtant insuffisante. Nous sommes persuadé que l'emploi de mauvaises semences a contribué pour une très large part à ce résultat.

Le commerce jette aujourd'hui sur le marché des légumineuses provenant des régions soumises aux conditions climatérique les plus différentes. Tout naturellement, il accorde ses préférences à celles qui coûtent le moins cher, aux semences d'origine américaine ou d'origine italienne. Or, il se trouve que ce sont précisément les moins recommandables, celles qu'on devrait impitoyablement bannir de nos cultures.

Actuellement, il n'est pas un seul agriculteur soucieux de ses intérêts qui n'achète des engrais de composition garantie.

Pour obtenir des semences de bonne qualité, il faut procéder de la même façon, il faut réclamer expressément du vendeur une facture garantissant l'origine, la pureté et la qualité germinative de sa marchandise.

A la réception de celle-ci, on prélèvera — en présence de deux témoins — un échantillon moyen qu'on placera dans deux sacs renfermant chacun 200 à 300 grammes de matière. Les sacs étant cachetés, l'un sera adressé à la Station d'essais de semences, l'autre restera entre les mains de l'acheteur pour servir au besoin à une contre-analyse.

Il existe, d'ailleurs, un certain nombre de négociants qui vendent actuellement des semences en en garantissant la composition ; nous ne doutons pas que, dans un avenir prochain, ce mode de transactions ne devienne général, si les agriculteurs, mieux éclairés donnent la préférence aux maisons leur offrant des garanties.

E. Schribaux,<br>
Directeur de la Station d'essais de semences,<br>
à l'Institut national agronomique.

## Hersages et roulages des prairies au printemps

Chaque année, nous avons l'occasion de constater les dégâts causés par les rigueurs de l'hiver sur les prairies naturelles et les pâturages ; beaucoup de plantes ont été déchaussées par les gels et les dégels alternatifs et un grand nombre ont péri. Celles qui ont résisté sont langoureuses et souffrantes, l'aspect des prairies est bien peu brillant. Dans un grand nombre d'exploitations, les prairies sont la base de la richesse agricole. C'est avec l'herbe qu'on fait la viande, et c'est elle qui assure la production du lait. Aussi, doit-on, plus que jamais, prodiguer tous les soins aux prairies.

Tout d'abord, nous conseillons de mettre comme engrais, sur les prairies bien assainies, par hectare, 200 kilos de nitrate de soude, qui activera la végétation des graminées, et 300 kilos de superphosphate riche qui développera les légumineuses sur les prairies humides. Ensuite, il sera d'une bonne pratique de donner, par une belle journée, un roulage pour rechausser les plantes, remettre le collet de la plante au niveau du sol, puis un hersage dans les terrains plus secs, et aussi pour faire taller, rompre la croûte formée sur le sol, aérer et donner de la vigueur.

Lorsqu'une prairie ne reçoit aucun soin, il ne tarde pas à se former à la surface du sol, sous l'action des agents atmosphériques divers, pluies et sécheresses alternatives, une croûte compacte qui s'oppose à l'aération du sol. Les résidus végétaux, feuilles, plantes mortes, débris de toute nature, forment une masse compacte et inextricable qui retient l'eau à la surface, l'empêche d'aller baigner les racines, amène la pourriture du collet de la plante qui se trouve dans une humidité continuelle et malsaine. Les plantes deviennent souffrantes et bientôt légumineuses et graminées sont étouffées par des mauvaises herbes, carex, joncs, prèles, mousses, qui forment un tapis épais, sérieux obstacle à la pénétration de l'air et de la lumière, source de la vie des plantes. Que de fois nous avons pu constater cela dans notre région ; des prairies trop négligées étaient envahies rapidement par les mauvaises plantes ; l'humus s'accumulait et la terre devenait acide à tel point qu'on était obligé de défricher, n'en obtenant plus aucun rapport ; un coup de herse au printemps de chaque année évite cela, en entretenant la prairie dans un bon état.

Avec la herse, on remédie à tous les inconvénients que nous venons d'énoncer : elle rompt la croûte supérieure du sol, fait pénétrer partout l'air, la lumière, la chaleur et l'eau ; son action est bienfaisante, les blessures causées aux végétaux n'ont d'effets funestes que pour ceux qu'il y a intérêt à voir disparaître ; les fourmillières, taupinières, etc., sont détruites et le fauchage à la main et surtout à la machine est facilité. En un mot, comme on l'a dit d'une façon imagée et précise : « La herse est pour les prairies ce que sont la brosse et l'étrille pour nos animaux domestiques. » Le printemps et l'automne sont les saisons les plus favorables pour le hersage, car le sol est suffisamment humide pour laisser pénétrer aisément les dents de la herse et le travail peut se faire avec un minimum de force de traction ; il ne faut pas, pour l'effectuer, que l'herbe soit trop haute. Après le hersage, on roule avec un rouleau plombeur pour les terres humides ; le croskillage se pratique aussi quelquefois.

Pour le hersage des prairies, on ne peut indifféremment employer tous les genres de herses qui ont été construits. Les herses lourdes à dents accrochantes déchireraient le sol trop profondément ; ce qu'il faut, ce sont des herses souples pouvant suivre toutes les sinuosités du terrain, dont les dents soient suffisamment courtes pour ne pas trop s'enfoncer et assez tranchantes pour creuser des sillons qui permettent l'accès de l'air et de la lumière.

Eugène SERVIN.

---

## La laiterie mécanique au point de vue industriel
### par M. Lavalou

Messieurs,

Il y a deux ans j'ai déjà eu l'honneur de faire à votre honorable Société une communication sur « la laiterie moderne. »

Sous cette dénomination je faisais l'historique de la *laiterie mécanique*, de la laiterie du jour, c'est-à-dire de celle où l'on emploie les engins nouveaux et particulièrement les écrémeuses centrifuges.

Je prouvais que, grâce à ces admirables machines, on pouvait opérer sur des quantités considérables de lait et, par suite, centraliser la production de toute une contrée. Sans elles pas de laiterie industrielle possible.

J'étudiais aussi l'influence de ces laiteries sur la qualité du beurre. A ce point de vue l'amélioration est aussi incontestable qu'incontestée. Cela se comprend facilement du reste : au lieu de centraliser les beurres hétérogènes, de toute provenance et de toute qualité et ayant souvent subi une certaine altération, on centralise la matière première, le lait, pour le travailler uniformément et dans les meilleures conditions possibles ; il est évident que le produit ainsi obtenu est bien meilleur et surtout de qualité plus uniforme. Il est donc incontestable qu'il y a un progrès immense d'accompli et de ce côté tout est pour le mieux.

Mettons nous maintenant à la place de l'industriel, du futur industriel surtout.

Que doit-il considérer avant d'installer son usine ?

Doit-il se lancer dans cette industrie sans réflexion ou n'envisager que la possibilité d'obtenir, à l'aide des appareils nouveaux, un produit supérieur et un rendement plus élevé ?

Bien certainement non, car son principal but est la la réalisation d'un certain bénéfice et, pour cela, il importe de se livrer à d'autres considérations.

Disons tout de suite que tout n'est pas rose dans le métier. Il existe des laiteries où le bénéfice est presque nul, si bénéfice il y a ; celles-là ne tardent pas à sombrer. Mais, il en existe d'autres qui, fort heureusement, prospèrent et prennent tous les jours une nouvelle extension. N'en est-il pas de même dans toutes les industries? La réussite de l'entreprise dépend d'une foule de circonstances que le spéculateur avisé, l'industriel prudent, doit mûrement étudier avant de rien entreprendre. En industrie laitière comme « *En toute chose, il faut considérer la fin.* »

Dans l'hypothèse qui nous préoccupe il s'agit d'un industriel achetant du lait pour le transformer et le vendre sous forme de beurre ou fromages.

J'envisagerai particulièrement la fabrication du beurre. La fabrication des fromages est une branche à part qui n'a rien à voir avec la laiterie mécanique.

*Acheter, transformer* et *vendre*, voilà donc les trois points essentiels, les trois pivots sur lesquels évolue successivement toute industrie laitière digne de ce nom.

I. — *Achat du lait*. — Dans l'achat du lait nous devons envisager le *prix*, la *qualité* puis la *quantité* qu'on pourra se procurer.

*Prix*. — Le prix varie selon les régions, c'est-à-dire suivant le parti plus ou moins lucratif que l'on tirait déjà du lait avant l'installation de toute industrie laitière perfectionnée. Ainsi, par exemple, dans les contrées où l'on fabrique beaucoup de fromages le lait est plus cher que dans les régions où l'élevage constitue la principale spéculation du cultivateur. De même, le lait est encore d'un prix plus élevé dans les pays où le beurre jouit d'une réputation hors ligne et moins cher dans ceux où il est réputé de qualité médiocre.

Le futur industriel devra penser à cette question et l'étudier minutieusement lui-même, sur les lieux, avant de rien hasarder de sérieux.

*Qualité*. — On sait que la qualité du lait est subordonnée à la race, au terrain, au climat, à la nourriture, etc.

(*A suivre*)                                        Lavalou.

---

## CHEMINS DE FER DE L'OUEST

### Billets d'aller et retour à prix réduits

La compagnie des chemins de fer de l'Ouest délivre, de Paris à toutes les gares de son réseau situées au delà de Gisors, Mantes, Houdan et Rambouillet, et vice versâ, des billets d'aller et retour, comportant une réduction de 25 0/0. La durée de validité de ces billets est fixée ainsi qu'il suit :

Jusqu'à 75 kil. inclus, 1 jour ; de 76 à 125, 2 jours ; de 126 à 250, 3 jours ; de 251 à 500, 4 jours ; au-dessus de 500, 5 jours.

Les délais indiqués ci-dessus ne comprennent pas les dimanches et jours de fête ; la durée des billets est augmentée en conséquence.

---

## CHEMINS DE FER DE L'OUEST

### Abonnements sur tout le réseau

La compagnie des chemins de fer de l'Ouest fait délivrer, sur tout son réseau, des cartes d'abonnement nominatives et personnelles (en 1re, 2e et 3e classes), pour 3 mois, 6 mois ou un an.

Ces cartes donnent droit à l'abonné de s'arrêter à toutes les stations comprises dans le parcours indiqué sur sa carte et de prendre tous les trains comportant des voitures de la classe pour laquelle l'abonnement a été souscrit.

Les prix sont calculés d'après la distance kilométrique parcourue.

Il est facultatif de régler le prix de l'abonnement de six mois ou d'un an, soit immédiatement, soit par paiements échelonnés.

Ces abonnements partent du 1er et du 15 de chaque mois.

## VINS DE BORDEAUX

Garantis naturels. — Médaillés à l'Exposition universelle de 1889.

| VINS ROUGES | | VINS BLANCS | |
|---|---|---|---|
| La pièce de 225 litres : | | La pièce de 225 litres : | |
| Palus 1889 .......... | 115 f. | Entre 2 Mers 1890.... | 110 f. |
| Côtes 1889........... | 125 | Petites Graves 1889.. | 125 |
| 1res Côtes 1888....... | 150 | Graves ou Côtes 1888. | 150 |
| Côtes supér. 1888..... | 175 | Côtes 1887.......... .. | 200 |
| Graves 1887....... ... | 250 | Sauternes, Barsac, Prix div. | |

Caisses assorties de 12, 25 et 50 bouteilles, depuis 1 fr. 50 la bouteille.

Les vins sont logés et rendus *franco*, gare de départ.

Paiement à 90 jours net, ou à 30 jours avec 2 0[0 d'escompte.

Les expéditions sont faites par les soins de M. G. BORD, secrétaire général du Syndicat agricole de CADILLAC (Gironde).

# AU PROGRÈS
# Maison MOTTE

#### TAILLEUR CIVIL ET MILITAIRE

## 12, rue du Grand-Faubourg, 12

#### A L'ENTRÉE DE LA PLACE DES ÉPARS

#### CHARTRES

**Spécialité de Dolmans pour Officiers, de Tuniques et Livrées pour Pensions et Maisons particulières. — Grand choix de Draperie Française et Anglaise. — Complet confection depuis 20 fr. — Complet sur mesure depuis 55 fr.**

Il sera délivré à tout acheteur de costume complet UN SUPERBE PLASTRON.

*Remise de 5 °/₀ à tout membre du Syndicat agricole, et sur la présentation de sa carte de syndiqué.*

## SYNDICAT DE CHARTRES

### Saison de Printemps 1892

#### 1° Vins et Eaux-de-vie

Voir les prix et conditions au Bulletin Agricole de Février. — L'expédition des vins d'Algérie sera rigoureusement close au 1er avril, sauf épuisement avant cette date.

#### 2° Graines fourragères

Voir les prix et conditions au Bulletin Agricole de février, page 60.

AVIS TRÈS IMPORTANT : La récolte d'un grand nombre d'espèces de graines étant limitée et inférieure à la demande, il peut arriver avant la fin de la saison que certaines graines soient épuisées et introuvables chez les producteurs sérieux ; c'est pourquoi les graines ne seront livrées que jusqu'à épuisement des approvisionnements.

Il est donc très à propos de ne pas attendre au dernier moment pour faire les commandes.

### 3° **Marchandises en dépôt**

Marchandises actuellement en dépôt :
Superphosphate minéral soluble au Citrate.
Scories de déphosphoration.
Phospho guano ordinaire.
Phospho guano surazoté.
Sulfate de cuivre.
Sulfate de fer.
Tourteaux de lin pour engraissement.
    — de sésame blanc du Levant pour engraissement.
    — de Coprah, Ceylan, pour vaches laitières.
Huile d'olive surfine, à 1 fr. 90 le kilog.
Huile de sesame fine, à 1 fr. 11 le kilog.
Savon bleu à 0 fr. 50 le kilog.
Savon blanc « Le Génie », à 0 fr. 55 le kilog.
Savon blanc « Le Trèfle », à 0 fr. 66 le kilog.
Les huiles sont fournies en bonbonnes de verre, cachetées et plombées par les expéditeurs, et par quantités de 25 kilog. environ
Elles sont garanties absolument pures.
Les savons sont livrées en caisses de 25 à 30 kilog. également.
Enfin le dépôt contient également de l'huile minérale russe, (Ragosine) excellente et avantageuse pour le graissage des machines agricoles. au prix de 0 fr. 50 le kilog. (non logé), et de l'huile à brûler, double épuration à 0 fr. 80 le kilog. (logée), le tout en bonbonnes d'environ 25 kilog.
Toutes les substances ci-dessus sont fournies immédiatement contre paiement comptant, en s'adressant chez M. Mercier, comptable du syndicat, 4, place Saint-Michel, tous les jours de la semaine (dimanches et fêtes exceptés et le samedi avant midi).
Elles peuvent également être expédiées par chemin de fer transport à la charge de l'acheteur.

Le Syndicat peut encore faire fournir à ses adhérents, et à des conditions très avantageuses :
1° Des ardoises provenant des mines d'Angers ;
2° Des tuiles ordinaires ;
3° De la chaux pour constructions ;
4° Enfin toutes machines agricoles provenant des meilleures fabriques.
Pour tous renseignements, s'adresser à l'Agent-Comptable.

---

Le Syndicat agricole de Chartres demande 6000 kilog. pommes de terre Chardon pour planter. — Adresser prix et échantillon à M. Mercier, Agent-Comptable du Syndicat.

---

**A VENDRE** 3000 kilog. environ de pommes de terre saucisse. S'adresser à M. Constantin, cultivateur à La Taye, commune de St-Georges-sur-Eure, par Chartres.

Manufacture d'engrais et produits chimiques pour l'agriculture
FABRIQUE D'ACIDE SULFURIQUE

## Spécialité de superphosphates minéraux et de superphosphates d'os

Théophile CONILLEAU, au Mans

*Bureaux, rue de Bel-Air, 44. — Usine à Préau, rue des Maraîchers*

La situation de cette importante usine, établie au centre de l'Ouest, permet de livrer dans toute la région, à des conditions très-avantageuses, les produits de 1er choix de sa fabrication.

## VACHERIE A CÉDER

Aux portes de Paris, après fortune,

20 bonnes vaches, 2 chevaux 3 voitures et tout le matériel.

Vente journalière, 300 litres de lait à 40 et 50 centimes le litre.

Bénéfice net par an, 10,000 fr. prouvés. — Grande habitation.

On traitera avec 10.000 fr., ou sans argent avec garanties sérieuses.

Ecrire à **M.** *Dagory* 149, rue Lafayette, Paris. Renseignements gratuits.

## VINS DE BORDEAUX

rouge 1888 à 125 fr.   | les 225 litres logés sur wagon départ.
blanc 1887 à 200 fr.   | paiement 30 jours.

Vins plus vieux à des prix supérieurs, des vignobles de **M. Numa Médeville**, vice-président du Syndicat agricole de Cadillac (Gironde), qui a obtenu médaille d'or, grande culture, pour le département de la Gironde, médaille vermeil de la Société des agriculteurs de France.

## AVOINE FOUDROYANTE

**Pour détruire les rats, souris, taupes, mulots, etc.**

Destruction générale et complète dans les 24 *heures*, sans danger pour les animaux domestiques.

Prix du paquet : **1 franc.** — 6 paquets : **5 francs.**

Envoi franco à domicile contre mandat ou timbres-poste adressés à *H. PIGOT, rue des Amandiers, 89, à Paris*. On demande des dépositaires.

## Avis

Les membres du Syndicat des Agriculteurs de la Mayenne, sont informés que M. FERRE-CHAUVET, marchand de matériaux, entrepositaire du Syndicat à Château-Gontier, représente depuis le 1er avril 1891, la maison Louis Bouhé et Sankey de Saint-Nazaire, importateur direct des charbons anglais pour le port de Saint-Nazaire.

En conséquence, MM. les Syndiqués qui peuvent avoir besoin de charbons de terre Cardiff. Gaillettes, charbon de forges, flambant d'Ecosse et briquettes de Cardiff, etc., etc., pourront se les procurer aux meilleures conditions possibles, comme bon marché et qualité supérieure.

Adresser les commandes à M. Ferré-Chauvet, entrepositaire du Syndicat à Château-Gontier.

Envoi des prix courant et conditions de vente sur demande.

*Le Gérant,* E. MOREAU.

Laval, Imp. L. Moreau.

Ce Bulletin paraît le 15 de chaque mois.

# BULLETIN AGRICOLE
## DE L'OUEST

**Organe des Syndicats Agricoles
des départements du Finistère, des Côtes-du-Nord,
du Morbihan, de la Loire-Inférieure, d'Ille-et-Vilaine, de la
Manche, de la Mayenne, de Maine-et-Loire, de la Sarthe,
de l'Orne, du Calvados, de l'Eure, d'Eure-et-Loir
et de la Seine-Inférieure.**

*Publié sous la direction de :*

**H. LÉIZOUR, (✸ M. A.) (Q A.)**
Professeur départemental d'Agriculture de la Mayenne, Directeur du Laboratoire
agronomique, Président du Syndicat des Agriculteurs de la Mayenne,

**GAROLA, (O. ✸ M. A.) (Q A.)**
Professeur départemental d'Agriculture d'Eure-et-Loir,
Directeur de la Station agronomique de Chartres.

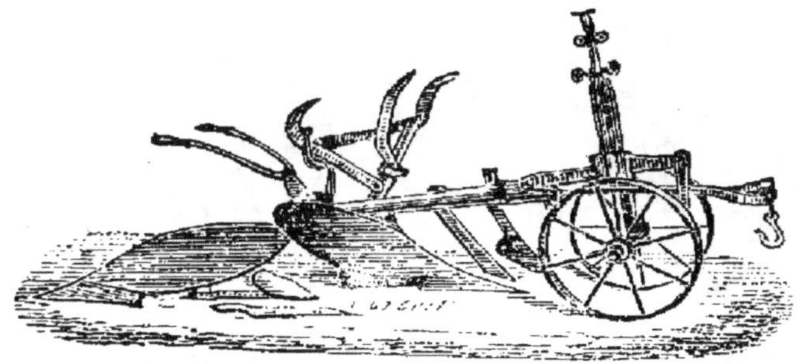

## ABONNEMENTS

Les membres des syndicats adhérents sont abonnés gratuitement par leurs
bureaux. — Pour les étrangers aux syndicats : **6 fr.** par an.

## ANNONCES

De 1 à 4 annonces. » **50°** la ligne.    De 8 à 12 annonces » **30°** la ligne
De 4 à 8    —    » **40°**   —    Au-delà de 12.    » **20°**   —

Le bulletin publiera gratuitement les offres et demandes
des Syndicats abonnés.

*AVIS. — Tout ce qui concerne la rédaction, les Annonces et les Abon-
nements, doit être adressé à M. LÉIZOUR, rue de la Filature, 1, à Laval.*

# PULVÉRISATEURS
## CONTRE LE MILDIOU
### Et la maladie des pommes de terre

## Pulvérisateurs spéciaux pour chauler les arbres fruitiers

Pour chauler les arbres fruitiers

## V. VERMOREL
CONSTRUCTEUR
### à Villefranche (Rhône)

**340 Premiers Prix et Médailles**

Pulvérisateur « Éclair » n° 1, avec lance à coulisse de 0ᵐ80 à 1ᵐ50, et tuyaux de 1ᵐ20.... **43 f.**
Pulvérisateur « Éclair » n° 2, avec les mêmes accessoires...... **33 f.**

Accessoires supplémentaires d'après M. Langlais pour la pulvérisation des arbres :
1 tube caoutchouc de 2ᵐ50
1 robinet raccordant les 2 tubes ;
1 lance courte *pour perche* **9 f.**
Lance à coulisse, de 2 m. 50 à 4 m..... **15 f.**
Lance à coulisse, de 0ᵐ 80 à 1ᵐ50....... **10 f.**

Cette dernière est facilement dirigée par l'ouvrier qui actionne la pompe.

Quelques modèles sont en dépôt à l'entrepôt central du Syndicat des agriculteurs de la **Mayenne.**

---

**TAUPES** Moyen infaillible *et très pratique* DE LES DÉTRUIRE toutes et partout, en quelques heures, aussi nombreuses qu'elles soient. *Envoi gratis et franco du Prospectus sur demande affranchie.* LAPORTE, agriculteur à St-Angel, par Montluçon (Allier).

# BULLETIN AGRICOLE DE L'OUEST

## Les anthonômes. — Urgence de les détruire.

Depuis quelques jours, je surveillais les anthonômes et faisais procéder à des secouages tous les deux jours.

Lundi dernier, sous trois arbres, on recueillit sur la toile 1 anthonôme.

Jeudi, on en trouva 3.

Samedi, on put en recueillir une vingtaine.

Aujourd'hui lundi 4 avril, sous 4 arbres, on en a recueilli 300.

Donc pas un moment à perdre. Il faut agir avec vigueur.

MODE D'OPÉRER

*Prendre une grande bâche carrée de 10 mètres de côté, fendue du centre à la circonférence, pour pouvoir la placer sous un pommier. Monter dans l'arbre, secouer les branches, ramasser vivement avec des balais tout ce qui est tombé, dans un sac, pour plonger celui-ci plus tard dans l'eau bouillante.*

*Compter en les écrasant les individus tombés sous quelques pommiers, pour se faire la conviction du bon résultat obtenu.*

*On peut à la rigueur remplacer la bâche par des draps de lit, mais il en faut beaucoup. La maison Saint frères consent à louer des bâches propres à cet usage pour 1 fr. 50 ou 2 fr. par jour.*

Rennes, 4 avril 1892.

E. Hérissant,
*Directeur de l'école d'agriculture
des Trois-Croix.*

---

## Culture de la betterave fourragère (Suite)

Nous arrivons à l'étude de la betterave considérée au point de vue alimentaire.

Nous allons nous borner à fournir quelques données générales sur l'alimentation, pour faire entrevoir l'importance que comporte ce sujet. Désirant ne pas dépasser les limites des détails purement pratiques, d'application, nous ne pouvons entrer dans les développements que comporterait une étude, plus ou moins technique forcément, sur l'alimentation en général.

L'alimentation raisonnée, rationelle, la composition des rations d'après les données scientifiques, que la pratique des éleveurs en renom a depuis longtemps sanctionnée, est sans contredit le levier le plus puissant dont dispose le cultivateur, pour arriver à l'amélioration des races et leur faire acquérir le maximum de précocité et de reuticité. C'est aussi en appropriant l'alimentation à la nature des produits que l'on cherche à obtenir : viande, lait, travail, etc., que l'on parvient, pour une dépense donnée, a obtenir le maximum de production.

Par la vulgarisation des engrais chimiques, le cultivateur commence à se rendre compte que pour arriver à obtenir de forts rendements et pour que les plantes puissent acquérir leur plus grande valeur alimentaire pour un poids donné, il faut que la fumure confiée au sol contienne, dans une proportion bien définie, les divers éléments de fertilisation, dont les principaux sont pour les plantes : l'azote, l'acide phosphorique, la potasse et la chaux. Le cultivateur commence aussi à savoir que la proportion de ces éléments doit varier avec chaque nature de plante.

Eh bien, les lois qui régissent l'alimentation végétale régissent aussi l'alimentation animale. Les éléments de fertilisation incorporés au sol deviennent après transformation par la vie végétale les principes alimentaires du règne animal. Plus les plantes seront par conséquent riches en principes nutritifs et plus elles seront variées, plus il sera facile au cultivateur d'établir une alimentation rationnelle pour chaque nature de spéculation animale.

Une des plus importantes règles à observer dans l'alimentation des animaux, consiste à éviter de passer sans transition du régime des fourrages exclusivement secs à celui des fourrages verts et vice-versa. Exception faite des animaux soumis à un travail soutenu qui peuvent bien se trouver pendant quelques mois de l'hiver d'un régime alimentaire au fourrage sec, il faudrait pendant cette saison, pour tous les autres animaux de la ferme, des rations mixtes, partie en aliments secs, partie en aliments aqueux, fourrages verts ou racines.

Tous les cultivateurs ont été à même d'observer les

faits relatés ci-après : relatifs à l'élevage de l'espèce bovine, si généralisée dans la Mayenne.

Les jeunes animaux de 6 mois à 3 ans, dans bien des fermes, sont soumis, pendant 3 ou 4 mois de l'hiver, à un régime sec, foin et paille, le plus mauvais foin toujours, parce que le meilleur fourrage et le peu de racines qui peuvent avoir été récoltées, sont réservés aux animaux d'engrais et aux vaches laitières.

Ces élèves avant la stabulation vivaient au pâturage avec une ration supplémentaire de choux généralement. L'hiver, le pâturage et les choux sont supprimés, les fourrages secs sont seuls donnés.

Qu'arrive-t-il ? Pendant les premiers jours de ce nouveau régime les animaux mangent et digèrent mal une nourriture moins assimilable que la précédente et commencent à dépérir. Leur poil se pique, comme on dit, la peau devient adhérente sur la poitrine, les constipations surviennent, l'animal ne tarde pas à être tracassé par les démangeaisons que cet état général provoque. Souvent le pansage est inconnu pour cette catégorie d'animaux, des maladies de peau surviennent, des dartres généralement ; dans de pareilles conditions, si bien que les animaux prennent la maigre nourriture qui leur est donnée, ils ne peuvent profiter. Trop heureux s'ils ne dépérissent pas et que les maladies les épargnent.

Lorsque l'hiver touche à sa fin, les fourrages secs deviennent rares. Aux premiers beaux jours les animaux sont envoyés au pâturage, sur des prairies humides souvent, avant le lever du soleil et sans avoir reçu de ration à l'étable. Le pâturage est peu abondant, l'herbe couverte d'une rosée qui peut renfermer des germes morbides ; jusqu'au moment où les choux et les coupages pourront être récoltés, l'alimentation sera encore mauvaise et insuffisante. Après la constipation, ce changement brusque dans l'alimentation provoque la diarrhée, l'appauvrissement du sang, ce qui contribue sans nul doute à engendrer et à entretenir dans bien des fermes, souvent d'une façon permanente, le pissement du sang, maladie si fréquente et si désastreuse pour bien des cultivateurs mayennais.

Conséquences : Pendant 4 ou 5 mois l'animal ne prend aucun développement, tout le fourrage consommé par lui pendant ce laps de temps, l'est en pure perte. Il mettra cinq années à acquérir le poids qu'il aurait dû avoir à trois ans.

Pour donner plus de force à notre démonstration, nous avons pris comme exemple les animaux d'élevage parce qu'ils sont les plus sacrifiés au point de vue de la bonne alimentation.

Nous pourrions appliquer le même raisonnement aux animaux d'engrais et aux vaches laitières.

Avec une nourriture mal appropriée, un animal peut n'atteindre qu'un demi engraissement, dans l'espace de 6 mois, alors qu'il suffirait de 3 mois pour obtenir un engraissement complet et avec moins de dépenses, si la ration était bien comprise.

Sous l'influence d'un régime sec, les vaches laitières donnent peu de produits et la durée de la lactation se trouve fortement réduite.

Si le cultivateur voulait se donner la peine de raisonner un peu, il modifierait son système de culture, et une bonne alimentation de tous les animaux de la ferme pourrait être assurée. Il faudrait pour cela qu'il améliore ses prairies et qu'il donne de l'extension à la sole des racines, de la betterave principalement.

La question de l'amélioration des prairies n'entre pas dans notre cadre, nous ne nous en occuperons pas pour le moment.

(*A suivre*).                                        G. PEYRAS.

---

## De l'avortement chez la jument

L'avortement est l'expulsion avant terme d'un fœtus non viable. Toutes les parturitions ou mise-bas qui se font avant le trois cent vingtième jour de la gestation sont des avortements, car on n'a pas remarqué jusqu'ici, à moins qu'extraordinairement, de jeunes poulains vivant avec une durée de vie fœtale moindre.

L'avortement diffère de la parturition prématurée en ce que celle-ci, qui a lieu après le trois cent vingtième jour de la conception, donne des sujets viables quoique généralement peu robustes.

Il est diverses causes qui peuvent déterminer l'avortement. Il suffit, bien entendu, de les indiquer pour que tout cultivateur soucieux de ses intérêts se fasse un devoir de les éviter à ses animaux. Ces causes sont les suivantes :

Les accouplements réitérés après la fécondation, par conséquent dès que la jument refuse l'étalon, il serait dangereux de la lui présenter à nouveau surtout entravée, ce qui permettrait malgré elle l'action du mâle ; ensuite la proximité à l'écurie ou à l'herbage d'un cheval entier provoquant le rut ou chaleurs ; une pluie trop froide tombant sur le corps de la jument ; la gestation d'un fœtus trop volumineux déterminant la rupture du placenta ; une alimentation défectueuse ; l'anémie ou de trop violentes secousses du système nerveux ; l'absorption au pâturage d'eau chargée d'une rosée froide, de gelée blanche ou même contenant des plantes toxiques déterminant des coliques violentes ; des coups trop rudes portés au ventre ou au flanc de l'animal ; des chocs, des heurts, des compressions exercées au passage des portes trop étroites ou par l'entrée ou la sortie simultanée de plusieurs juments ; l'insalubrité des écuries ; l'ingestion de boissons glacées surtout après un exercice échauffant, enfin des allures trop rapides ou des efforts de traction excédant les facultés de l'animal.

Lorsque la plénitude est peu avancée, les signes précurseurs de l'avortement sont quelquefois nuls, et alors il n'est pas rare de trouver un matin, derrière la jument, le produit de la conception sans qu'on ait pu se douter, en aucune façon, que l'avortement allait se produire. Mais lorsque la gestation est plus avancée, l'avortement est caractérisé à l'avance par les signes ordinaires de la mise-bas : œdèmes sous le ventre et quelquefois aux cuisses, affaissement des muscles fessiers, mamelles gonflées et turgescentes, apparition au bout des mamelons d'un liquide lactescent, jaunâtre qui s'y coagule ; on dit vulgairement que la jument fait la cire.

Lorsque tous ces signes sont bien caractérisés, il faut surveiller l'animal pour lui porter secours s'il est besoin.

Après l'accouchement, on doit surtout porter son attention sur l'expulsion des enveloppes fœtales ou délivre qui, dans le cas de l'avortement, tient plus à la muqueuse utérine que dans la parturition normale.

Le séjour prolongé de ces enveloppes dans la matrice n'est pas sans offrir de danger pour la vie de la jument. Le sang n'y circulant plus, elles entrent en putréfaction et les produits de cette fermentation putride passant dans les vaisseaux de l'utérus, puis dans la circulation générale, empoisonnent l'animal et causent le phénomène de la septicémie qui est mortelle dans tous les cas.

Il faut ensuite donner à la femelle avortée les mêmes soins qu'après une mise-bas régulière, c'est-à-dire l'empêcher de sortir de l'écurie pendant quelques jours, la tenir chaudement avec des couvertures et la tenir à l'abri des courants d'air froid, ne lui donner que des boissons chaudes ou tièdes et la nourrir surtout avec des farineux très digestibles et rafraîchissants.

Ces cas d'expulsion avant terme constituent l'avortement ordinaire qui n'a lieu, dans une écurie peuplée, qu'isolément. Mais il est des années où, dans la même région, les avortements sont si nombreux, surtout dans l'espèce bovine, qu'ils constituent de véritables épizooties, c'est pourquoi on a qualifié ces accidents d'avortements épizootiques.

La cause de ces avortements endémiques paraît résider dans la présence d'un bacille qui se loge dans les organes génitaux des femelles.

Lorsque les étables ou les écuries des éleveurs sont la proie de cette maladie, il faut agir rapidement : laver les habitations des animaux au moins une fois par semaine, après l'enlèvement du fumier, avec une solution de sulfate de cuivre au 1/20, puis approprier les organes extérieurs des juments et des vaches avec de l'eau tiède. Il faut prendre bien soin de détruire ensuite le fœtus expulsé par le feu ou l'eau bouillante, séparer les animaux atteints et recourir au vétérinaire pour désinfecter le vagin et la matrice des bêtes malades.

La propreté de tous les locaux est nécessaire.

Les principales précautions à prendre pour éviter l'avortement épizootique sont de mettre en quarantaine toute nouvelle venue en état de gestation et devant faire partie d'un groupe de femelles qui le sont également, puis dès qu'un avortement survient, séparer sans aucun délai l'avortée de ses congénères.

On peut ainsi éviter souvent ou du moins enrayer la propagation de l'épizootie qui cause parfois de grandes pertes dans les centres d'élevage.

J. PÉRETTE.

---

## Graines. — Leur commerce. — La fraude. — Avis aux cultivateurs.

L'époque de la vente des graines va se terminer pour cette année, néanmoins nous tenons à porter à la connaissance des cultivateurs quelques passages d'un intéressant article de M. Grandeau, le savant directeur de la station agronomique de l'Est, paru dans le *Temps* du 5 avril 1892.

M. Grandeau démontre d'abord l'utilité du *contrôle des graines* au point de vue : 1° de leur *pureté*, c'est-à-dire de la proportion centésimale des graines pures dans un poids donné de semences ; 2° de leur *faculté germinative*, c'est-à-dire la proportion de graines capables de germer ; 3° la détermination de la cuscute. Exemple : si une graine possède 85 0/0 de pureté et 75 0/0 de faculté germinative, sa *valeur réelle* est de $\dfrac{85 \times 75}{100} = 63,75$.

Commercialement, on dit d'une semblable graine qu'elle est à 63,75 0/0.

Les principales graines qui suivent, lorsqu'elles sont bonnes, possèdent la *valeur culturale* ou *valeur réelle* ci-après :

Trèfle des prés 83,30 0/0 ; Trèfle blanc 71,25 0/0 ; Luzerne commune 83,30 0/0 ; Lupuline ou minette 82,45 0/0 ; Vesce 93,10 0/0 ; Ray grass d'Italie 66,50 ; Betteraves 77,60 0/0 ; Blé 93,10 0/0 ; Orge 93,10 0/0, etc.

Pour savoir si les graines qu'on achète ont bien cette valeur, il faut un outillage convenable et des connaissances spéciales, c'est-à-dire que l'acheteur doit la demander à un laboratoire d'essais de semences.

Les cultivateurs qui ne prennent pas ces précautions sont très exposés à être dupes de leur bonne foi. Bien mal en prend aussi à ceux qui veulent des graines à bas prix, ce sont les plus chères de toutes. A ce sujet, M. Grandeau cite un exemple, entre mille, tiré d'un rapport du directeur de la station d'essais de semences de Zurich. Il s'agit d'une grande maison anglaise livrant à l'agriculture 4 qualités de semences de Ray grass.

Voici les conditions :

| | 1<sup>re</sup> *qualité* | 2<sup>e</sup> *qualité* | 3<sup>e</sup> *qualité* | 4<sup>e</sup> *qualité* |
|---|---|---|---|---|
| Pureté 0/0 | 96,9 | 91,1 | 28,6 | 32,5 |
| Faculté germinative | 73,0 | 53,0 | 34, | 10, |
| Valeur utile 0/0 | 70,7 | 48,3 | 28,1 | 3,25 |
| Prix du kilogramme | 0,58 | 0,475 | 0,30 | 0,185 |
| Prix de revient du kilogramme de semence *pure* | 0,73 | 0,98 | 1,07 | 5,61 |

Il résulte de ce qui précède que la 4<sup>e</sup> qualité, la moins chère, est huit fois plus chère que la première, bien que le kilogramme de celle-ci coûte trois fois plus. On voit combien peuvent être trompés, déçus et découragés les cultivateurs qui achètent ces graines.

Les exemples de procédés de ce genre sont nombreux et même bien audacieux à en juger encore par la circulaire suivante (qui n'était destinée qu'à certains marchands grainetiers), mais qui doit être connue des cultivateurs pour leur montrer jusqu'à quel point la fraude est exercée dans le commerce des graines.

Nous publions cette circulaire in-extenso, car je le répète, il faut qu'elle soit connue et qu'elle puisse donner à réfléchir.

## GRAINES FOURRAGÈRES POTAGÈRES ET DE FLEURS EN SOLDE

### CONVENANT POUR MÉLANGES ET COLPORTAGE

Ces graines, provenant du surplus des stocks des grandes cultures et marchands grainiers du continent, ainsi que des liquidations, faillites ou ventes publiques, sont vendues par nous *à très bas prix, mais sans garanties d'aucune sorte*, quoique nous puissions désigner, à titre de renseignement, les espèces, âge et germination probable.

P. FOREST et Cie
Marchand de graines
*16* bis, *boulevard Morland*, PARIS
1891-1892

Les acheteurs n'ont qu'à nous désigner les *sortes* de vieilles graines qui les intéresseraient et les quantités dont ils seraient éventuellement preneurs : nous leur adresserons nos prix.

### MÉLANGES

Avec une germination de 70 à 80 0/0, toutes les graines peuvent être vendues commes graines nouvelles. La levée étant suffisante, on est certain de ne recevoir aucun reproche de sa clientèle.

Il est donc évident que quand le marchand grainier qui s'attachera à faire cultiver, ou à acheter des graines de premier choix, pouvant germer de 95 à 100 0/0 et qui nous achètera des graines mortes. c'est-à-dire de vieilles graines *pour mélanger,* ne germant plus, ou bien qui germeraient encore, mais dont il pourrait s'assurer des espèces, gagnerait beaucoup d'argent sans risques d'aucune sorte.

Exemple : Si on vend par année 500 kilos de graines

d'oignons que l'on paie 4 fr. le kilo, achetez-en seulement 350 kilos germant de 98 ou 100 0/0 et prenez-nous 120 ou 150 kilos de vieilles graines d'oignons que nous vendrons, soit 0 fr. 40 centimes le kilo, d'où un profit de 500 fr. environ !

Autre exemple : Vous vendez 10.000 kilos de betteraves annuellement. Si vous en achetez 6,000 kilos à 60 fr. en graines nouvelles germant à 200 0/0 (1), vous pouvez sans inconvénient les mélanger avec 4.000 kilos de graines *mortes* que nous vous vendrons 10 au 15 fr. les 100 kilos, soit un profit de 2,000 fr., indépendamment de celui que vous réalisez d'ordinaire !

Et nous le répétons, tout cela peut se faire tout en donnant satisfaction à sa clientèle.

Tous ceux qui ont un stock de vieilles graines fourragères, potagères ou de fleurs, nous trouveront toujours prêts à les en débarrasser au comptant et à des bons prix.

### COLPORTAGE

Les marchands colporteurs, qui courent les campagnes, les marchés, pour la vente des graines ou autres produits, trouveront toujours chez nous un stock considérable de graines de second choix, d'une germination suffisante pour n'encourir aucun reproche de la part de leur clientèle spéciale. Nous leur ferons des prix qu'ils ne trouveront nulle part et qui leur permettront de réaliser de gros profits.

Sur leur demande nous *leur adresserons* nos prix spéciaux.

Les acheteurs qui nous donnent des ordres d'expéditions peuvent compter sur *une discrétion absolue de notre part*. Nous expédions aux gares désignées, de la façon suivante : P. Forest et Cⁱᵉ *expéditeurs* ou *destinataires* et remettons aux intéressés le récépissé avec bon à délivrer, *sans que leurs noms ne figurent nulle part*.

Toutes ces ventes sont faites strictement au comptant.

Nous prions tous ceux qui ont des graines fourragères (ou déchets) potagères ou de fleurs qui les encombrent et dont ils voudraient se débarrasser pour une raison quelconque, de vouloir bien nous remettre une liste de ces graines, avec quantités de chaque sorte, leur âge et leur germination, si elles en ont encore, ainsi que des échantillons. — Nous achetons au comptant.

---

1. On appelle improprement graine de betterave la réunion de plusieurs graines.

Voilà donc une maison qui offre d'acheter... des balayures, de les mélanger, etc., et qui démontre d'une façon presque séduisante les avantages réalisables, en secret, au détriment de la culture.

Il ne manque pas en France de maisons honnêtes acceptant le contrôle des stations d'essais de semences. Ce n'est qu'avec ces maisons que les syndicats agricoles passent leurs marchés. — Avis aux cultivateurs.

P. MASSERON.

## La laiterie mécanique au point de vue industriel
### par M. Lavalou

(Suite)

Les différences peuvent être très grandes. Exemple : la petite vache bretonne pie-noire, fournit un lait qui dose d'une façon presque générale, 5 0/0 de beurre. La vache Jersiaise produit un lait encore plus butyreux : un échantillon moyen des étables de Monthorin (Ille-et-Vilaine m'a fourni 6 0/0 de beurre. La vache normande qui n'est pourtant pas une mauvaise beurrière fournit un lait ne dosant pas d'une façon générale plus de 4 0/0 de beurre.

Il vaut donc sous le rapport de sa richesse en beurre 1/5 de moins que le lait de la petite bretonne.

Dans l'industrie laitière, c'est là une différence énorme et, il va sans dire, que l'on s'exposerait aux plus graves mécomptes si l'on négligeait de semblables éléments d'appréciation.

Le futur industriel devra tenir compte non seulement de la richesse du lait mais encore de la qualité du beurre qui en résulte ; le terrain, autrement dit, la nature des herbages a une grande influence sous ce rapport. Il sera bon de connaître la valeur commerciale du beurre de la contrée où l'on projette de s'établir : on sait que la réputation influe sérieusement sur sa valeur marchande. Un beurre même excellent s'il provient d'une contrée où il est généralement réputé mauvais, le prix de vente s'en ressentira. C'est une question de marque, d'habitude, qui ne disparaîtra qu'à la longue, à la suite d'efforts soutenus pour améliorer la qualité des produits ; il peut même arriver que cette dépréciation persiste malgré tout dans l'opinion publique et résiste aux tentatives les mieux conçues pour la faire disparaître.

*Quantité*. — Cette question devra être résolue dans le sens suivant : connaissant l'importance que l'on se propose de donner à l'usine en projet, il importe de savoir s'il sera possible de trouver assez de lait dans les environs, c'est-à-dire dans un rayon relativement restreint afin que les frais de transport ne soient pas trop élevés ; d'un autre côté, le lait doit arriver le matin à l'usine, de sorte que le trajet ne peut pas être très long. C'est encore une question à étudier sur les lieux.

(*A suivre*)              Lavalou.

## Sur la suppression des fleurs de pommes de terre

Le *Journal du Jura*, qui se publie à Bienne (Suisse), publie, dans son numéro du 27 mars, une observation intéressante relativement à l'influence que l'enlèvement des fleurs exercerait sur le rendement des pommes de terre. Voici cette note :

« M. Lenormand avait, sur quelques pieds de pommes de terre, coupé les fleurs au fur et à mesure qu'elles se montraient. A la récolte, le nombre des tubercules fut beaucoup plus considérable que sur les pieds voisins laissés pour témoins.

« L'année suivante, il renouvela son expérience sur un champ assez vaste et qu'il visita tous les jours. Il fit planter des pommes de terre d'une même variété, des *jaunes*. La végétation fut belle ; les tiges atteignirent un mètre de hauteur, et lorsque les fleurs parurent, il eut soin de les enlever toutes en coupant la tige à cinq ou six centimètres au-dessous. Il laissa dans chaque rang, çà et là, deux pieds sur lesquels il ne fit aucune soustraction.

« Au commencement d'octobre, les feuilles des plantes qui n'avaient pas porté de fleurs étaient encore très vertes, tandis que les autres étaient jaunâtres.

« M. Lenormand fit faire la récolte à la fin du mois. Les pieds qui n'avaient pas pu fleurir eurent une grande quantité de beaux tubercules, tandis que les autres n'en donnèrent que de très petits.

« L'année dernière, les *Hermann* et les *Rosalie* eurent beaucoup de graines ; la terre était jonchée de baies : les tubercules furent excessivement petits.

« La suppression des fleurs pendant la végétation augmenterait la récolte. Le but de la nature étant la reproduction, si on enlève les fleurs et conséquemment les graines, la sève se porte sur la partie souterraine et augmente les tubercules, soit en grosseur, soit en nombre. »

Il est très facile, pour chacun, d'organiser des expériences afin de contrôler le résultat indiqué dans cette note.

*(Extrait du journal de l'Agriculture).* H. S.

## SYNDICAT DES AGRICULTEURS DE LA MAYENNE

### AVIS

L'article 9 des statuts porte ce qui suit :

La cotisation annuelle est de 2 francs.

Elle est payable chaque année avant le 1er avril. Après cette date, le Trésorier la fera recouvrer par la poste, aux frais des adhérents.

**M. le Trésorier prévient MM. les membres du Syndicat qu'à partir de la fin du présent mois il mettra en recouvrement par la poste les cotisations qui n'auraient pas été acquittées.**

M. Gruau, agriculteur à Comté de la Cropte, par Meslay. offre orge de Moravie, gros grains, pour semence, à 17 fr. les 100 kilos logés sur wagon en gare de Meslay.

## VINS DE BORDEAUX

Garantis naturels. — Médaillés à l'Exposition universelle de 1889.

| VINS ROUGES | | VINS BLANCS | |
|---|---|---|---|
| La pièce de 225 litres : | | La pièce de 225 litres : | |
| Palus 1889 | 115 f. | Entre 2 Mers 1890 | 110 f. |
| Côtes 1889 | 125 | Petites Graves 1889 | 125 |
| 1res Côtes 1888 | 150 | Graves ou Côtes 1888 | 150 |
| Côtes supér. 1888 | 175 | Côtes 1887 | 200 |
| Graves 1887 | 250 | Sauternes, Barsac, Prix div. | |

Caisses assorties de 12, 25 et 50 bouteilles, depuis 1 fr. 50 la bouteille.

Les vins sont logés et rendus *franco*, gare de départ.

Paiement à 90 jours net, ou à 30 jours avec 2 0/0 d'escompte.

Les expéditions sont faites par les soins de M. G. BORD, secrétaire général du Syndicat agricole de CADILLAC (Gironde).

## SYNDICAT DE CHARTRES

### Saison de Printemps 1892

#### 1° Vins et Eaux-de-vie

Voir les prix et conditions au Bulletin Agricole de Février. — L'expédition des vins d'Algérie est terminée.

#### 2° Graines fourragères

Voir les prix et conditions au Bulletin Agricole de février, page 60.

AVIS TRÈS IMPORTANT : La récolte d'un grand nombre d'espèces de graines étant limitée et inférieure à la demande, il peut arriver avant la fin de la saison que certaines graines soient épuisées et introuvables chez les producteurs sérieux ; c'est pourquoi les graines ne seront livrées que jusqu'à épuisement des approvisionnements.

Il est donc très à propos de ne pas attendre au dernier moment pour faire les commandes.

### 3° Marchandises en dépôt

Marchandises actuellement en dépôt :
Superphosphate minéral soluble au Citrate.
Scories de déphosphoration.
Nitrate de soude.
Phospho guano ordinaire.
Phospho guano surazoté.
Sulfate de cuivre.
Sulfate de fer.
Tourteaux de lin pour engraissement.
    —    de sésame blanc du Levant pour engraissement.
    —    de Coprah, Ceylan, pour vaches laitières.
Huile d'olive surfine, à 1 fr. 90 le kilog.
Huile de sésame fine, à 1 fr. 11 le kilog.
Savon bleu à 0 fr. 50 le kilog.
Savon blanc « Le Génie », à 0 fr. 55 le kilog.
Savon blanc « Le Trèfle », à 0 fr. 66 le kilog.
Les huiles sont fournies en bonbonnes de verre, cachetées et plombées par les expéditeurs, et par quantités de 25 kilog. environ Elles sont garanties absolument pures.
Les savons sont livrées en caisses de 25 à 30 kilog. également.
Enfin le dépôt contient également de l'huile minérale russe, (Ragosine) excellente et avantageuse pour le graissage des machines agricoles, au prix de 0 fr. 50 le kilog. (non logé), et de l'huile à brûler, double épuration à 0 fr. 80 le kilog. (logée), le tout en bonbonnes d'environ 25 kilog.

Toutes les substances ci-dessus sont fournies immédiatement contre paiement comptant, en s'adressant chez M. Mercier, comptable du syndicat, 4, place Saint-Michel, tous les jours de la semaine (dimanches et fêtes exceptés et le samedi avant midi).

Elles peuvent également être expédiées par chemin de fer transport à la charge de l'acheteur.

Le Syndicat peut encore faire fournir à ses adhérents, et à des conditions très avantageuses :

1° Des ardoises provenant des mines d'Angers ;
2° Des tuiles ordinaires ;
3° De la chaux pour constructions ;
4° Enfin toutes machines agricoles provenant des meilleures fabriques.

Pour tous renseignements, s'adresser à l'Agent-Comptable.

**A VENDRE** 3000 kilog. environ de pommes de terre saucisse. S'adresser à M. Constantin, cultivateur à La Taye, commune de St-Georges-sur-Eure, par Chartres.

**A vendre** pommes de terre saucisse pour semence. S'adresser à M. ISAMBERT, à Dillonvilliers, commune de la Chapelle, par Auneau.

Manufacture d'engrais et produits chimiques pour l'agriculture
FABRIQUE D'ACIDE SULFURIQUE

## Spécialité de superphosphates minéraux et de superphosphates d'os

THÉOPHILE CONILLEAU, AU MANS

*Bureaux, rue de Bel-Air, 44. — Usine à Préau, rue des Maraîchers*

La situation de cette importante usine, établie au centre de l'Ouest, permet de livrer dans toute la région, à des conditions très-avantageuses, les produits de 1er choix de sa fabrication.

---

**Vacherie à céder** après grande fortune, à 5 minutes de Paris, tenue depuis 18 ans par le même.

70 vaches, 8 chevaux, voitures, ustensiles, matériel et la clientèle prenant tous les jours 900 litres de lait à 40 centimes le litre. Bénéfice net par an 22.000 fr. Grande et belle installation. On traitera avec 35.000 fr. ou sans argent avec garanties, un mois à l'essai si on le désire.

Ecrire ou voir M. DAGORY, 149, rue Lafayette, Paris.

---

**Vin blanc de Vouvray à vendre** au château des Girardières, commune de Vouvray (Indre-et-Loire), récolté par le propriétaire en 1891.

S'adresser soit à **M. PEYRAS**, agent principal du Syndicat des agriculteurs de la Mayenne, à Laval, soit au château des Girardières.

---

## VINS DE BORDEAUX

rouge 1888 à 125 fr. } les 225 litres logés sur wagon départ.
blanc 1887 à 200 fr. } paiement 30 jours.

Vins plus vieux à des prix supérieurs, des vignobles de **M. Numa Médeville**, vice-président du Syndicat agricole de Cadillac (Gironde), qui a obtenu médaille d'or, grande culture, pour le département de la Gironde, médaille vermeil de la Société des agriculteurs de France.

---

## Avis

Les membres du Syndicat des Agriculteurs de la Mayenne, sont informés que M. FERRE-CHAUVET, marchand de matériaux, entrepositaire du Syndicat à Château-Gontier, représente depuis le 1er avril 1891, la maison Louis Bouhé et Sankey de Saint-Nazaire, importateur direct des charbons anglais pour le port de Saint-Nazaire.

En conséquence, MM. les Syndiqués qui peuvent avoir besoin de charbons de terre Cardiff, Gaillettes, charbon de forges, flambant d'Ecosse et briquettes de Cardiff, etc., etc., pourront se les procurer aux meilleures conditions possibles, comme bon marché et qualité supérieure.

Adresser les commandes à M. Ferré-Chauvet, entrepositaire du Syndicat à Château-Gontier.

Envoi des prix courant et conditions de vente sur demande.

*Le Gérant*, E. MOREAU.

Laval, Imp. L. Moreau.

Ce Bulletin paraît le 15 de chaque mois.

# BULLETIN AGRICOLE
## DE L'OUEST

**Organe des Syndicats Agricoles
des départements du Finistère, des Côtes-du-Nord,
du Morbihan, de la Loire-Inférieure, d'Ille-et-Vilaine, de la
Manche, de la Mayenne, de Maine-et-Loire, de la Sarthe,
de l'Orne, du Calvados, de l'Eure, d'Eure-et-Loir
et de la Seine-Inférieure.**

*Publié sous la direction de :*

### H. LÉIZOUR, (✳ M. A.) (Q A.)

Professeur départemental d'Agriculture de la Mayenne, Directeur du Laboratoire
agronomique, Président du Syndicat des Agriculteurs de la Mayenne,

### GAROLA, (O. ✳ M. A.) (Q A.)

Professeur départemental d'Agriculture d'Eure-et-Loir,
Directeur de la Station agronomique de Chartres.

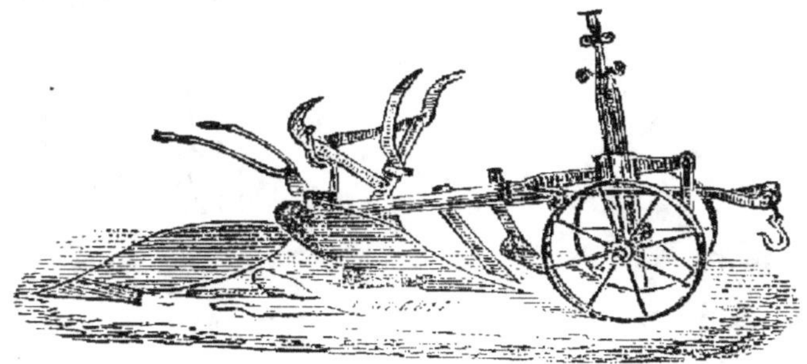

## ABONNEMENTS

Les membres des syndicats adhérents sont abonnés gratuitement par leurs
bureaux. — Pour les étrangers aux syndicats : **6 fr.** par an.

## ANNONCES

De 1 à 4 annonces. » **50c** la ligne.    De 8 à 12 annonces » **30c** la ligne
De 4 à 8    —    » **40c**   —    Au-delà de 12. » **20c** —

Le bulletin publiera gratuitement les offres et demandes
des Syndicats abonnés.

*AVIS. — Tout ce qui concerne la rédaction, les Annonces et les Abonnements, doit être adressé à M. LÉIZOUR, rue de la Filature, 1, à Laval.*

# PULVÉRISATEURS
## CONTRE LE MILDIOU
### Et la maladie des pommes de terre

## Pulvérisateurs spéciaux pour chauler les arbres fruitiers

Pour chauler les arbres fruitiers

### V. VERMOREL
CONSTRUCTEUR
à Villefranche (Rhône)

340 Premiers Prix et Médailles

Pulvérisateur « Éclair » n° 1, avec lance à coulisse de 0m80 à 1m50, et tuyaux de 1m20.... **43 f.**
Pulvérisateur « Éclair » n° 2, avec les mêmes accessoires. ...... **33 f.**

Accessoires supplémentaires d'après M. LANGLAIS pour la pulvérisation des arbres:
1 tube caoutchouc de 2m50
1 robinet raccordant les 2 tubes ;
1 lance courte *pour perche* **9 f.**
Lance à coulisse, de 2 m. 50 à 4 m..... **15 f.**
Lance à coulisse, de 0m 80 à 1m50....... **10 f.**

Cette dernière est facilement dirigée par l'ouvrier qui actionne la pompe.

Quelques modèles sont en dépôt à l'entrepôt central du Syndicat des agriculteurs de la Mayenne.

**TAUPES** Moyen infaillible *et très pratique* DE LES DÉTRUIRE toutes et partout, en quelques heures, aussi nombreuses qu'elles soient. *Envoi gratis et franco du Prospectus sur demande affranchie.* LAPORTE, agriculteur à St-Angel, par Montluçon (Allier).

# BULLETIN AGRICOLE DE L'OUEST

## Hannetons et vers blancs

Dans les localités où la sortie des hannetons doit s'effectuer cette année, on constate que les temps froids ont retardé cette sortie, qui ne s'effectue que lentement.

Il y a là une circonstance heureuse, qui permettra aux associations de hannetonnage de capturer un plus grand nombre d'insectes.

On nous signale également un peu de tous côtés, qu'un certain nombre de hannetons complètement envahis par le Botrytis tenella, se rencontrent dans le sol, ce qui prouve que l'insecte parfait est susceptible de contracter la même maladie que sa larve, lorsqu'il vit dans une terre contenant le parasite. Certains observateurs prétendent qu'il est possible de le contaminer aussi après sa sortie de terre. Il ne nous a pas été possible de vérifier encore ce fait, mais les expériences que nous poursuivons en ce moment nous permettent d'affirmer que la maladie ne sévit pas assez rapidement pour empêcher la ponte. Or c'est là surtout ce qu'il faut obtenir, sous peine de voir se perpétuer le fléau.

L'infection du hanneton, si elle peut être obtenue en grand, n'en serait pas moins à poursuivre, car elle serait un moyen très efficace de dissémination du champignon dans le sol, sur lequel chaque hanneton contaminé, comme les autres, laissera son cadavre et constituera par ce fait un foyer d'infection.

Sur presque tout le territoire de la Mayenne, ce n'est qu'en 1893 que les hannetons sortiront. Leurs larves ne sont encore qu'à leur deuxième année et celles que la maladie n'a pas atteintes feront des dégâts dans les récoltes jusqu'à la fin du mois prochain.

Nous avons pu constater la présence du Botrytis tenella, ou maladie du ver blanc à peu près dans toutes les localités du département et tout nous fait espérer que sa dissémination marchera très rapidement cette année, mais il est nécessaire que chacun y prête son concours actif.

Toutes les fois qu'en remuant le sol on mettra à découvert des vers entourés de leur moisissure, il faudra les ramasser soigneusement et les disperser à la surface des champs où la présence de la maladie n'aura pas été constatée. Il sera bon de les recouvrir d'une mince couche de terre fraiche, afin de permettre au champignon d'atteindre sa maturité, mais il nous semble mauvais de les enterrer à $0^m18$ ou $0^m20$ de profondeur, comme on le conseille, car en opérant ainsi on emprisonne nécessairement les spores, dont la dispersion est à rechercher.

Partout où il n'existe pas de vers malades, on peut aujourd'hui s'en procurer facilement, soit en les demandant dans les localités où l'on en trouve, soit en communiquant la maladie à des vers sains, à l'aide de spores qu'on trouve dans le commerce.

Nous croyons être utile à nos lecteurs en les engageant à être circonspects dans leurs achats de tubes de culture. On nous a affirmé, en effet, qu'on en rencontre déjà qui ne contiennent absolument qu'une farine quelconque, de la fécule de pommes de terre sans doute !

Nous avons produit, au laboratoire de la Mayenne, quelques centaines de tubes, que nous tenons gratuitement à la disposition des agriculteurs du département qui n'auraient pas encore de vers malades dans leur localité et qui désireraient essayer la contamination artificielle.

H. LÉIZOUR.

---

## La population ovine dans la Loire-Inférieure.

La population ovine qui se trouve dans la Loire-Inférieure comprend plusieurs variétés se distinguant facilement les unes des autres, comme nous allons le voir.

On ne rencontre jamais de troupeaux proprement dits, mais bien des groupes plus ou moins nombreux s'élevant rarement au-dessus de cinquante têtes et descendant fréquemment au-dessous de dix.

Il est fort rare de trouver des fermes ne possédant pas un groupe de moutons si petit qu'il soit. De la sorte, bien que chaque groupe soit formé d'un petit nombre d'individus, les groupes étant eux-mêmes très nombreux, il s'ensuit une population importante, fournissant aux boucheries de Nantes et des petites villes voisines un fort contingent de moutons.

Les variétés ovines sont au nombre de trois.

La première, et incontestablement la plus nombreuse, est la *variété Bretonne*. Elle se fait remarquer par une tête à profil faiblement busqué, par l'absence constante de cornes, par des oreilles courtes et obliques.

Le corps est petit et les membres sont fins.

La toison de ces moutons est généralement noire, exceptionnellement blanche, elle est assez tassée et formée de brins frisés. La taille varie entre 0 m. 40 et 0 m. 45, le poids entre 20 et 30 kilogr.

La seconde variété est la *variété Poitevine*. Les moutons de cette variété sont aisément reconnaissables. Ils ont une tête fortement busquée, toujours dépourvue de cornes chez les brebis et souvent aussi chez les mâles. Les oreilles sont longues et pendantes.

La taille est élevée comparativement à la variété bretonne de 0 m. 60 à 0 m. 65, taille due non pas au volume de leur corps, mais bien à la hauteur de leurs membres.

Une particularité qui aide en outre à leur distinction, d'ailleurs très facile, est celle due à la brièveté relative de leur queue ne dépassant jamais le jarret.

Il n'y a pas de couleur de toison qui soit prédominante, on en rencontre des noires, des grises et des blanches. Les moutons possédant l'une des deux dernières ont, la plupart du temps, le bord des yeux et les oreilles de teinte noire quand la toison est grise et rousse quand elle est blanche. Il est très rare de trouver la face exempte de ces tâches.

La toison n'est jamais tassée, les brins servant à la former étant longs, roides et non frisés.

Le poids de ces moutons varie entre 35 et 40 kilogr.

La troisième et dernière variété est la *variété anglaise Southdown* introduite depuis nombre d'années dans le département.

Les moutons appartenant à cette variété se distinguent facilement de ceux des deux autres par une tête courte et large à profil droit, aux oreilles petites et dressées, par l'absence constante de cornes. par la peau de la tête et des membres qui est noirâtre, faisant contraste avec la toison qui est d'un blanc grisâtre uniforme.

Le corps est assez régulier et les membres sont courts.

La toison est tassée, formée qu'elle est par des brins courts et frisés.

La taille varie entre 0 m. 35 et 0 m. 45.

Le poids entre 30 et 35 kilogr.

Cette variété se trouve en très petit nombre dans le département. Bien que rustique, elle n'est pas placée dans un milieu pouvant lui permettre de se développer dans de bonnes conditions, aussi végète-t-elle et se trouve-t-elle inférieure sous beaucoup de rapports aux deux autres variétés locales.

Ces variétés vivant la plupart du temps mélangées, surtout pour ce qui concerne les deux premières, il en résulte une population métisse nombreuse, se distinguant par la présence sur le même individu de divers caractères appartenant aux deux variétés.

L'ensemble de cette population ovine laisse énormément à désirer, et l'on peut dire, sans crainte d'être taxé d'exagération, que les meilleurs moutons ne valent pas grand'chose.

Cet état misérable de la population ne doit pas nous étonner, sachant avec quelle négligence le cultivateur traite ordinairement son bétail.

De sélection, il en fait rarement, ou bien s'il s'y décide, c'est presque toujours en faisant l'opposé de ce qui devrait avoir lieu. Ainsi, il est commun de voir choisir comme reproducteur l'individu présentant l'ossature la plus développée, le plus haut sur jambes, alors que la préférence devrait être donnée à celui dont les masses musculaires seraient le plus accentuées, avec le squelette le plus fin.

Si la sélection joue un grand rôle dans l'élevage des ovidés, l'alimentation a aussi une importance de premier ordre, et c'est de sa composition et de sa quantité que dépend le succès de l'élevage.

La parcimonie avec laquelle les moutons du département reçoivent la nourriture et la cause de leur état misérable.

Assez bien nourris pendant la belle saison, sur les prairies et sur les chaumes, ils ne le sont qu'imparfaitement pendant l'hiver.

Les cultivateurs, par un sentiment d'amour propre mal placé et contraire à leur intérêt, ont le tort de garder une quantité de bétail trop considérable par rapport à la nourriture dont ils disposent ; aussi qu'arrive-t-il ? un brusque arrêt se produit dans le développement des individus en période de croissance, et une diminution de poids pour ceux qui commencent à engraisser.

C'est une perte de temps difficile à rattraper dans la suite et qu'il eut été facile d'éviter en diminuant le nombre des moutons et en nourrissant copieusement ceux qui auraient été conservés.

Quant aux moutons livrés à la boucherie, il est fort rare d'en rencontrer de gros surtout en hiver. Cela tient d'abord aux raisons données précédemment et surtout aussi à l'exploitation d'animaux d'un âge souvent avancé.

E. JOBARD,
*Professeur d'agriculture.*

## Culture de la betterave fourragère (Suite)

Nous disons plus haut que dans l'alimention des animaux, la première règle à observer, c'est de composer, en hiver, autant que possible, la ration partie en fourrages secs, partie en fourrages aqueux.

Cette règle ne peut être facilement observée que par l'extension de la culture des racines, car l'ensillage des fourrages verts, qui seuls pourraient les remplacer, n'est pas encore assez vulgaire pour être à la portée de tous les cultivateurs.

L'herbe des prairies naturelles, composée d'un mélange complexe de diverses plantes appartenant en général aux familles des graminées et des légumineuses, a été considérée avec juste raison, comme formant une ration complète, comme la base de l'alimentation animale. L'herbe naturelle, en effet, est la seule nourriture consommée par les animaux des espèces bovine, chevaline et ovine à l'état sauvage. C'est dans les pays dits herbagers, qu'il s'agisse d'élevage, d'engraissement ou de vaches laitières, que les animaux soumis au régime du pâturage atteignent le plus de développement et donnent les plus forts produits en viande et en lait pendant la saison du pacage.

Cette herbe, consommée à l'état sec, c'est-à-dire sous forme de foin, est considérée comme la base de l'alimention pendant la saison d'hiver.

Cependant les principes alimentaires contenus dans le foin, quoique sensiblement les mêmes, chimiquement parlant, que dans l'herbe, s'y trouvent sous une forme moins assimilable, moins digestible. Une grande partie des substances amylacées contenues dans le foin, s'y observent sous forme de *cellulose*, de *ligneux*, difficilement attaquables par les sucs digestifs. Dans l'herbe verte, au contraire, ces principes pour la plus grande partie, sont sous une autre forme, que l'on désigne par matières *extractives non azotées*, bien plus facilement attaquées que la cellulose, par l'acte de la digestion.

Les principes azotés, protéïques, se trouvent également moins attaquables dans le foin que dans l'herbe verte.

Rien d'étonnant, pour ces raisons, qu'une ration formée exclusivement de foin ne donne pas, dans la pratique, les mêmes résultats que la ration composée de ce même foin, mais consommée au pâturage, sous forme d'herbe tendre.

Revenons au principal sujet de notre étude et établissons une comparaison entre la valeur alimentaire, à poids égal, du foin et de la betterave.

De nombreuses expériences ont été faites sur les divers fourrages, pour déterminer la proportion pour 100 des matières organiques assimilées par les animaux pendant l'acte de la digestion. C'est ce qu'on a désigné sous le nom de *cœfficient de digestibilité*.

M. Samson, dans le Dictionnaire de l'agriculture pratique, donne un tableau de cœfficients de digestibilité établie sur la moyenne d'expériences fort nombreuses, duquel nous relevons les chiffres ci-après :

Cœfficient de digestibilité de la paille de froment    45
    —       du foin de prairie    60
    —       de l'herbe de prairie    70
    —       de la betterave fourragère 90

Ce qui veut dire que sur 100 parties de substances nutritives organiques absorbées par un animal, il y en a :

45 seulement d'utilisées dans la paille ;

60 dans le foin ;

70 dans l'herbe de prairie ;

90 dans la betterave.

C'est la betterave qui fournit le plus fort cœfficient, c'est dans cet aliment que les principes nutritifs sont le plus dissociés, le mieux utilisés par l'acte de la digestion.

Le foin de prairie contient en moyenne 85 0/0 de matières sèches.

La betterave contient en moyenne 20 0/0 de matières sèches.

En faisant intervenir avec ces données les cœfficients de digestibilité, on peut, par un calcul élémentaire, déterminer la valeur alimentaire de la betterave, en fonction du foin.

100 kilos de foin donnent 85 0/0 de matières sèches ; le cœfficient de digestibilité est de 60, ce qui donne :

$$\frac{85 \times 60}{100} = 51 \text{ kilos de matières sèches utilisées pour 100 kilos de foin.}$$

Cent kilos de betteraves donnent 20 0/0 de matières sèches : le cœfficient de digestibilité est de 90, soit

$$\frac{20 \times 90}{100} = 18 \text{ k. de matières sèches utilisées pour 100 kilos de betteraves.}$$

Le rapport de 51 et 18 est en chiffres ronds le même que 3 et 1, exactement $\frac{54}{18} = \frac{3}{1}$

C'est-à-dire que trois kilos de betteraves peuvent remplacer un kilo de foin, comme valeur alimentaire proprement dite.

*(A suivre.)*                              G. PEYRAS.

---

## La laiterie mécanique au point de vue industriel
## par M. Lavalou

### (Suite)

II. *Fabrication.* — La question de fabrication, pour ce qui concerne le beurre, devient secondaire par l'emploi des nouveaux appareils.

Ces appareils, en effet, permettent, comme je l'ai déjà dit, d'obtenir à la fois un produit de qualité supérieure et uniforme et un rendement plus élevé.

Les débutants peuvent évidemment se heurter à quelques difficultés mais l'apprentissage n'est pas long et, avec de la persévérance et des soins, on y arrive toujours.

A cette question de fabrication se rattache celle de l'emplacement et de l'installation de la laiterie.

Pour l'emplacement il faut songer à *l'eau,* d'une absolue nécessité pour toute laiterie.

Le voisinage d'une source ou d'une rivière sera toujours utile et économique ; il faut une eau de bonne qualité, fraiche et abondante.

Dans l'emplacement on doit encore rechercher les facilités de transport, la proximité d'une gare, la commodité de se débarrasser des résidus de l'usine, des eaux de lavage, etc.

Pour ce qui concerne l'installation il faut s'adresser aux maisons spéciales qui vendent les appareils de laiterie.

III. *Vente des produits. — Débouchés.* — C'est la question la plus délicate, celle sur laquelle on s'illusionne généralement.

Quels sont les débouchés pour le beurre ?

Je les classerai en trois catégories : 1° les débouchés spéciaux que l'industriel aurait pu trouver ; 2° les débouchés généraux dont tout le monde peut profiter ; 3° l'exportation.

Les débouchés spéciaux sont caractérisés par un prix fixe convenu d'avance. C'est là un grand avantage parce qu'il permet à l'industriel de savoir ce qu'il fait ; mais, les bons prix sont rares et ce genre de clientèle est généralement très difficile à servir.

Comme débouchés généraux mentionnons : les halles centrales de Paris ou des principales villes de province, les marchands en gros et les marchés locaux.

Tous ces débouchés ont le grave inconvénient de subir des fluctuations de prix quelquefois très considérables et, en outre, pour ce qui concerne les halles, le prix de vente est grevé de frais très élevés.

L'exportation peut constituer un débouché spécial mais il n'intéresse guère le petit industriel : les marchands en gros ont, pour ainsi dire, le monopole de l'exportation. Les laiteries mécaniques pourraient leur faire une concurrence très sérieuse en se syndiquant afin de travailler en commun à l'écoulement de leurs produits. Il est évident que le producteur doit chercher à se mettre en rapport direct avec le consommateur afin d'éviter, autant que possible, les intermédiaires qui prélèvent toujours une honnête part dans le bénéfice.

Avant de rien entreprendre, le futur industriel devra se livrer à une étude comparée, si je puis m'exprimer ainsi, de ces différents débouchés et être à peu près certain du prix auquel il pourra vendre son beurre et de la quantité qu'il en pourra écouler.

En résumé, le futur industriel doit connaitre le *prix du litre* de lait *rendu à l'usine*, le *rendement de ce lait en beurre* et le *prix de vente de ce beurre.* De plus, s'il ne rend pas le lait écrémé aux fournisseurs, il devra être fixé sur le parti qu'il en pourra tirer.

Cela ne suffit pas encore : il faut, de plus, mettre en ligne de compte les frais généraux, l'amortissement et l'intérêt du capital engagé, etc., etc.

*Les points noirs de la laiterie.* — Malgré toutes ces connaissances spéciales, malgré les calculs les moins hasardés, les conjectures les plus judicieuses, l'industriel inexpérimenté pourrait encore se fourvoyer sur certains points particuliers et aboutir à une déception.

Tout d'abord je citerai les difficultés inséparables de tout début ; l'hésitation ou même le refus des cultivateurs à fournir leur lait.

Ceci n'est que l'affaire de quelques mois : une fois l'impulsion donnée, on n'a plus rien à craindre de ce côté, surtout si l'industriel jouit de la confiance générale et s'il paie régulièrement.

Ces difficultés ne sont donc que passagères ; mais, malheureusement, il peut s'en présenter d'autres qui sont plus graves, permanentes et inhérentes en quelque sorte à ce genre de commerce.

La principale, c'est la *fraude* du lait. C'est là un point noir dont on devra se méfier dès les débuts : La fraude consiste le plus généralement dans l'écrémage préalable ou l'addition d'eau. Par une surveillance assidue, une sévérité extrême mais juste, on parvient sinon à empêcher, du moins à diminuer dans de fortes proportions ces coupables manœuvres. Aussi quand on sera convaincu qu'un client falsifie son lait, il ne faudra pas hésiter à lui intenter un procès après avoir pris, bien entendu, toutes les précautions nécessaires pour prouver non seulement l'adultération du lait pour le cas en litige, mais encore les habitudes invétérées de fraudes de la part de l'inculpé quand on le sait coutumier du fait. Le moyen le plus énergique de couper court à ces procédés malhonnêtes est, comme je viens de le dire, de les déférer à la justice.

Avant d'arriver à cette extrémité, il est bon de se rémémorer l'axiôme de droit :

« Qui accuse prouve. »

Et de ne pas engager à la légère une action judiciaire pouvant tourner à la honte de celui qui l'intenterait s'il n'avait en main un faisceau de preuves suffisant, accablant pour le fraudeur.

  *(A suivre.)*       LAVALOU.

### Loi du 13 Janvier 1892 ayant pour objet d'accorder des encouragements à la culture du lin et aux autres cultures industrielles.

Le Sénat et la Chambre des députés ont adopté,
Le Président de la République promulgue la loi dont la teneur suit :

ARTICLE UNIQUE. — A partir de l'exercice 1892 et pendant une durée de six ans, il sera alloué aux cultivateurs de lin et de chanvre des primes dont le montant ne pourra annuellement dépasser la somme de deux millions cinq cent mille francs (2.500.000 francs), et qui seront fixées, à concurrence de ce chiffre, au prorata des superficies ensemencées.

Un règlement d'administration publique déterminera les conditions d'application de la présente loi.

Tout individu qui se sera rendu coupable d'une fraude, d'une tentative de fraude ou d'une complicité de fraude pour l'obtention de la prime, sera, à l'avenir, déchu du droit à la prime, sans préjudice de la prime indûment perçue et sera passible des peines portées à l'article 423 du code pénal.

L'article 463 du code pénal et la loi du 26 mars 1891 sont applicables à la présente loi.

La présente loi délibérée et adoptée par le Sénat et par la Chambre des députés sera exécutée comme loi d'Etat.

Fait à Paris, le 13 janvier 1892.

CARNOT.

Par le Président de la République :

*Le ministre des Finances,*     *Le ministre de l'agriculture,*
ROUVIER.        Jules DEVELLE.

### Décret portant règlement d'administration publique pour l'application de la loi du 13 janvier 1892 relative aux encouragements à la culture du lin et du chanvre.

LE PRÉSIDENT DE LA RÉPUBLIQUE FRANÇAISE,

Sur le rapport du Ministre de l'Agriculture ;

Vu la loi du 13 janvier 1892, relative aux encouragements à donner à la culture du lin et du chanvre et notamment le paragraphe 2 de l'article unique de la loi, ainsi conçu : « Un règlement d'administration publique déterminera les conditions d'application de la présente loi. »

Le Conseil d'État entendu décrète :

Article premier. — Tout cultivateur de lin ou de chanvre qui veut bénéficier de la prime accordée par la loi du 13 janvier 1892 doit en faire la déclaration, au plus tard, le 1ᵉʳ juin de chaque année.

La prime n'est due qu'autant que la superficie cultivée en lin ou en chanvre est de 25 ares au moins.

Art. 2. — La déclaration prévue à l'article premier est faite par écrit à la mairie de la commune sur le territoire de laquelle se trouvent les terrains cultivés en lin ou en chanvre. Elle doit indiquer la superficie et le numéro cadastral de la parcelle ou des parcelles ensemencées. Cette déclaration doit être contresignée par deux cultivateurs de la commune qui en certifient le contenu.

Les cultivateurs qui exploitent des parcelles situées sur deux ou plusieurs communes sont admis à cumuler, pour établir leur droit à la prime, les superficies de ces différentes parcelles.

Art. 3. — Le maire fait afficher, le 10 juin au plus tard, à la porte de la mairie, un état indiquant les noms des cultivateurs réclamant la prime et mentionnant les numéros des parcelles cultivées en lin ou en chanvre, ainsi que leur superficie.

Pendant un délai de quinze jours, un registre est ouvert à la mairie pour recevoir les observations.

Art. 4. — A l'expiration de ce délai, la copie du tableau affiché dont l'original doit être gardé à la mairie de la commune est transmise au Préfet du département, accompagnée des observations qui se sont produites.

Le maire y joint son avis.

Lorsqu'un cultivateur retourne ses ensemencements avant la vérification mentionnée à l'article suivant, il doit en faire immédiatement la déclaration à la mairie.

Art. 5. — Le Préfet choisit, parmi les agents des contributions directes, les professeurs d'agriculture, les conducteurs des ponts et chaussées et les agents-voyers, les délégués chargés de vérifier, dans chaque commune, l'exactitude des déclarations des cultivateurs réclamant la prime. A l'issue de la vérification, le délégué dresse un procès-verbal de ses opérations et le transmet sans retard au Préfet.

Art. 6. — Le Préfet dresse, pour son département, un état collectif, par commune, des demandes de primes qui ne sont l'objet d'aucune contestation ou rectification, et établit des dossiers individuels pour toutes les autres demandes.

Il transmet immédiatement l'état collectif au Ministre de l'Agriculture en lui faisant connaître l'étendue des surfaces comprises dans les déclarations qui font l'objet des dossiers individuels.

ART. 7. — Ces dossiers individuels sont soumis à l'examen d'une Commission établie au chef-lieu du département et qui se réunit sur la convocation du Préfet.

Cette Commission est ainsi composée :

Un membre du Conseil général élu annuellement par le Conseil général, président ;

Le Directeur des contributions directes ou son représentant ;

Le Professeur d'agriculture ou, à son défaut, un agriculteur nommé par le Préfet.

La Commission donne son avis et renvoie le dossier au Préfet qui dresse un état collectif supplémentaire en réservant les déclarations pour lesquelles il y aurait présomption de fraude ou tentative de fraude et qui seraient transmises au Procureur de la République.

ART. 8. — Les états sont centralisés au ministère de l'Agriculture qui établit, d'après les superficies déclarées, le chiffre des primes à allouer. L'ordonnancement du montant des primes revenant à chaque département est fait au nom du Préfet qui délivre, pour chaque commune, un état collectif des sommes à payer.

ART. 9. — Lorsque, pendant le cours de la campagne, des mutations dans la propriété et dans la jouissance des terrains cultivés en lin ou en chanvre se sont produites, la prime appartient à celui qui a fait la déclaration.

ART. 10. — Le Ministre de l'Agriculture est chargé de l'exécution du présent règlement qui sera inséré au bulletin des lois et au journal officiel.

Fait à Paris, le 13 avril 1892.

CARNOT.

*Le Ministre de l'Agriculture,*

Jules DEVELLE.

---

# SYNDICAT DE CHARTRES

## Saison de Printemps 1892

### 1° Vins et Eaux-de-vie

Voir les prix et conditions au Bulletin Agricole de Février. — L'expédition des vins d'Algérie est terminée.

### 2° Graines fourragères

Voir les prix et conditions au Bulletin Agricole de février, page 60.

AVIS TRÈS IMPORTANT : La récolte d'un grand nombre d'espèces de graines étant limitée et inférieure à la demande, il peut arriver avant la fin de la saison que certaines graines soient épuisées et introuvables chez les producteurs sérieux ; c'est pourquoi les graines ne seront livrées que jusqu'à épuisement des approvisionnements.

Il est donc très à propos de ne pas attendre au dernier moment pour faire les commandes.

### 3° Marchandises en dépôt

Marchandises actuellement en dépôt :

Superphosphate minéral soluble au Citrate.

Scories de déphosphoration.

Sulfate de cuivre.

Sulfate de fer.

Tourteaux de lin pour engraissement.

— de sésame blanc du Levant pour engraissement.

— de Coprah, Ceylan. pour vaches laitières.

Huile d'olive surfine, à 1 fr. 90 le kilog.

Huile de sésame fine, à 1 fr. 11 le kilog.

Savon bleu à 0 fr. 50 le kilog.

Savon blanc « Le Génie », à 0 fr. 65 le kilog.

Savon blanc « Le Trèfle », à 0 fr. 66 le kilog.

Les huiles sont fournies en bonbonnes de verre, cachetées et plombées par les expéditeurs, et par quantités de 25 kilog. environ Elles sont garanties absolument pures.

Les savons sont livrées en caisses de 25 à 30 kilog. également.

Enfin le dépôt contient également de l'huile minérale russe, (Ragosine) excellente et avantageuse pour le graissage des machines agricoles. au prix de 0 fr. 50 le kilog. (non logé), et de l'huile à brûler. double épuration à 0 fr. 80 le kilog. (logée), le tout en bonbonnes d'environ 25 kilog.

Toutes les substances ci-dessus sont fournies immédiatement contre paiement comptant, en s'adressant chez M. Mercier, comptable du syndicat, 4, place Saint-Michel, tous les jours de la semaine (dimanches et fêtes exceptés et le samedi avant midi).

Elles peuvent également être expédiées par chemin de fer transport à la charge de l'acheteur.

Le Syndicat peut encore faire fournir à ses adhérents, et à des conditions très avantageuses :

1° Des ardoises provenant des mines d'Angers ;

2° Des tuiles ordinaires ;

3° De la chaux pour constructions ;

4° Enfin toutes machines agricoles provenant des meilleures fabriques.

Pour tous renseignements, s'adresser à l'Agent-Comptable.

Manufacture d'engrais et produits chimiques pour l'agriculture
FABRIQUE D'ACIDE SULFURIQUE
## Spécialité de superphosphates minéraux et de superphosphates d'os
THÉOPHILE CONILLEAU, AU MANS
*Bureaux, rue de Bel-Air, 44. — Usine à Préau, rue des Maraichers*

La situation de cette importante usine, établie au centre de l'Ouest, permet de livrer dans toute la région, à des conditions très-avantageuses, les produits de 1er choix de sa fabrication.

**Vacherie à céder** pour cause de décès du maitre, 25 vaches, un seul cheval, 2 voitures, vente journalière sur place 320 litres de lait au prix moyen de 40 centimes le litre. Bénéfice net par an 10.000 fr. Loyer tout compris. Habitation, cour, étables, greniers, laiterie 1.800 fr. par an. Occasion à enlever de suite. Se presser. On traitera avec 10.000 fr. ou sans argent avec garanties.
Ecrire ou voir M. DAGORY, 149, rue Lafayette, Paris.

## TERRE DE LA MOTTE-DAUDIER

*Commune de Niafles, par Craon. (Télégraphe, Chemin de fer 3 k.)*
*Département de la Mayenne.*

250 reproducteurs mâles et femelles de la race Durham pure, des Tribus : Gwynne, Beeswing, Catherine, Zemima, Niblet, Portia, Rosalnid, Emmerson. Moutons Dislhey et Southdowx importés, mâles et femelles de la race Craonnaise pure.

Blés d'espèces améliorées à grand rendement pour semences, Dathel et autres.

S'adresser toute l'année à M. GENDRY, régisseur.

## VINS DE BORDEAUX

Garantis naturels. — Médaillés à l'Exposition universelle de 1889.

| VINS ROUGES | | VINS BLANCS | |
|---|---|---|---|
| La pièce de 225 litres : | | La pièce de 225 litres : | |
| Palus 1889 | 115 f. | Entre 2 Mers 1890 | 110 f. |
| Côtes 1889 | 125 | Petites Graves 1889 | 125 |
| 1res Côtes 1888 | 150 | Graves ou Côtes 1888 | 150 |
| Côtes supér. 1888 | 175 | Côtes 1887 | 200 |
| Graves 1887 | 250 | Sauternes, Barsac, Prix div. | |

Caisses assorties de 12, 25 et 50 bouteilles, depuis 1 fr. 50 la bouteille.

Les vins sont logés et rendus *franco*, gare de départ.
Paiement à 90 jours net, ou à 30 jours avec 2 0/0 d'escompte.
Les expéditions sont faites par les soins de M. G. BORD, secrétaire général du Syndicat agricole de CADILLAC (Gironde).

*Le Gérant,* E. MOREAU.

Laval, Imp. L. Moreau.

5ᵉ **Année**      **Juin 1892.**      **Nᵒ 45**

Ce Bulletin paraît le 15 de chaque mois.

# BULLETIN AGRICOLE
## DE L'OUEST

**Organe des Syndicats Agricoles
des départements du Finistère, des Côtes-du-Nord,
du Morbihan, de la Loire-Inférieure, d'Ille-et-Vilaine, de la
Manche, de la Mayenne, de Maine-et-Loire, de la Sarthe,
de l'Orne, du Calvados, de l'Eure, d'Eure-et-Loir
et de la Seine-Inférieure.**

*Publié sous la direction de :*

**H. LÉIZOUR, (✻ M. A.) (O A.)**
Professeur départemental d'Agriculture de la Mayenne, Directeur du Laboratoire
agronomique, Président du Syndicat des Agriculteurs de la Mayenne.

**GAROLA, (O ✻ M. A.) (O A.)**
Professeur départemental d'Agriculture d'Eure-et-Loir,
Directeur de la Station agronomique de Chartres.

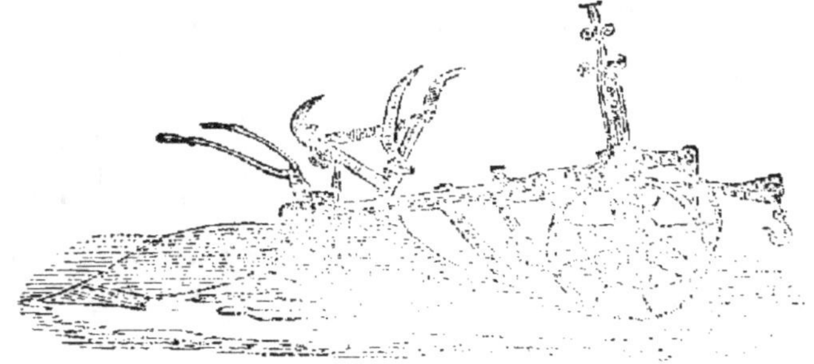

## ABONNEMENTS

Les membres des syndicats adhérents sont abonnés gratuitement par leurs
bureaux. — Pour les étrangers aux syndicats : 6 fr. par an.

## ANNONCES

De 1 à 4 annonces. » 50ᵉ la ligne.     De 8 à 12 annonces » 30ᵉ la ligne
De 4 à 8 — » 40ᵉ —     Au-delà de 12. » 20ᵉ —

Le bulletin publiera gratuitement les offres et demandes
des Syndicats abonnés.

*AVIS. — Tout ce qui concerne la rédaction, les Annonces et les Abon-
nements, doit être adressé à M. LÉIZOUR, rue de la Filature, 1, à Laval.*

# PULVÉRISATEURS
## CONTRE LE MILDIOU
### Et la maladie des pommes de terre

## Pulvérisateurs spéciaux pour chauler les arbres fruitiers

Pour chauler les arbres fruitiers

## V. VERMOREL
### CONSTRUCTEUR
### à Villefranche (Rhône)

**340** Premiers Prix et Médailles

Pulvérisateur « Éclair » n° 1, avec lance à coulisse de 0m80 à 1m50, et tuyaux de 1m20.... **43 f.**
Pulvérisateur « Éclair » n° 2, avec les mêmes accessoires. ...... **33 f.**

Accessoires supplémentaires d'après M. LANGLAIS pour la pulvérisation des arbres:
1 tube caoutchouc de 2m50
1 robinet raccordant les 2 tubes ;
1 lance courte *pour perche* **9 f.**
Lance à coulisse, de 2 m. 50 à 4 m..... **15 f.**
Lance à coulisse, de 0m 80 à 1m50....... **10 f.**

Cette dernière est facilement dirigée par l'ouvrier qui actionne la pompe.

Quelques modèles sont en dépôt à l'entrepôt **central du Syndicat des agriculteurs de la Mayenne.**

# BULLETIN AGRICOLE DE L'OUEST

## Concours départemental agricole de la Mayenne.

Le concours départemental agricole de la Mayenne est fixé aux 30 septembre, 1<sup>er</sup> et 2 octobre 1892.

Nous publierons le programme détaillé de ce concours, aussitôt qu'il aura été définitivement arrêté, mais en attendant nous appelons l'attention des Agriculteurs et Instituteurs intéressés sur les dispositions des programmes ci-après, relatifs au concours de fermes et au concours de l'enseignement agricole.

### Concours de fermes

1<sup>re</sup> SECTION. — *Bonne tenue de ferme*

| | | | |
|---|---|---|---|
| 1<sup>re</sup> Prix......... | 400 fr. | (en argent) et une Médaille. | |
| 2° Prix.......... | 200 — | id. | id. |
| 3<sup>e</sup> Prix.......... | 150 — | id. | id. |
| 4<sup>e</sup> Prix......... | 100 — | id. | id. |
| 5<sup>e</sup> Prix......... | 75 — | id. | id. |
| 6<sup>e</sup> Prix......... | 75 — | id. | id. |
| Total....... | 1.000 fr. | | |

2<sup>me</sup> SECTION. — *Concours de spécialités*

1<sup>re</sup> Sous-section. — Confection, conservation et mode d'emploi du fumier. — Usage des engrais chimiques.

| | | |
|---|---|---|
| 1<sup>er</sup> Prix.......... | 150 fr. et une médaille. | |
| 2<sup>e</sup> Prix.......... | 100 — | id. |
| 3<sup>e</sup> Prix.......... | 50 — | id. |
| Total....... | 300 fr. | |

2<sup>me</sup> Sous-section. — Des médailles spéciales pourront être décernées :

1° Pour la bonne tenue de l'intérieur de la ferme, aux fermières les plus méritantes.

2° Pour plantations de pommier et soins donnés aux vieux arbres.

Les cultivateurs, propriétaires, fermiers ou métayers des cantons ci-dessus désignés, qui voudront prendre part au concours, doivent en adresser la demande par écrit, avant le 15 juin prochain, à M. Léizour, à Laval.

Cette demande devra contenir les nom  et prénoms du candidat, le nom et l'étendue de la propriété cultivée, avec l'indication de la commune où elle est située.

Une commission visitera, vers la fin de juin, les exploitations pour lesquelles il aura été adressé une demande.

La commission prendra en grande considération les améliorations réalisées, quelle que soit la qualité du sol ; la quantité et la qualité des animaux entretenus sur l'exploitation, les soins dont ils sont l'objet ; la conservation et l'utilisation des purins, du fumier et des autres engrais; la qualité des labours ; les détails d'intérieur, l'ordre, la propreté et l'économie ;  la quantité et surtout le choix et la qualité des divers instruments utilisés sur la ferme, le bon emploi qui en est fait et les soins dont ils sont l'objet, leur conservation,  leur mise en ordre ;  en un mot tout ce qui constitue la bonne tenue d'une exploitation agricole.

Les cultivateurs qui voudront concourir pour des spécialités devront le spécifier sur leur demande.

Laval, le 25 Mai 1892.

*Le Président du concours.*

A. DUBOYS-FRESNEY.

*Le Secrétaire,*

H. LÉIZOUR.

___________

## Enseignement Agricole

Monsieur l'Instituteur,

Nous avons l'honneur de vous informer qu'un concours d'enseignement agricole, pour 1892, est ouvert entre les instituteurs des cantons de Landivy, Gorron, Ernée, Chailland, Mayenne (Ouest), Mayenne (Est).

Voici le programme de ce concours :

Des examens écrits auront lieu simultanément le jeudi 7 juillet prochain, à 8 heures du matin, à Gorron, à Landivy, à Ernée, à Chailland, à Mayenne (école des garçons dirigée par M. Lagarde).

Pour les élèves des écoles de chacun de ces cantons dont les directeurs auront déclaré vouloir prendre part au concours, ces examens comprendront : 1° une rédaction sur un sujet agricole ; 2° deux problèmes agricoles. Il sera accordé aux enfants deux heures pour la rédaction et une heure pour les problèmes.

Le même jour, le directeur de chaque école présentée remettra au Jury un travail personnel sur le sujet suivant ;

« Les labours. — Leur utilité. — Leur but. — Les avantages et les inconvénients des labours en billons, en planches et à plat. — Les labours profonds et les fouillages ou sous-solages. » — La non-présentation de ce travail entrainerait l'exclusion du maître et de ses élèves.

Des examens oraux auront lieu aux chefs-lieux des cantons ci-dessus désignés, et commenceront le jeudi 21 juillet. Tous les enfants dont les épreuves écrites auront été jugées suffisantes pourront y prendre part. Les questions seront exclusivement agricoles.

Tous les instituteurs de ces mêmes cantons pourront assister à ces derniers examens.

En ce qui concerne le classement des directeurs d'écoles, il sera tenu compte du travail personnel du maitre, du travail écrit et des réponses orales des élèves. L'enseignement pratique donné par les visites dans les champs, dans les jardins, dans les chantiers agricoles, sera également pris en considération par la Commission d'examen, qui se réserve en outre la faculté de faire ultérieurement une visite dans les écoles.

Les récompenses, pour les instituteurs, consisteront en :

Deux médailles d'or ;
Deux médailles d'argent ;
Deux médailles de bronze ;
Des ouvrages d'agriculture.

Des prix consistant en ouvrages agricoles seront décernés aux élèves.

Les récompenses seront décernées à la distribution des prix du concours départemental agricole de Laval, le Dimanche 2 octobre.

Les demandes d'inscription devront être adressées, avant le 19 juin, à M. Léizour, professeur départemental d'agriculture, à Laval.

Les concurrents devront joindre à leur déclaration la liste des élèves qu'ils présenteront au concours et indiquer leur âge.

Le Président du Concours,<br>
A. DUBOYS-FRESNEY.

Le Secrétaire,<br>
H. LÉIZOUR.

L'itinéraire de la commission chargée de la visite des exploitations sera définitivement arrêté le 19 juin et aucune demande ne sera accueillie après cette date, qui reste également le dernier délai pour la réception des demandes pour le concours d'enseignement agricole.

H. LÉIZOUR.

## La laiterie mécanique au point de vue industriel
### par M. Lavalou

(Suite et fin)

D'autres difficultés peuvent surgir :

En été le lait s'altère très rapidement et lorsqu'il arrive à l'usine, il est *avancé*, comme on dit en terme de métier, c'est-à-dire qu'il est acidulé et bien près de cailler. En cet état, on ne peut guère le refuser et néanmoins le rendement en beurre s'en ressent. Lorsqu'il est caillé, on le refuse et tout est dit. Dans la belle saison on peut se trouver aux prises avec un embarras d'une autre sorte : C'est l'époque où la production du lait est la plus abondante et, par une conséquence toute naturelle, c'est la saison où le beurre est au plus bas prix Il importe donc d'avoir toujours cette considération bien présente à l'esprit afin d'en tenir compte dans les prix d'achat et, si faire se peut, dans les prix de vente.

Presque toutes les laiteries d'ailleurs établissent, dans le but de parer à ces fluctuations, un prix d'été et un prix d hiver.

Notons, en passant, qu'il est difficile de payer le lait assez bon marché en été en considération du prix auquel on peut vendre le beurre.

Dans les débuts, on est tenu quelquefois, pour trouver du lait, de le payer un peu plus cher que ne le permettrait le produit de la vente du beurre ; mais s'il est prudent de faire quelques concessions dans cette voie, on ne devra jamais dépasser une certaine limite qu'une comptabilité bien comprise permettra de fixer toujours à coup sûr.

Gardons-nous d'oublier que la première condition pour réussir est de joindre, comme on dit vulgairement, les deux bouts.

Voilà, Messieurs, les principaux inconvénients de la laiterie industrielle. Tous se traduisent par des pertes assez considérables, si on n'y prend garde. Ces pertes peuvent même devenir suffisantes pour absorber tout le bénéfice que l'on pourrait réaliser d'un autre côté.

Mais, Messieurs, ces petites observations ne doivent pas décourager les partisans de la laiterie industrielle ; mon but est certainement tout autre. Tout ce que je souhaite, c'est qu'elles donnent à réfléchir aux enthousiastes à première vue, aux personnes peu initiées à toutes ces questions de métier et qui désirent quand même monter des laiteries mécaniques. Ces personnes se basent seulement sur la vogue dont jouit l'industrie laitière à l'époque où nous sommes.

Cette industrie est certainement lucrative dans la plupart des cas, à la condition de ne pas se laisser séduire par des apparences souvent trompeuses et de calculer ses chances de succès sur des données précises et des évaluations exactes.

Le résultat incontestable de l'extension des laiteries mécaniques est l'amélioration générale de la qualité du beurre. Le bon beurre devient de plus en plus commun, mais les prix n'ont pas pour cela augmenté. Cela tient évidemment à l'abondance ou du moins c'est là notre avis.

Autrefois la production du bon beurre était localisée dans un très petit nombre de régions particulièrement privilégiées sous le rapport de la qualité des herbages et par suite de celle du lait.

D'un autre côté la fabrication est généralement soignée dans ces mêmes régions, ceci évidemment à cause de l'émulation et des prix rémunérateurs obtenus pour les produits. C'est le cas d'Isigny, du Gournay, de la Prevalaye, etc.

Les laiteries industrielles n'ont évidemment rien changé à la nature des herbages, mais il n'en est pas de même pour la fabrication. C'est de ce côté qu'il y a progrès. La mauvaise qualité du beurre dépend plus souvent d'une fabrication défectueuse que de la qualité du lait.

J'indiquerai en terminant un bon moyen de ne pas faire fausse route dans cette branche intéressante de l'industrie agricole.

C'est de commencer petit à petit. Ainsi, avant de procéder à la construction d'une usine et d'acheter un matériel complet, il serait préférable et beaucoup plus prudent de travailler quelques centaines de litres de lait par jour, au moyen des procédés ordinaires, tout en consacrant à la fabrication tous les soins désirables. On pourrait ainsi, sans courir de risque, réaliser une étude pratique de la question sous toutes ses formes et, en même temps, bénéficier d'un apprentissage consciencieux de tous les détails du métier.

Je n'ai pas la prétention, Messieurs, d'avoir tout dit sur cette question de métier, d'avoir épuisé les causes de revers, et mentionné tous les moyens de succès ; cela me serait du reste bien impossible. Les circonstances sont tellement variables, les cas imprévus si nombreux, les milieux si différents qu'on ne peut que s'en tenir aux généralités sur un semblable sujet. Mais ces généralités doivent donner à réfléchir au futur industriel et lui servir de jalons pour chaque cas particulier.

Enfin, Messieurs, s'il m'est permis de donner un conseil, je dirai en terminant ce que j'ai déjà écrit il y a quelque temps :

Que les agriculteurs, les industriels laitiers d'une même région se syndiquent afin qu'il y ait entre eux solidarité d'intérêts. C'est ainsi qu'ils arriveront à accroître leur production et à étendre leur influence. Ils constitueront, à bref délai, une corporation puissante capable d'améliorer son matériel, de perfectionner ses procédés de fabrication, d'organiser des expositions et des concours.

Là, comme partout, l'union fera la force : le succès appartiendra à ceux qui sauront agir de concert, attaquer de front les abus, défendre leurs droits, créer des débouchés et forcer la main aux grandes compagnies dans la révision des tarifs de chemin de fer, etc.

Messieurs, si ces modestes réflexions peuvent contribuer, même dans une faible mesure, à l'obtention d'un aussi brillant résultat, je serai trop heureux de vous les avoir communiquées.

LAVALOU.

---

## Les vices rédhibitoires

Les transactions commerciales qui se font chaque jour dans les fermes sont tellement importantes que tout cultivateur devrait connaître et les droits et les obligations qui incombent soit au vendeur, soit à l'acheteur d'une chose quelconque. Mais nous ne voulons retenir ici, pour cette étude, qu'une obligation du vendeur : celle de garantir à l'acheteur la possession *utile* de la chose vendue. Par suite, le vendeur est responsable des défauts cachés de la chose qui la rendent impropre à l'usage auquel elle était destinée ou bien qui diminuent tellement cet usage que le prix donné par l'acquéreur se trouve de beaucoup exagéré par rapport à la valeur réelle de l'objet acheté. Ces défauts cachés ont reçu le nom de *vices rédhibitoires*.

Nous en parlerons seulement en ce qui concerne les animaux domestiques et pour cela nous n'avons qu'à analyser la loi du 2 août 1884 qui résume actuellement toute la législation en cette matière.

Sous l'empire de la loi du 20 mai 1838, les vices rédhibitoires étaient au nombre de 17, présentement on n'en compte plus que 10, savoir :

8 chez le cheval, l'âne et le mulet, ce sont :

*La morve*, maladie contagieuse caractérisée par un écoulement jaunâtre d'un seul côté ou des deux côtés du nez et par des ulcérations de la cloison nasale. Cette maladie est transmissible à l'homme et par conséquent on ne saurait trop s'en méfier ;

*Le farcin*, maladie également contagieuse, sorte de ramollissement ulcéreux des ganglions et vaisseaux lymphatiques superficiels ;

*L'immobilité*, affection particulière au cheval, se manifestant par une sorte d'assoupissement de la volonté et de l'action. L'animal est presque dans l'impossibilité de reculer ;

*L'emphysème pulmonaire*, infiltration de l'air dans le tissu du poumon amenant toujours la pousse ;

*Le cornage chronique*, maladie incurable caractérisée par un sifflement que font entendre certains chevaux en mangeant ou en respirant ;

*Le tic* proprement dit avec ou sans usure des dents, affection qui se dénote par des contractions spasmodiques des muscles de l'encolure avec éructation ; les autres tics ne sont pas rédhibitoires ;

*Les boiteries anciennes intermittentes* qui doivent être de vieille date et intermittentes afin qu'elles soient réputées vices cachés ;

*La fluxion périodique des yeux* ophtalmie qui apparaît à certains moments et finit par amener la perte de la vue.

1 chez le mouton :

*La clavelée*, maladie éruptive et contagieuse ; aussi, reconnue chez un seul animal, entraîne-t'elle la rédhibition de tout le troupeau pourvu que celui-ci porte la marque du vendeur.

1 chez le porc :

*La ladrerie*, caractérisée par le développement dans la chair de l'animal, notamment sous la langue, de nombreux cysticerques qui se transforment en vers solitaires dans les intestins de l'homme lorsque celui-ci a eu l'imprudence de manger de la chair, infectée de ladrerie, insuffisamment cuite.

On a absolument supprimé tous les vices rédhibitoires qui affectaient autrefois l'espèce bovine.

L'acheteur d'un animal atteint d'un des vices que nous venons de signaler peut, soit demander l'annulation de la vente et intenter l'action rédhibitoire proprement dite, soit demander au vendeur une réduction du prix d'achat et intenter ce que l'on a appelé l'action *estimatoire*. Mais quand bien même le vice rédhibitoire existerait, il y a 3 cas où l'acheteur ne peut actionner le vendeur :

1° Lorsque la vente a été faite avec une clause de non-garantie.

2° Lorsque le prix d'achat de l'animal est inférieur à 100 fr.

3° Lorsque la vente a été faite par autorité de justice.

Sauf ces 3 cas bien déterminés, l'acheteur a toujours recours contre son vendeur et pour cela il doit intenter l'action dans un délai de 30 jours pour la fluxion périodique des yeux et dans un délai de 9 jours lorsqu'il s'agit de tout autre vice. Le jour de la vente ou celui de la livraison de l'animal n'est pas compté dans ce délai, de plus lorsque cette livraison a été effectuée hors du lieu du domicile du vendeur, le délai est augmenté proportionnellement aux distances de 1 jour par 50 kilomètres.

Aussitôt que l'acheteur s'aperçoit que l'animal qu'il vient d'acquérir est atteint d'un vice rédhibitoire, il doit présenter au juge de paix de son canton une requête *verbale* demandant l'expertise. Le juge de paix en même temps qu'il nomme des experts, relate dans son ordonnance la date de la requête afin de prouver que l'action a été introduite en temps utile.

Les experts doivent opérer dans le plus bref délai possible et à cause de cela ils sont dispensés du serment préalable, ils affirmeront simplement leur sincérité dans le procès-verbal de leurs opérations.

Le vendeur doit être convoqué à l'expertise par citation d'huissier adressée sur requête de l'acheteur lui-même, car la loi tient avant tout à ce que les faits soient constatés contradictoirement; cependant l'acheteur peut se dispenser de cette formalité lorsque le vendeur habite une localité éloignée et qu'une autopsie est à faire aussitôt.

Lorsque le vendeur a été convoqué, l'assignation devant le juge de la validité du contrat doit être lancée ensuite dans un délai de 3 jours à partir du moment où les experts ont terminé leurs opérations.

L'exploit en tête duquel devra figurer le procès-verbal des experts, doit être adressé soit à la Justice de Paix, soit au Tribunal d'arrondissement, soit au Tribunal de Commerce suivant les cas. Lorsque le vendeur n'est pas un commerçant, s'il est éleveur par exemple, l'action sera intentée devant le Juge de Paix de son domicile si le prix d'achat est inférieur à 200 fr. et devant le Tribunal Civil si ce prix dépasse cette somme. Lorsqu'au contraire le vendeur est un commerçant le litige pourra être porté devant le Tribunal de Commerce par l'acheteur ; celui-ci y sera même tenu s'il est lui-même commerçant.

J. PÉRETTE.

## Association Pomologique de l'Ouest

L'Association pomologique de l'Ouest, qui a pour président M. Lechartier, le savant directeur de la station agronomique de Rennes, tiendra, en 1892, son 9e concours et son 10e congrès à Evreux, du 18 au 23 octobre prochain, avec le concours de la Société libre d'agriculture de l'Eure.

Les questions ci-après sont proposées aux études du Congrès :

1° Parasites du pommier. Recherche des moyens les plus pratiques pour les combattre. Indication des espèces de pommiers qui, à cause de leur vigueur ou de l'époque de leur floraison, sont encore peu attaqués. Indication des localités qui ont eu spécialement à souffrir des ravages des parasites. Histoires de l'anthonome et des dégâts pendant l'année 1892 ;

2° De la fermentation du cidre. Moyens de l'obtenir d'une manière régulière et certaine avec toutes ses qualités normales. Des ferments du cidre ;

3° Divers procédés de clarification, soutirage, conservation des cidres ;

4° Maladies du cidre ;

5° Plantation de pommiers à cidre, entretien et conservation. Culture en verger ou en plein champ ;

6° Indiquer les variétés de pommes qui s'adaptent le mieux aux diverses espèces de terrains ;

7° Dresser par département la liste des fruits à cidre qui y sont bien acclimatés et qui se recommandent par leurs qualités au point de vue de la fabrication du cidre et par celles des arbres qui les produisent ;

8° Du choix des porte-greffes ou intermédiaires dans l'élevage du pommier. Indiquer les intermédiaires employés dans chaque région. Signaler leurs avantages et leurs inconvénients ;

9° Recherche des influences produites par les terrains de nature différente sur les qualités des fruits d'une même espèce ;

10° Conventions à intervenir entre le propriétaire et le fermier lors d'une plantation d'abres à fruits en terre affermée, afin de sauvegarder tous les intérêts. Des usages locaux dans le département de l'Eure ;

11° De la fabrication des eaux-de-vie de cidre et de poiré ;

12° De la définition du cidre pur et du cidre marchand ;

13° Des usages ayant cours dans le commerce des pommes. Définition exacte des termes employés.

Des questions non inscrites au programme pourront être admises à la discussion, à la condition d'avoir fait l'objet d'un mémoire remis dans la première séance du Congrès au Président de l'Association. Des médailles pourront être attribuées aux mémoires présentés. Ils devront être adressés au Président de l'Association quinze jours avant l'ouverture du Congrès.

Pendant le Concours, l'Association profite de la réunion d'un grand nombre de fruits à cidre dans le local de l'exposition, pour fixer le caractère d'un certain nombre d'espèces, pour comparer les fruits désignés sous le même nom dans les diverses régions, pour rechercher et comparer les meilleurs fruits produits par chaque département. C'est pour ce motif que l'Association demande aux agriculteurs et aux Sociétés de vouloir bien envoyer au Concours d'Evreux :

Une collection de 20 variétés de pommes à cidre les plus estimées dans la région de l'exposant, choisies en nombre à peu près égal parmi les fruits doux et les fruits amers et appartenant aux diverses saisons.

Ces collections font l'objet d'un examen spécial de la part de la Commission d'études.

Les exposants sont invités à donner sur les fruits exposés et sur les arbres qui les ont produits le plus de renseignements possibles et en particulier sur *l'époque de floraison et de maturité, la fertilité, la rusticité, la forme et la vigueur de l'arbre, la nature du sol dans lequel il est planté, la qualité qu'on reconnaît à la pomme pour la fabrication du cidre.*

P. MASSERON.

## Toujours de la ruse

Dans le journal de la Société d'agriculture d'Ille-et-Vilaine paru le 1er mai dernier, nous relevons l'entrefilet suivant qui mérite d'être porté à la connaissance des syndiqués :

**« Certains marchands d'engrains parcourent les campagnes en offrant leur mauvaise marchandise aux cultivateurs. Si ceux-ci leur annoncent qu'ils n'achètent qu'avec le syndicat, immédiatement le courtier leur répond : mais parfaitement, c'est bien aussi des engrais du Syndicat que nous vous offrons, lisez plutôt, et ils vous montrent des étiquettes portant comme en tête en grosses lettres : ENGRAIS DU SYNDICAT. Comme on n'y regarde pas souvent de très près, on ne voit pas à la suite, en petites lettres, «** *des marchands d'engrais de…* **» tel ou tel endroit. Ce sont tout simplement des marchands syndiqués entre eux et qui n'ont aucun rapport avec nos syndicats ; d'ailleurs il faut toujours faire sa commande au secrétaire du Syndicat ou aux correspondants désignés par le Bulletin et chargés de centraliser les demandes d'engrais de leur contrée. »**

Signalons encore un autre genre de tromperie des plus audacieux, la *fraude sur la couleur des phosphates.* Chacun sait que les phosphates des *grès verts* (des Ardennes et de la Meuse) sont d'aspect verdâtre, que leur solubilité et en conséquence leur valeur, aux jeux de la plupart des cultivateurs, est plus élevée que celle des phosphates jaunes qui sont des sables phosphatés et pour la plupart de nature cristalline. Aussi est-il venu à l'idée de certains industriels peu scrupuleux de colorer en vert ces phosphates jaunes pour les faire accepter comme phosphates des *grès verts*.

On signalait le mois dernier de nombreux bateaux partis des ports du Nord et de la Somme à destination de l'Ouest, Rennes, Redon, etc., chargés de *phosphates verdis*. Dans l'intérêt des cultivateurs il serait à souhaiter qu'ils ne s'en rapportent jamais aux marchands, qu'ils exigent la *provenance exacte*, des phosphates qu'ils achètent, qu'ils les fassent analyser et s'ils ont été trompés qu'ils préviennent le parquet du Procureur de la République. Lorsqu'il y aura des exemples les fraudeurs s'y fieront moins.

P. MASSERON.

---

## BIBLIOGRAPHIE


La librairie Delalain frères, 56, rue des Ecoles, Paris, vient de publier un traité élémentaire d'agriculture que nous recommandons particulièrement à l'attention des agriculteurs désireux de posséder les connaissances scientifiques nécessaires à la bonne direction de toutes les opérations d'une ferme, et aussi à MM. les Instituteurs qui voudraient obtenir le certificat d'aptitude à l'enseignement de l'agriculture dans les écoles primaires supérieures.

Ce traité rédigé par MM. Léon Bussard et Henri Corblin, anciens élèves de l'Institut agronomique, contient l'exposé le plus complet de la Science agricole et le plus en harmonie avec l'enseignement professé dans les écoles normales d'instituteurs.

Dans ce volume de 500 pages, les questions agricoles sont abordées et traitées d'une façon claire et précise, bien qu'en terme concis.

1° *L'agriculture générale* : étude du sol, des engrais et amendements, du drainage et des irrigations, de la préparation des terres y tient une large place.

*L'agriculture spéciale* y est également traitée d'un façon très suffisante.

2° *La zookchnie* ou étude des animaux domestiques y tient particulièrement une large place alors qu'elle est souvent trop délaissée dans ces traités généraux d'agriculture.

3° La 3e partie de l'*Economie rurale* y est traitée succinctement.

Les auteurs ont, croyons-nous, atteint leur but et nul doute qu'on fasse bon accueil à leur ouvrage, dont le prix est de 5 fr.


P. M.

## L'EXPOSITION DE CHICAGO

Le Ministre du commerce vient de publier le réglement général de l'exposition universelle de Chicago, qui doit avoir lieu en 1893 ; ce document renferme, outre la classification définitive des produits, les renseignements officiels nécessaires pour les exposants étrangers. Il est envoyé aux personnes qui en font la demande au Ministre du Commerce et de l'Industrie (Bureau de l'enseignement commercial et des expositions). Une note y est jointe, pour donner à titre officieux des renseignements sur les conditions de transports.

## SYNDICAT DE CHARTRES

### Saison de Printemps 1892

#### 1° Vins et Eaux-de-vie

Voir les prix et conditions au Bulletin Agricole de Février. — L'expédition des vins d'Algérie est terminée.

#### 2° Marchandises en dépôt

Marchandises actuellement en dépôt :

Superphosphate minéral soluble au Citrate.

Scories de déphosphoration.

Sulfate de cuivre.

Sulfate de fer.

Tourteaux de lin pour engraissement.

    — de sésame blanc du Levant pour engraissement.

    — de Coprah. Ceylan. po ir vaches laitières.

Huile d'olive surfine, à 1 fr. 90 le kilog.

Huile de sesame fine, à 1 fr. 11 le kilog.

Savon bleu à 0 fr. 50 le kilog.

Savon blanc « Le Génie », à 0 fr. 55 le kilog.

Savon blanc « Le Trefle », à 0 fr. 66 le kilog.

Les huiles sont fournies en bonbonnes de verre, cachetées et plombées par les expéditeurs, et par quantités de 25 kilog. environ Elles sont garanties absolument pures.

Les savons sont livrées en caisses de 25 à 30 kilog. également.

Enfin le dépôt contient également de l'huile minérale russe, (Ragosine) excellente et avantageuse pour le graissage des machines agricoles, au prix de 0 fr. 50 le kilog. (non logé), et de l'huile à brûler, double épuration à 0 fr. 80 le kilog. (logée), le tout en bonbonnes d'environ 25 kilog.

Toutes les substances ci-dessus sont fournies immédiatement contre paiement comptant, en s'adressant chez M. Mercier, comptable du syndicat, 4, place Saint-Michel, tous les jours de la semaine (dimanches et fêtes exceptés et le samedi avant midi).

Elles peuvent également être expédiées par chemin de fer transport à la charge de l'acheteur.

Le Syndicat peut encore faire fournir à ses adhérents, et à des conditions très avantageuses :

1° Des ardoises provenant des mines d'Angers ;

2° Des tuiles ordinaires ;

3° De la chaux pour constructions ;

4° Enfin toutes machines agricoles provenant des meilleures fabriques.

Pour tous renseignements, s'adresser à l'Agent-Comptable.

Manufacture d'engrais et produits chimiques pour l'agriculture
FABRIQUE D'ACIDE SULFURIQUE

## Spécialité de superphosphates minéraux et de superphosphates d'os

Théophile CONILLEAU, au Mans

*Bureaux, rue de Bel-Air, 44. — Usine à Préau, rue des Maraîchers*

La situation de cette importante usine, établie au centre de l'Ouest, permet de livrer dans toute la région, à des conditions très-avantageuses, les produits de 1er choix de sa fabrication.

**Vacherie à céder** pour cause de décès du maître, 25 vaches, un seul cheval, 2 voitures, vente journalière sur place 320 litres de lait au prix moyen de 40 centimes le litre. Bénéfice net par an 10.000 fr. Loyer tout compris. Habitation, cour, étables, greniers, laiterie 1.800 fr. par an. Occasion à enlever de suite. Se presser. On traitera avec 10.000 fr. ou sans argent avec garanties.

Ecrire ou voir M. DAGORY, 149, rue Lafayette, Paris.

## TERRE DE LA MOTTE-DAUDIER

*Commune de Niafles, par Craon (télégraphe, chemin de fer à 3 kilomètres) département de la Mayenne.*

250 reproducteurs mâles et femelles de la race Durham pure, des tribus Gwynne, Beeswing, Catherine, Zemima, Niblet, Portia, Rosalind.

Les Durhams de M. le comte de Quatrebarbes ont remporté à Vannes et à Tours un 2e et un 3e prix, deux prix supplémentaires, une mention et une médaille d'or de la Société des Agriculteurs de France.

Moutons Dislhey et Southdown importés.

Mâles et femelles de la race porcine craonnaise pure.

Blés d'espèces améliorées à grand rendement pour semences, Dattel et autres.

S'adresser toute l'année à M. Gendry, régisseur.

## VINS DE BORDEAUX

Garantis naturels. — Médaillés à l'Exposition universelle de 1889.

| VINS ROUGES | VINS BLANCS |
|---|---|
| La pièce de 225 litres : | La pièce de 225 litres : |
| Palus 1889 .......... 115 f. | Entre 2 Mers 1890.... 110 f. |
| Côtes 1889........... 125 | Petites Graves 1889 . 125 |
| 1res Côtes 1888....... 150 | Graves ou Côtes 1888. 150 |
| Côtes supér. 1888..... 175 | Côtes 1887........ .. 200 |
| Graves 1887..... ... 250 | Sauternes, Barsac, Prix div. |

Caisses assorties de 12, 25 et 50 bouteilles, depuis 1 fr. 50 la bouteille.

Les vins sont logés et rendus *franco*, gare de départ.

Paiement à 90 jours net, ou à 30 jours avec 2 0/0 d'escompte.

Les expéditions sont faites par les soins de M. G. BORD, secrétaire général du Syndicat agricole de CADILLAC (Gironde).

*Le Gérant*, E. MOREAU.

Laval, Imp. L. Moreau.

Ce Bulletin paraît le 15 de chaque mois.

# BULLETIN AGRICOLE
## DE L'OUEST

Organe des Syndicats Agricoles
des départements du Finistère, des Côtes-du-Nord,
du Morbihan, de la Loire-Inférieure, d'Ille-et-Vilaine, de la
Manche, de la Mayenne, de Maine-et-Loire, de la Sarthe,
de l'Orne, du Calvados, de l'Eure, d'Eure-et-Loir
et de la Seine-Inférieure.

*Publié sous la direction de :*

**H. LÉIZOUR**, (❀ M. A.) (◊ A.)

Professeur départemental d'Agriculture de la Mayenne, Directeur du Laboratoire
agronomique, Président du Syndicat des Agriculteurs de la Mayenne,

**GAROLA**, (O. ❀ M. A.) (◊ A.)

Professeur départemental d'Agriculture d'Eure-et-Loir,
Directeur de la Station agronomique de Chartres.

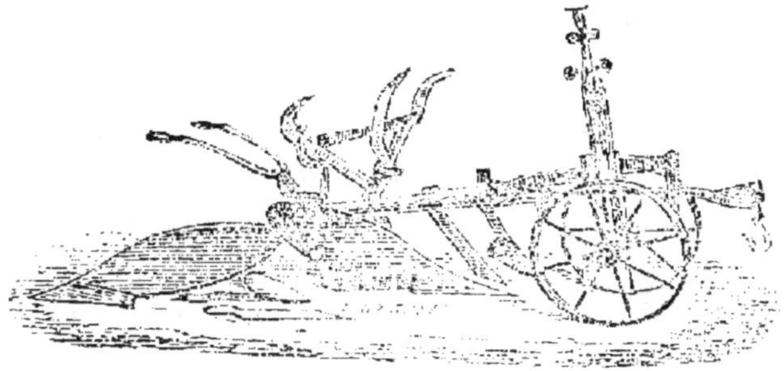

## ABONNEMENTS

Les membres des syndicats adhérents sont abonnés gratuitement par leurs
bureaux. — Pour les étrangers aux syndicats : 6 fr. par an.

## ANNONCES

De 1 à 4 annonces. » 50ᶜ la ligne.    De 8 à 12 annonces » 30ᶜ la ligne
De 4 à 8 — » 40ᶜ —    Au delà de 12. » 20ᶜ —

Le bulletin publiera gratuitement les offres et demandes
des Syndicats abonnés.

*AVIS. — Tout ce qui concerne la rédaction, les Annonces et les Abonnements, doit être adressé à M. LÉIZOUR, rue de la Filature, 1, à Laval.*

# PULVÉRISATEURS
## CONTRE LE MILDIOU
### Et la maladie des pommes de terre

## Pulvérisateurs spéciaux pour chauler les arbres fruitiers

Pour chauler les arbres fruitiers

## V. VERMOREL
CONSTRUCTEUR
à Villefranche (Rhône)

**340 Premiers Prix et Médailles**

Pulvérisateur « Éclair » n° 1, avec lance à coulisse de $0^m80$ à $1^m50$ et tuyaux de $1^m20$.... **43 f.**
Pulvérisateur « Éclair » n° 2, avec les mêmes accessoires. ...... **33 f.**

Accessoires supplémentaires d'après M. LANGLAIS pour la pulvérisation des arbres :
1 tube caoutchouc de $2^m50$
1 robinet raccordant les 2 tubes ;
1 lance courte *pour perche* **9 f.**
Lance à coulisse, de 2 m. 50 à 4 m..... **15 f.**
Lance à coulisse, de $0^m$ 80 à $1^m50$........ **10 f.**

Cette dernière est facilement dirigée par l'ouvrier qui actionne la pompe.

**Quelques modèles sont en dépôt à l'entrepôt central du Syndicat des agriculteurs de la Mayenne.**

**TAUPES** Moyen infaillible *et très pratique* DE LES DÉTRUIRE toutes et partout, en quelques heures, aussi nombreuses qu'elles soient. *Envoi gratis et franco du Prospectus sur demande affranchie.* LAPORTE, agriculteur à St-Angel, par Montluçon (Allier).

# BULLETIN AGRICOLE DE L'OUEST

## SYNDICAT DES AGRICULTEURS DE LA MAYENNE

Le Syndicat des agriculteurs de la Mayenne a renouvelé ses marchés pour la fourniture des engrais dont les marchés expiraient le 30 juin 1892.

Les prix des divers engrais, jusqu'au 31 décembre prochain, sont les suivants :

les 100 k.

*Superphosphate minéral* dosant au minimum 14 0/0 d'acide phosphorique soluble au citrate d'ammoniaque. — 8f20

*Nitrate de soude* dosant 15 à 16 0/0 d'azote :
En sacs d'origine non réglés . . . . . . . . . 22 88
En sacs réglés à 100 kilos . . . . . . . . . 23 78

*Phosphates fossiles des Ardennes* passant entièrement au tamis n° 100 et dosant au minimum :

| Acide phosphorique. | | Phosphate de chaux tribasique. | |
|---|---|---|---|
| 15 à 16 0/0 | correspondant à | 33 à 36 0/0 | 5 25 |
| 16 à 17 » | — | 36 à 39 » | 5 50 |
| 17 à 19 » | — | 39 à 42 » | 5 75 |
| 18 à 20 » | — | 41 à 44 » | 6 » |

*Guano du Pérou* dosant 17 à 19 0/0 d'acide phosphorique et 5 à 6 0/0 d'azote . . . . . . . . . . . 19 35

*Phosphate de scories*, mouture passant dans la proportion de 65 0/0 au tamis n° 100 et dosant au minimum 16 0/0 d'acide phosphorique correspondant à 35 0/0 de phosphate de chaux tribasique. . . . . . . . . 5 65

*Phosphate de l'Oise*, mouture 80 0/0 passant au tamis n° 100 et dosant au minimum :

| Acide phosphorique | | Phosphate de chaux. | |
|---|---|---|---|
| 14 0/0 | correspondant à | 30,56 0/0 | 3 45 |
| 16 » | — | 34,92 » | 3 80 |
| 18 » | — | 39,29 » | 4 20 |
| 20 » | — | 43.66 » | 4 50 |
| 22 » | — | 48.02 » | 4 80 |

*Sulfate d'ammoniaque* dosant 20 à 21 0/0 d'azote . . 29 95
*Chlorure de potassium* dosant 50 0/0 de potasse . . . 23 50
*Sulfate de fer* en petits cristaux . . . . . . . . 6 75
    id.    moulu . . . . . . . . . . . 7 »

*Noir animal de raffinerie* dosant 18 à 20 0/0 d'acide phosphorique correspondant à 39,29 à 43,66 0/0 de phosphate de chaux. . . . . . . . . . . . . 12 50

*Plâtre tamisé*, en vrac : cru . . . . . . . . . . 0 70
    —            cuit. . . . . . . . . . . 1 »

Le plâtre cru ne sera fourni qu'en vrac.

Pour le plâtre cuit logé, sacs en location à rendre dans le délai de 15 jours, 0 fr. 20 en plus par 100 kilos.

Tous ces prix s'entendent pour marchandises rendues franco dans toutes les gares de la Mayenne et celles qui desservent le département, par wagons complets de 5.000 k., sauf pour le *plâtre* et le *guano du Pérou*, dont les frais de transport restent à la charge de l'acheteur.

Paiement à 30 jours sous 2 0/0 d'escompte ou à 90 jours sans escompte.

En présence de la faible quantité de sulfate d'ammoniaque demandée il a été aussi traité pour la fourniture par quantité moindre de 5 000 k., la majoration de prix pour ce genre de fourniture est de 0 fr. 30 par 100 kilos.

Afin d'éviter toute confusion, les divers entrepôts ne tiendront à la disposition des syndiqués que du *phosphate fossile des Ardennes dosant au minimum 39 0/0 de phosphate tribasique.* Pour avoir cet engrais avec un autre dosage, il faut le commander directement à M. Peyras, agent principal du syndicat, et en prendre 5.000 kilos au minimum.

*En raison des deux modes de paiement des engrais, il ne faut jamais oublier d'indiquer celui que l'on entend appliquer, lorsqu'on adresse une demande de wagon complet.*

Il est rappelé à MM. les membres du syndicat que les entrepositaires ne sont tenus de livrer les engrais qui leur sont demandés par quantité de 1.000 kilos ou plus qu'à la condition d'avoir été avisés au moins **huit jours à l'avance**. (Bul. n° 39, décembre 1891).

H<sup>le</sup> LÉIZOUR.

---

## Cultures pouvant suppléer à la pénurie des fourrages en 1892-1893

La récolte des fourrages secs est terminée et les rendements ont été partout bien minimes, dans les prés secs surtout. Les uns n'ont eu qu'une demie récolte, d'autres un quart, les plus favorisés n'ont perdu qu'un tiers, mais, en général, la récolte est très mauvaise, et les regains sont nuls presque partout.

D'un autre côté, les plantations de choux et de betteraves ont été arrêtées par la sécheresse qui a compromis toutes celles des terrains secs. Le prix très-élevé du plant et la peur de ne pas le réussir, ont également écarté bon nombre de cultivateurs qui, habituellement, se procurent de belles ressources fourragères de ce côté.

En présence de ce double insuccès, déficit considérable dans les fourrages secs d'une part et plantations en partie manquées d'autre part, beaucoup de cultivateurs vont se demander comment nourrir leurs animaux jusqu'à l'année prochaine ?

Vendre des animaux, ce n'est pas le moment. — Les nourrir parcimonieusement, c'est tout perdre. — Il faut donc s'ingénier, suivant le terrain que l'on cultive et son état, à produire des plantes qui viendraient combler le déficit, tels sont : les *navets*, la *moutarde*, le trèfle incarnat.

Avec des navets, de la paille, un peu de tourteau et une légère ration de foin, il serait possible d'éviter la misère chez les animaux de la ferme.

NAVETS. — On divise les navets, en terme de cultivateur, en *navets longs* et *navets plats*. Les premiers exigent des terres profondes, les seconds sont mieux appropriés aux sols superficiels, les navets plats sont souvent désignés sous le nom de *raves*. Mais à côté de ces divisions, il y a lieu de distinguer les *navets hâtifs* convenant bien pour les semis faits à une époque avancée en culture dérobée, les *navets demi-hâtifs* qu'on sème encore en culture dérobée, mais sur les terres riches, les *navets tardifs* qui ne donnent de bons produits qu'en culture spéciale.

Parmi les navets longs se trouve le *navet rose du Palatinat*, très productif, demi-hâtif, chair tendre et sucrée, très estimé.

Le *navet gros-long d'Alsace* ou *navet de campagne* également très productif, le collet de celui-ci est vert au lieu d'être rose comme chez le précédent. — Ces deux variétés sont excellentes pour le terres profondes, car elles sont enterrées aux deux tiers de leur longueur.

Parmi les navets plats, nous avons le *Navet turneps* ou *Rabiaule*, *grosse rave*. C'est une sous-variété hâtive qui est productive, rustique, sa racine peu enterrée a une chair blanche, tendre, peu serrée, sucrée.

Navet Turneps ou Rabiaule

Le navet *de Norfolk* ou *navet globe* est une variété très recommandable. Très gros navet à racines blanches, son collet est tantôt vert pâle, tantôt vert foncé ou rouge violet. On cultive indistinctement ces trois types qui donnent d'ailleurs les mêmes résultats. Ce sont des navets tardifs, ne convenant par conséquent qu'en culture spéciale avec semis d'été. C'est la variété par excellence pour l'ouest, la chair est blanche et très ferme.

Navet rave du Limousin

Le navet rave du Limousin, toujours désigné sous le nom de *rave du Limousin*, a une grosse racine presque ronde, régulière, blanche à collet verdâtre.

On ne peut le cultiver que comme récolte principale en le semant au plus tard en juillet.

Le *navet plat hâtif* est une variété qui végète hors de terre, de forme régulière, poussant très rapidement, on peut le semer en *culture dérobée*, c'est-à-dire après le seigle ou le froment, mais il donne un faible rendement.

CULTURE.— Le dicton anglais concernant les exigences des navets : « Terrain sec, ciel humide » — indique bien les besoins des navets en général. Les sols argileux, compacts, froids, ne leur conviennent pas et ce n'est que sur les terres légères qu'ils réussissent complètement en année ordinaire.

Les sols silico-argileux, chaulés sont aussi bien appropriés à cette culture.

La culture du navet, comme récolte spéciale, se fait sur une grande échelle, en Angleterre. Généralement, ce n'est pas le cas en France, cette culture est presque toujours intercalée dans l'assolement entre deux récoltes principales. Mais, cette année, nous conseillons aux cultivateurs qui ont des terrains bien préparés, des terrains où les cultures de choux ou de betteraves ont été manquées ou empêchées, de semer le navet en *culture spéciale*, de choisir soit le navet long du Palatinat ou le navet du Norfolk suivant la profondeur du sol.

En Angleterre, où l'on obtient des rendements allant de 50,000 jusqu'à 80,000 kilos à l'hectare, en culture spéciale, on dispose le sol en billons, le fumier est déposé dans les raies, ensuite on refend les billons sur le fumier et les navets sont semés sur les nouveaux billons.

Les terres qui ont déjà été fumées cette année et surtout *celles qui ont reçu du nitrate de soude*, ayant en vue une autre culture, seront très convenables pour cette plante lorsque le sol sera bien ameubli.

Il ne faut pas oublier que le superphosphate a une action très heureuse sur les navets.

En culture spéciale, il est préférable de semer le navet en terrain plat et en lignes espacées de 0m50 pour faciliter les binages indispensables. Au moment du semis, il faut

*que la terre soit fraîche,* devrait-on le reculer jusqu'en
août. On roule ensuite pour favoriser la levée.

Dans les semis en lignes, 2 kilos de semence suffisent
pour 1 hectare. Après la levée, il est bon de rouler de
nouveau pour assurer le développement des jeunes plantes.

Pendant le cours de la végétation, les navets semés en
lignes doivent être binés deux fois, au deuxième binage.
en septembre, on fait l'éclaircissage qui consiste à espa-
cer les pieds de 20 à 25 centimètres sur la ligne. Cultivés
de cette façon, les navets peuvent donner un rendement
de 30,000 à 40,000 kilos à l'hectare.

CULTURE DÉROBÉE. — Dans ce mode de culture,
on sème à la volée 3 kilos de graine à l'hectare après
avoir scarifié et ameubli le terrain en employant successivement le scarificateur et la herse. Il serait bon d'enlever le chaume et les herbes s'il y a lieu et de rouler
ensuite.

Comme soins d'entretien, on donne deux légers hersages croisés pour remplacer le binage et l'éclaircissage,
lorsque les navets sont assez enracinés. Les rendements
ne dépassent pas 20,000 kilos à l'hectare dans ce mode
de culture.

*Un 3e procédé de culture* que l'on pourrait encore
pratiquer cette année, serait de semer du sarrazin destiné à être coupé comme fourrage vert en septembre et
semer aussi en même temps 1 kil. de navets du Norfolk
qui se développeraient vigoureusement après l'enlèvement du sarrazin.

TRÈFLE INCARNAT. — Dans les terres légères et
silico-argileuses, le trèfle incarnat semé en août, après
le seigle ou le froment, sur un léger labour et même un
scarifiage suivi d'un roulage énergique, si la terre est
propre, à raison de 20 kilos à l'hectare, serait d'un
grand secours lorsque les fenils seront vides au printemps prochain.

RUTABAGA OU CHOUX-NAVET. — Dans les terres
riches en humus, dans les terres de
défrichement et dans les terres de
landes, planté en juin, le rutabaga
donne de très beaux résultats. Il
n'est pas rare d'obtenir des rendements de 45 à 50.000 kilos à l'hectare.

Le rutabaga peut geler et dégeler
plusieurs fois sans craindre la pour-

Rutabaga Champion

Rutabaga Collet vert.

riture, aussi on peut ne le récolter qu'au fur et à mesure des besoins. Il constitue une excellente nourriture pour les bêtes à corne.

Parmi les meilleures variétés se trouvent le *rutabaga champion* collet rouge et le *rutabaga à collet vert*. Ce dernier est très productif. Le rutabaga de Skirving est également une excellente variété.

MOUTARDE. — Nous étudierons la moutarde simplement au point de vue fourrager et à cet effet la *moutarde blanche* (sinapis alba) est celle qui nous intéresse.

Cette plante prospère sur toutes les terres et arrive même dans des situations très ingrates, à donner de beaux rendements en matière verte (25.000 kilos à l'hectare).

On sème la moutarde successivement depuis le mois d'avril jusqu'au mois de septembre, sur un simple labour, à raison de 12 à 15 kilos de graine à l'hectare. Le semis est fait à la volée et on opère l'enfouissement par un simple hersage. La levée est rapide. et, quand les circonstances sont favorables, l'utilisation comme fourrage peut commencer 6 semaines après le semis.

On commencera à faire consommer la plante avant que les siliques (ce sont les fruits) ne soient formées, car après elle durcit vite et prend alors une *saveur piquante ;* en raison de ce défaut, il sera bon de faire les semis à deux ou trois époques échelonnées de 15 en 15 jours, d'ailleurs, si elle durcit trop on pourra enfouir l'excédent comme engrais vert.

La moutarde est généralement consommée à l'étable par les bêtes à cornes ; on l'a surnommée la *plante à beurre*, ce qui indique sa destination la plus commune, celle de servir à l'affouragement des vaches laitières.

REMARQUE. — Le nitrate de soude employé, au printemps de cette année, sur les céréales d'automne, n'a pas produit d'effet à cause de la sécheresse persistante, il est resté à la surface du sol en attendant la pluie qui n'est pas venue.

Pendant l'hiver, le nitrate de soude sera complètement lavé, entraîné et perdu pour le cultivateur. Il est donc de la plus haute importance de le fixer, de le faire absorber par une des cultures que nous venons d'indiquer. Il y aura là une source abondante de produits fourragers et, s'il y a lieu, on pourra enfouir en vert la moutarde ou le sarrazin que l'on choisirait de préférence pour ce dernier cas.

P. MASSERON.

## Industrie laitière

### De la fabrication du Beurre

Faire du beurre est facile, le faire bon est plus difficile. Il s'agit de retirer de la crème la substance qui y est contenue, le barattage du lait n'est plus aujourd'hui usité qu'en Bretagne et encore cette pratique tend à disparaître chaque jour, aussi n'y insisterai-je pas.

Le choix d'une bonne baratte s'impose ; elles sont nombreuses, je n'en préconiserai aucune, elles devront remplir les conditions suivantes :

Nettoyage facile — absence d'odeur.

L'écoulement du lait et des eaux de lavage sera rapide.

Elle sera solide et d'une réparation facile.

Le bois bien sec est le meilleur élément de construction, étant donné qu'il est mauvais conducteur de la chaleur. L'instrument choisi, on l'emplit de crème, laquelle doit avoir subi une certaine fermentation afin d'avoir un beurre marchand, on la laisse pour ce fait séjourner un ou deux jours dans les cremières, la saison déterminant ce délai.

Quant à la température du liquide, elle semble varier suivant les pays ; dans notre contrée, une température de 14° semble être la plus favorable. Pour atteindre ce chiffre, on réchauffe ou on refroidit avec de l'eau chaude ou froide, non en la mélangeant au liquide, mais en confectionnant, suivant les cas qui se présentent, des sortes de bouillottes.

Cela fait, on verse la crème dans la baratte qu'on emplit aux deux tiers. Puis on commence l'agitation d'abord lentement, puis en accélérant pour arriver à la vitesse normale de l'appareil. Après quelques premiers tours, on s'arrête et on ouvre, afin de laisser les gaz s'échapper, une ouverture destinée à cet usage ou dans le cas contraire le couvercle. Pendant l'opération la vitesse sera constamment égale. En règle générale, un barattage ne doit pas durer au delà de 45 minutes ; on doit s'entourer de conditions qui ne lui donnent que 30 minutes, comme temps normal. C'est là une règle qui devient une loi.

Dès que le beurre commence à s'agglomérer, ce que le son indique très bien, on surveillera en sorte que la prise en masse de la matière ne puisse se faire ; il faut obtenir *une prise en grain* de la grosseur de grains de millet.

La raison de ce fait est qu'il en résulte un delaitage facile : il n'est point besoin d'une expulsion du petit lait aussi longue et le beurre se raffermit d'autant plus qu'il est moins travaillé. De plus, moins un beurre contient de petit lait, plus sa conservation est facile. Donc, le beurre formé, on arrête l'opération, on lave jusqu'à ce que l'eau sorte claire, puis on donne encore quelques tours, et on reçoit le beurre dans une auge remplie d'eau.

La question du lavage mérite des remarques justifiées par une longue pratique. Il faut une eau potable, sans aucune odeur, sans aucun débris de matières organiques. Les eaux calcaires donnent de bons résultats, elles retardent le rancissement du beurre.

Il faut ensuite enlever l'eau contenue dans la masse ; on le fait mécaniquement, en le delaitant dans des appareils centrifuges, soit manuellement par un malaxage énergique qui peut être remplacé avantageusement par des malaxeurs mécaniques. L'opération sera tenue d'être la plus courte possible, car elle ramollit le beurre et peut même lui enlever son goût particulier. On doit obtenir une masse compacte, à pâte fine, serrée, uniforme et ferme.

La coloration est faite pendant la mauvaise saison artificiellement ; on emploiera telle substance qu'il plaira, mais elle doit-être inoffensive et ne point donner de goût au produit.

Le colorant se met soit dans la baratte, soit pendant le malaxage. Il convient mieux, à mon avis, de le mettre dans la crème ; il faut en mettre plus, peut-être, mais la couleur est uniforme. Du reste, cette remarque n'a pas de raison d'être si on se sert d'un produit colorant dont la composition est à peu près la même que celle du beurre, elle se lie intimement alors à ce dernier.

Le beurre ainsi préparé est livré à la consommation. Le transport au marché se fera de telle sorte que la chaleur ne puisse nuire. La paille est un isolateur excellent.

La fabrication du beurre doit donc être méthodique, résultant d'observations suivies dans les conditions qui vous entourent. Il n'est point besoin d'autre instrument qu'un vulgaire thermomètre. On consigne alors sur un livre, un registre :

1° La quantité de crème barattée ;
2° La température avant ;
3° La température après ;
4° Le temps employé ;
5° Le lait obtenu.

Ainsi fait, on obtient en peu de temps un produit supérieur en qualité. Et que faut-il pour y arriver ? des soins et un thermomètre ; amélioration peu coûteuse, en effet.

De plus : opérer dans un local frais, propre, aéré. La salaison se fait au moment du malaxage suivant les proportions indiquées par la destination de la marchandise.

J'ajouterai ici quelques remarques qui peuvent être, en tout cas, très utiles :

Le lait, au sortir de la traite, sera tamisé et conservé en lieu propre en dehors de l'étable. Il n'est pas un liquide qui ne s'imprègne des mauvaises odeurs et qui ne se charge de germes d'infection comme le lait. C'est lui qui est le véhicule de la tuberculose ou poumelière contagieuse à l'homme. On ne consommera que du lait bouilli.

A. SUISSE,
*Professeur à l'École d'agriculture de la Mayenne.*

## La maladie des pommes de terre

A la suite des pluies bienfaisantes, quoique trop peu abondantes, qui sont tombées depuis quelques jours, la maladie des pommes de terre vient de faire son apparition d'une façon foudroyante.

Deux articles parus dans ce bulletin, l'un dans le numéro de décembre 1891, l'autre dans le numéro suivant, janvier 1892, traitaient la culture de la pomme de terre et les moyens d'obtenir de forts rendements. Nous nous étions réservés de revenir sur cette question en temps opportun pour rappeler de nouveau aux cultivateurs les moyens pratiques, les moyens efficaces que l'on connaît aujourd'hui pour protéger de la maladie les cultures de pommes de terre et arriver quand même, tout en luttant contre les difficultés, à obtenir de bons rendements et, ce qu'il y a de plus précieux, d'obtenir des tubercules sains, susceptibles de se conserver.

Ce champignon microscopique, que la science appelle « Phyptophtora infestans », sous l'influence d'une température chaude et humide, est sorti de la période d'incubation et à l'heure actuelle chaque tache noire que l'on remarque sur les feuilles est un foyer de contamination qui fournit d'innombrables semences de ce champignon ; ces semences, légères comme l'air, disséminées par le vent, vont porter de tous côtés l'élément de la pourriture qui, après avoir anéanti les feuilles et la tige, s'enfoncent en terre pour décomposer les tubercules à leur tour.

L'agriculteur qui a apporté tous ses soins à cultiver un hectare de pommes de terre ; qui a fait tous les sacrifices voulus en engrais et en semences, qui a pratiqué toutes les façons que comporte une culture bien entendue ; le temps aidant, la végétation a été bonne et la récolte s'annonçait comme devant être excellente ; elle le serait, en effet, si un point noir ne se montrait ; le point noir c'est le *phytophtora infestans*. C'est lui qui envahit, dessèche, décompose et anéantit ce qui faisait l'objet des plus belles espérances, il n'y a que quelques jours seulement.

Voilà l'histoire de la maladie et chaque année nous nous trouvons en présence de ce même ennemi.

Examinons maintenant le traitement qui combat cette maladie, ce qu'il coûte et les résultats qu'on en obtient.

Disons tout d'abord que le traitement n'est que préventif, qu'il doit être pratiqué au début de la maladie pour l'enrayer dans sa marche, que s'il est pratiqué trop tard, il ne saurait faire renaître les feuilles rongées par le mal. Le point capital est donc de déposer sur la plante le sulfate de cuivre qui la protège, dès le début de la maladie, ou mieux encore avant son apparition.

Aujourd'hui, dans les pays vignobles, un fléau analogue, un petit champignon aussi, appelé le *mildiou*, s'abat sur les vignes. Mais il faut voir tous les vignerons en général, le pulvérisateur sur le dos, le combattre énergiquement à l'aide du même liquide. Pourquoi ne les imiterions-nous pas pour les pommes de terre, bien que cette récolte ne soit pas l'unique ressource de notre région ?

Traitement. — Le remède tant souhaité depuis longtemps est enfin trouvé, le cultivateur l'a sous la main et il n'en coûte pas bien cher, — environ 20 francs par hectare. — Ce remède c'est la bouillie bordelaise. Voici comment on prépare cette bouillie préservatrice :

3 k. de sulfate de cuivre sont mis en dissolution dans 15 litres d'eau tiède ; 2 k. de chaux grasse, en pierres, sont délayés dans la même quantité d'eau. Ces deux solutions obtenues, *on verse le lait de chaux dans la solution de sulfate de cuivre* en agitant fortement pendant le mélange qui devra toujours être opéré de cette façon. On ajoute ensuite de l'eau de façon à faire 100 litres de liquide et l'on obtient ainsi la bouillie bordelaise prète à être employée.

Pour donner plus d'adhérence à cette bouillie sur la plante et pour la préserver du lavage par l'eau pluviale, il a été reconnu qu'il serait bon d'ajouter 2 kilos de mélasse du commerce, préalablement dissout dans 10 litres d'eau par hectolitre de bouillie, dans ce cas, le sucre agit comme principe collant et l'effet du traitement est plus durable.

Si on ajoute qu'il faut de 6 à 15 hectolitres (1) de bouillie bordelaise par hectare, qu'un homme peut facilement traiter un hectare dans sa journée et que le sulfate de cuivre vaut 0 fr. 55 le kilogr., on voit que la dépense n'est pas élevée.

Il est inutile de donner la description du pulvérisateur destiné à l'épandage de la bouillie bordelaise, presque tous les cultivateurs le connaissent, d'ailleurs il est facile de se renseigner à ce sujet en s'adressant aux syndicats agricoles.

Telles sont les charges. Voyons maintenant quel sera le profit ?

A ce sujet. voici quelques chiffres empruntés à l'étude de M. Girard, le savant professeur de l'Institut agronomique, pendant la campagne de 1891, dans les départements suivants :

| | Récolte sur | | Augmentation de la récolte par suite du traitement | |
| | un are traité | un are non traité | en poids | pour cent |
| --- | --- | --- | --- | --- |
| Manche............ | 460 k | 320 k | 140 k | 43 |
| Meuse ........... | 310 | 230 | 80 | 34 |
| Pas-de-Calais.... | 487 | 340 | 117 | 33 |
| Vosges ......... | 340 | 230 | 110 | 47 |
| Vosges........ .... | 441 | 244 | 197 | 80 |
| Eure............. | 324 | 280 | 44 | 15 |
| Manche.......... | 381 | 270 | 110 | 40 |
| Indre........... | 320 | 285 | 35 | 12 |
| Lot-et-Garonne.. | 350 | 250 | 100 | 40 |

(1) Cette quantité varie suivant la distance entre les lignes, les variétés et leur plus ou moins grand développement.

L'augmentation du poids de la récolte atteint, comme on le voit, dans certaines circonstances, des chiffres d'une importance inattendue.

Nous n'ajouterons rien à ces faits plus éloquents que tous les discours du monde. Il est d'ailleurs inutile de citer d'autres exemples, car on peut être certain que par le traitement qui fait l'objet de ces simples lignes, le succès est toujours assuré.

P. MASSERON.

---

## AVIS

Les syndiqués qui désireraient des graines de **NAVETS**, **TRÈFLE INCARNAT**, **MOUTARDE**, voudront bien aviser **M. Peyras**, agent principal du Syndicat, **48, rue Solférino, Laval**, avant la fin de ce mois. Aucune de ces graines ne se trouve en magasin.

---

## Ecole pratique d'agriculture des Trois-Croix.

Les examens d'admission à l'école pratique d'agriculture des Trois-Croix auront lieu le lundi 24 août, à 8 heures du matin, à la préfecture de Rennes. Demander le programme du concours à M. HÉRISSANT, directeur de l'école, à Rennes.

Les succès remportés par les élèves montrent que cette école est excellente, de plus un groupe important de députés et de sénateurs a déposé un projet de loi accordant aux élèves des écoles pratiques de ne faire qu'un an de service militaire. Il y a lieu d'espérer que cette proposition sera adoptée.

Aussi nous ne saurions trop engager les cultivateurs à faire profiter à leurs enfants de tous les avantages offerts par l'Ecole pratique d'agriculture.

---

## 4ᵉ Congrès Commercial international de Paris.

Ce 4ᵉ Congrès annuel organisé par les Chambres syndicales des grains, graines, farines, huiles, sucres, alcools, etc., tiendra ses réunions les 6, 7 et 8 septembre à la Bourse de Commerce de Paris, il aura pour objet:

1° Echange général de renseignements sur la production agricole des divers pays;

2° Affaires à traiter en toutes marchandises;

3° Examen de questions économiques.

En même temps se tiendra une exposition de meunerie et de boulangerie.

# SYNDICAT DE CHARTRES

## Saison de Printemps 1892

### 1° Vins et Eaux-de-vie

Voir les prix et conditions au Bulletin Agricole de Février. —
L'expédition des vins d'Algérie est terminée.

### 2° Marchandises en dépôt

Marchandises actuellement en dépôt :

Superphosphate minéral soluble au Citrate.

Scories de déphosphoration.

Sulfate de cuivre.

Sulfate de fer.

Carbonate de soude.

Tourteaux de lin pour engraissement.

    — de sésame blanc du Levant pour engraissement.

    — de Coprah, Ceylan, pour vaches laitières.

Huile d'olive surfine, à 1 fr. 90 le kilog.

Huile de sésame fine, à 1 fr. 11 le kilog.

Savon bleu à 0 fr. 50 le kilog.

Savon blanc « Le Génie », à 0 fr. 55 le kilog.

Savon blanc « Le Trèfle », à 0 fr. 60 le kilog.

Les huiles sont fournies en bonbonnes de verre, cachetées et
plombées par les expéditeurs, et par quantités de 25 kilog. environ
Elles sont garanties absolument pures.

Les savons sont livrés en caisses de 25 à 30 kilog. également.

Enfin le dépôt contient également de l'huile minérale russe,
(Ragosine) excellente et avantageuse pour le graissage des machines agricoles, au prix de 0 fr. 50 le kilog. (non logé), et de l'huile
à brûler, double épuration à 0 fr. 80 le kilog. (logée), le tout en
bonbonnes d'environ 25 kilog.

Toutes les substances ci-dessus sont fournies immédiatement
contre paiement comptant, en s'adressant chez M. Mercier, comptable du Syndicat, 4, place Saint-Michel, tous les jours de la
semaine (dimanches et fêtes exceptés et le samedi avant midi).

Elles peuvent également être expédiées par chemin de fer
transport à la charge de l'acheteur.

Le Syndicat peut encore faire fournir à ses adhérents, et à des
conditions très avantageuses :

1° Des ardoises provenant des mines d'Angers ;

2° Des tuiles ordinaires ;

3° De la chaux pour constructions ;

4° Enfin toutes machines agricoles provenant des meilleures
fabriques.

Pour tous renseignements, s'adresser à l'Agent-Comptable.

L'adjudication des fournitures à faire aux Membres de l'Association pendant la saison d'automne 1892, aura lieu à Chartres, au
siège du Syndicat, rue Regnier n° 11, le samedi 16 juillet prochain,
à 2 heures du soir.

Les personnes qui auraient l'intention de prendre part à cette
adjudication peuvent s'adresser pour avoir des renseignements, à
M. MERCIER, comptable du Syndicat, 4, place Saint-Michel, à
Chartres.

Cette association compte actuellement plus de 1.800 membres,
et le montant des fournitures d'automne 1891 s'est élevé à plus de
2.780.000 kg., représentant une valeur de près de 236.000 francs.

Manufacture d'engrais et produits chimiques pour l'agriculture

FABRIQUE D'ACIDE SULFURIQUE

## Spécialité de superphosphates minéraux et de superphosphates d'os

THÉOPHILE CONILLEAU, AU MANS

*Bureaux, rue de Bel-Air, 44. — Usine à Préau, rue des Maraîchers*

La situation de cette importante usine, établie au centre de l'Ouest, permet de livrer dans toute la région, à des conditions très-avantageuses, les produits de 1er choix de sa fabrication.

---

**Vacherie à céder** pour cause de décès du maître, 25 vaches, un seul cheval, 2 voitures, vente journalière sur place 320 litres de lait au prix moyen de 40 centimes le litre. Bénéfice net par an 10.000 fr. Loyer tout compris. Habitation, cour, étables, greniers. laiterie 1.800 fr. par an. Occasion à enlever de suite. Se presser. On traitera avec 10.000 fr. ou sans argent avec garanties.

Ecrire ou voir M. DAGORY, 149, rue Lafayette, Paris.

---

## TERRE DE LA MOTTE DAUDIER

*Commune de Niafles, par Craon (télégraphe, chemin de fer à 3 kilomètres) département de la Mayenne.*

250 reproducteurs mâles et femelles de la race Durham pure, des tribus Gwynne, Beeswing, Catherine, Zemima, Niblet, Portia, Rosalind.

Les Durhams de M. le comte de Quatrebarbes ont remporté à Vannes et à Tours un 2e et un 3e prix, deux prix supplémentaires, une mention et une médaille d'or de la Société des Agriculteurs de France.

Moutons Dislhey et Southdown importés.

Mâles et femelles de la race porcine craonnaise pure.

Blés d'espèces améliorées à grand rendement pour semences, Dattel et autres.

S'adresser toute l'année à M. Gendry, régisseur.

---

## VINS DE BORDEAUX

Garantis naturels. — Médaillés à l'Exposition universelle de 1889.

| VINS ROUGES | VINS BLANCS |
|---|---|
| La pièce de 225 litres : | La pièce de 225 litres : |
| Palus 1889 .......... 115 f. | Entre 2 Mers 1890.... 110 f. |
| Côtes 1889.......... 125 | Petites Graves 1889 . 125 |
| 1res Côtes 1888....... 150 | Graves ou Côtes 1888. 150 |
| Côtes supér. 1888..... 175 | Côtes 1887........ .. 200 |
| Graves 1887 ........ 250 | Sauternes, Barsac, Prix div. |

Caisses assorties de 12, 25 et 50 bouteilles, depuis 1 fr. 50 la bouteille.

Les vins sont logés et rendus *franco*, gare de départ.

Paiement à 90 jours net, ou à 30 jours avec 2 0[0 d'escompte.

Les expéditions sont faites par les soins de M. G. BORD, secrétaire général du Syndicat agricole de CADILLAC (Gironde).

---

*Le Gérant,* E. MOREAU.

---

Laval, Imp. L. Moreau.

5ᵉ Année     Août 1892     N° 47

Ce Bulletin paraît le 15 de chaque mois.

# BULLETIN AGRICOLE
## DE L'OUEST

Organe des Syndicats Agricoles
des départements du Finistère, des Côtes-du-Nord,
du Morbihan, de la Loire-Inférieure, d'Ille-et-Vilaine, de la
Manche, de la Mayenne, de Maine-et-Loire, de la Sarthe,
de l'Orne, du Calvados, de l'Eure, d'Eure-et-Loir
et de la Seine-Inférieure.

*Publié sous la direction de :*

### H. LÉIZOUR, (✿ M. A.) (O A.)

Professeur départemental d'Agriculture de la Mayenne, Directeur du Laboratoire
agronomique, Président du Syndicat des Agriculteurs de la Mayenne,

### GAROLA, (O. ✿ M. A.) (O A.)

Professeur départemental d'Agriculture d'Eure-et-Loir,
Directeur de la Station agronomique de Chartres.

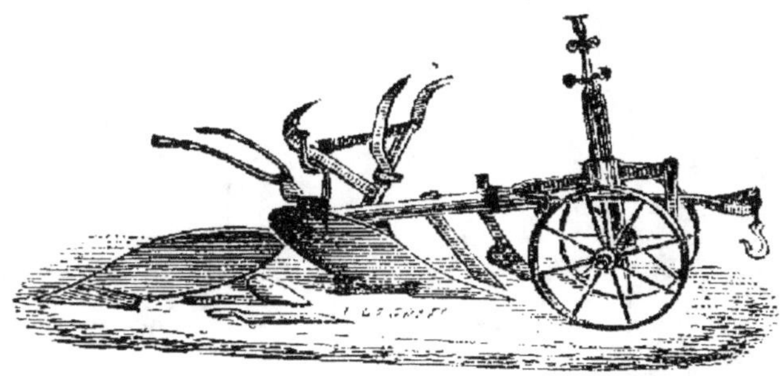

## ABONNEMENTS

Les membres des syndicats adhérents sont abonnés gratuitement par leurs
bureaux. — Pour les étrangers aux syndicats : **6 fr.** par an.

## ANNONCES

De 1 à 4 annonces. » **50ᶜ** la ligne.    De 8 à 12 annonces » **30ᶜ** la ligne
De 4 à 8    —    » **40ᶜ**    —    Au-delà de 12. » **20ᶜ** —

Le bulletin publiera gratuitement les offres et demandes
des Syndicats abonnés.

*AVIS. — Tout ce qui concerne la rédaction, les Annonces et les Abonnements, doit être adressé à M. LÉIZOUR, rue de la Filature, 1, à Laval.*

## Concours départemental

La date du Concours départemental agricole de la Mayenne est définitivement fixée du 30 septembre au 2 octobre 1892.

Nos lecteurs du département trouveront, encarté dans le présent numéro, le programme détaillé et la liste des prix qui seront décernés à ce concours. Ils remarqueront que, grâce à la libéralité de M. le Ministre de l'Agriculture qui, au nom du gouvernement de la République, a accordé une subvention de 10.000 francs, grâce aussi aux subventions élevées accordées par le Conseil général et la ville de Laval, la somme totale à distribuer aux lauréats des diverses parties du concours ne manque pas d'importance.

Nous avons le ferme espoir que les cultivateurs de la Mayenne sauront se montrer dignes de toutes ces sollicitudes en venant en grand nombre disputer les nombreux prix mis à leur disposition.

L'année n'est pas favorable à ces sortes d'expositions, surtout aux expositions d'animaux, étant donné le manque de fourrages, mais il ne s'agit pas d'un concours d'animaux gras et chacun sait que la graisse sert souvent à masquer aux yeux du public les défauts de conformation que peuvent présenter certains sujets.

Nous appelons particulièrement l'attention des cultivateurs, fermiers et métayers, sur la disposition spéciale du programme qui ne permet pas aux propriétaires de prendre part au concours dans les deux premières catégories de l'espèce bovine, comprenant les animaux des races du pays et les croisements Durham et pour lesquelles une somme de 4,320 fr. est réservée.

Les agriculteurs de la Mayenne ne doivent pas perdre de vue que la vente aux étrangers d'une partie de leurs animaux reproducteurs constitue une source de bénéfices. Ils doivent se dire que cette vente sera d'autant mieux assurée que les acheteurs seront plus certains de trouver réunis un grand nombre d'animaux et que, par suite, le Concours départemental peut devenir une occasion très favorable à ces sortes de transactions. Pour cela il suffira d'y amener des animaux en grand nombre.

H. LÉIZOUR.

## Arrêté fixant le nombre des concours régionaux agricoles.

Le Ministre de l'agriculture,

Vu l'arrêté du 1er septembre 1886 ;

Vu l'avis de la Commission chargée de l'étude des modifications à apporter aux concours régionaux agricoles,

Arrête :

Article premier. — Le nombre des concours régionaux agricoles sera réduit de huit à cinq par an à partir de l'année 1893.

Art. 2. — Ces concours auront lieu dans les départements et dans l'ordre ci-après :

1893. — Finistère, Pas-de-Calais, Doubs, Yonne, Charente.

1894. — Calvados, Nord, Loiret, Lot, Meurthe-et-Moselle.

1895. — Maine-et-Loire, Marne, Puy-de-Dôme, Haute-Garonne, Isère.

1896. — Eure-et-Loir, Aisne, Allier, Lot-et-Garonne, Hérault.

1897. — Ille-et-Vilaine, Haute-Saône, Cher, Gironde, Drôme.

1898. — Orne, Ardennes, Haute-Vienne, Hautes-Pyrénées, Rhône.

1899. — Vienne, Somme, Côte-d'Or, Aude, Bouches-du-Rhône.

1900. — Loire-Inférieure, Vosges, Indre, Tarn-et-Garonne, Alpes-Maritimes.

Art. 3. — Ces concours seront ouverts sans distinction de région à tous les exposants de France, d'Algérie ou des colonies. Seuls, les agriculteurs exploitants seront admis à disputer les récompenses prévues dans la classe des animaux des espèces bovine, ovine et porcine. Ils ne pourront obtenir des primes en argent que dans un seul concours. S'ils prennent part à plusieurs concours, leurs animaux seront toujours classés mais n'auront droit à des récompenses en argent que dans un seul de ces concours désigné par eux. Dans les autres, ils ne pourront obtenir que des médailles, s'ils en sont jugés dignes.

Art. 4. — Les sommes disponibles par suite de la réduction du nombre des concours sont affectées à l'organisation de concours techniques, répondant aux besoins spéciaux des régions, et de concours de nos principales races prises isolément et en vue de leur amélioration par elles-mêmes.

Art. 5. — Le conseiller d'Etat, directeur de l'agriculture, est chargé de l'exécution du présent arrêté.

Fait à Paris, le 6 juillet 1892.

JULES DEVELLE.

---

## Culture de la betterave (suite).

Pour terminer l'étude que nous avons essayé sur la culture de la betterave fourragère, il nous reste à envisager la question au point de vue économique, c'est-à-dire à établir les dépenses occasionnées par cette culture et à évaluer ensuite le produit obtenu pour déduire de ces données le prix de revient des mille kilos de racines.

*Frais de culture pour un hectare de betterave :*

| | | | |
|---|---|---|---|
| Préparation du sol. | Labour de déchaumage | 15ᶠ » | |
| | Labour profond en hiver | 30 » | |
| | Labour moyen au printemps | 20 » | 114 » |
| | Hersages, 5 à 5 fr. l'un | 25 » | |
| | Scarifiages, 3 à 8 fr. l'un | 24 » | |
| Fumure. | Fumier de ferme, 20,000 k. à 10 fr. | | 200 » |
| | Superphosphate, 400 k. à 9 fr. | 36ᶠ » | |
| | Clorure de potassium, 100 k. à 25 fr. | 25 » | 111 » |
| | Nitrate de soude, 200 k. à 25 fr | 50 » | |
| | Graine, 5 k. à 1 fr. | | 5 » |
| | Frais de semis | | 10 » |
| | Travaux de culture : sarclages, binages, etc. | | 70 » |
| | Arrachage et mise en silos | | 20 » |
| | Fermage du sol | | 75 » |
| | Total | | 605 » |

Ces frais ne doivent pas entièrement être supportés par le compte betteraves. En effet, les travaux de préparation et de nettoyage du sol sont des améliorations dont profiteront plusieurs récoltes ultérieures. D'autre part, toute la fumure ne sera pas absorbée par cette première récolte, une partie restera dans le sol à la disposition de la récolte qui succèdera à la betterave.

Il y a lieu de déduire, pour ces raisons, du montant des frais ci-dessus :

1º Un tiers des frais de préparation du sol $\frac{114}{3}$    38 »

2º La moitié de la fumure au fumier de ferme.   100 »

3º Un quart de la valeur des engrais chimiques $\frac{111}{4}$   28 »

Total                166 »

Le montant des frais du compte betteraves sera donc de 605 fr. — 166 fr. = 439 fr. soit 450 fr. pour faciliter nos calculs.

Quel produit peut-on obtenir d'un hectare de betteraves dans de telles conditions de culture ? Dans une année favorable certains cultivateurs ne seraient pas surpris d'atteindre un rendement de 60 à 70,000 kilos ; souvent ce rendement est dépassé dans la Mayenne.

Mais nous voulons raisonner sur un chiffre plus modeste, et nous admettrons pour la base de nos calculs et des conclusions à en déduire, un produit de 50,000 kilos seulement.

Nous avons ainsi tous les éléments nécessaires pour déterminer le prix de revient de 1,000 kilos de racines et par suite le prix de l'équivalent de 1.000 kilos de foin en racines.

Les frais divers afférents à la culture d'un hectare de betteraves sont de 450 fr. ; le rendement étant de 50,000 kilos le prix de revient des 1,000 kilos ressort à $\frac{450,}{50}$ soit 9 fr.

En nous basant sur la composition chimique de la betterave et sur son coefficient de digestibilité, nous avons fait ressortir dans un précédent article, que 3 kilos de racines pouvaient remplacer, au point de vue alimentaire, 1 kilo de foin. Depuis longtemps, à la suite de nombreuses expériences pratiques sur la valeur alimentaire des divers fourrages, cet équivalent était admis pour la betterave.

Il est, d'autre part, corroboré commercialement. En effet, année moyenne, le foin vaut 60 fr. les 1.000 kilos et les betteraves 20 fr. environ.

Mais afin qu'on ne puisse taxer d'exagération nos conclusions en faveur de la betterave, nous allons admettre qu'il faille 4 kilos de betteraves pour remplacer un kilo de foin.

L'équivalent en foin de 50,000 kilos de betteraves sera de $\frac{50,000}{4}$, soit de 12.500 kilos, et le prix de revient de

1,000 kilos de foin exprimé en betteraves de $\frac{450}{12\ 50}$ = 36 fr.

Ainsi un hectare de betteraves fournit largement un produit alimentaire égal à celui fourni en foin par 3 hectares de bonnes prairies, à un prix de revient très avantageux. Le cultivateur peut produire dans sa ferme des betteraves à 9 fr. les 1,000 kilos, alors qu'il devrait payer l'équivalent 20 fr. au minimum. D'où nous concluons que l'extension de cette culture est le plus puissant moyen dont dispose le cultivateur pour augmenter économiquement ses ressources fourragères dont la production est presque toujours insuffisante.

Cette démonstration, en faveur de la culture de la betterave, basée sur des données absolument pratiques, nous semble concluante.

Nous rappellerons cependant à ce sujet quelques remarques que nous avons faites au commencement de cette étude, en parlant de l'alimentation animale (1).

Nous avons dit que la meilleure alimentation était celle dont les rations subissaient le moins de variation ; que la ration en fourrages verts donnés à l'étable, ou le pacage pendant la belle-saison était le mode d'alimentation qui convenait le mieux à tous les animaux de profit : élèves, bêtes d'engrais et vaches laitières. Nous ajoutions que le cultivateur devait chercher à former pendant l'hiver une ration se rapprochant le plus possible comme composition et comme nature de la ration d'été, et que pour y parvenir l'extension de la culture de la betterave était le moyen tout indiqué.

Cette racine est d'une conservation très facile. On peut l'utiliser de novembre en mai sous la condition de la mettre à l'abri d'une trop basse température, ce que l'on obtient facilement par la mise en silos.

Mélangée avec des matières sèches, balles, paille ou foin hachés, la betterave permet d'utiliser avantageusement ces divers produits, même un peu avariés, que les animaux refuseraient de consommer donnés sous une autre forme.

Depuis que les moyens de production mis à la portée du cultivateur ont permis de supprimer la *jachère*, il est impossible d'établir un assolement rationnel, si une sole de plantes sarclées n'est placée en tête de la rotation, au lieu et place de l'ancienne jachère. C'est sur les plantes sarclées que les fortes fumures doivent être appliquées, que les labours profonds et les travaux de nettoyage sont effectués, comme nous l'avons indiqué pour la culture de la betterave.

Après une plante sarclée, cultivée dans de bonnes conditions, une récolte de froment est assurée sans frais de

(1) Voir le Bulletin de février 1892 et suivants.

culture ni de fumures autres qu'un léger labour, et souvent aussi on obtient, dans les mêmes conditions, une troisième récolte, orge ou avoine.

En résumé, il ressort de cette étude que l'introduction de la culture des racines en général et de la betterave en particulier, permet :

1° D'augmenter dans des conditions très avantageuses la production fourragère ;

2° D'assurer une meilleure alimentation des animaux de la ferme ;

3° D'utiliser comme nourriture des produits tels que, balles de froment et d'avoine, fourrages légèrement avariés et pailles en mélange avec les racines, produits dont une grande partie ne seraient autrement d'aucun profit pour la ferme ;

4° D'établir un système de culture rationel, conforme aux données scientifiques et expérimentales reconnues les plus avantageuses.

Il nous reste à dire quelques mots des procédés de conservation des betteraves, mais cette question nous entraînerait trop loin aujourd'hui, nous l'étudierons prochainement.

G. PEYRAS.

---

## Une plante fourragère intéressante, la vesce velue.

En 1890, j'appelais l'attention des agriculteurs sur la vesce velue. Les expériences poursuivies de divers côtés au cours des deux dernières années, ont mis en relief les précieuses qualités de cette légumineuse.

On sait que l'hiver de 1890-1891 détruisit le trèfle incarnat jusque dans le midi de la France ; à la ferme de l'Institut agronomique, je n'en ai pas récolté un seul pied ; la vesce velue semée en comparaison résista parfaitement au froid. Coupée au début de la floraison, elle ne produisit pas moins de 26,500 kil. de fourrage vert à l'hectare. Cette année encore, à l'école pratique de Saint-Bon (Haute-Marne, la vesce d'hiver gelait complètement, tandis que la vesce velue semée côte à côte était épargnée. Partout où la culture du trèfle incarnat est incertaine par suite de la rigueur du climat, la vesce velue est appelée à rendre les plus grands services. Même dans le midi de la France et en Algérie, j'estime qu'elle a sa place marquée à cause de ses rendements élevés et de sa précocité qui permet de la donner aux animaux trois semaines environ avant le trèfle incarnat.

Voici, pour 100 de matière sèche, la composition chimique de la vesce velue, composition déterminée au laboratoire de l'Institut agronomique par mon obligeant ami M. Coudon.

Matières azotées................... 22.78
—    grasses. ............... 2.61
Extractifs non azotés............... 39.03
Cellulose......................... 23.25

Le lecteur appréciera mieux la haute valeur alimentaire de la vesce velue en rapprochant ces chiffres des suivants, qui se rapportent à quelques légumineuses bien connues.

| | MATIÈRES | | Extractifs non azotés. |
|---|---|---|---|
| | azotées | grasses | |
| Trèfle incarnat......... | 12.2 | 3 | 32.6 |
| —   violet......... | 12.3 | 2.2 | 38.2 |
| Vesce cultivée......... | 14.2 | 2.5 | 32.8 |
| Lupin............. | 17.1 | 2.2 | 28.5 |

Les matières azotées qui donnent surtout la mesure de la valeur alimentaire d'un fourrage sont comme on le voit, plus abondantes dans la vesce velue que dans les espèces précédentes. Plus productive que le trèfle incarnat, la vesce velue s'en distingue encore par la qualité du fourrage qu'elle fournit.

Dans une note très intéressante présentée récemment à la Société nationale d'agriculture, M. Adrien Boitel accuse des rendements en vert de 20,000 à 35,000 kilog. à l'hectare. 20.000 pour des parcelles récoltées au 29 avril, 35,000 pour des parcelles coupées le 16 mai. Ces chiffres s'appliquent à des surfaces ensemencées dès le 5 septembre ; en retardant les semailles jusqu'au 25 septembre, la récolte est tombée à 12,000 kilogr.

On a dit que les animaux n'acceptent pas volontiers la vesce velue. M. Boitel la justifie de ce reproche ; une lettre qu'il a bien voulue me communiquer, émanant de M. Paul Bredin, agriculteur à Bouchoux près Saint-Paul-de-Varax (Ain), convaincra ceux qui pourraient avoir encore quelque doute sur la valeur fourragère de la vesce velue.

« Depuis deux ans. écrit M. Bredin, je cultive la vesce velue et j'en suis tellement satisfait que je me propose d'en faire cette année une centaine d'hectares, à la condition toutefois que je trouve de bonnes semences à un prix abordable.

« La vesce velue fournit un des meilleurs fourrages qui existent. Pour engraisser nos bœufs charollais, nous leur donnons seulement de la vesce velue ensilée et des pommes de terre. La rapidité avec laquelle l'engraissement se poursuit nous aurait édifié sur la richesse de la vesce velue, si l'analyse chimique ne nous avait d'abord renseigné à cet égard. Pendant la fabrication des silos, les bœufs reçoivent de la vesce velue qu'ils mangent avec avidité. L'essentiel est de faucher de bonne heure. Cette année, nous avons coupé *dès le 4 avril* et malgré la sécheresse, nous avons obtenu une seconde coupe splendide à peu près aussi belle que la première. Je ne saurais assez recommander de faucher la première coupe de bonne heure : c'est à cette condition que la seconde se montre productive. Nous avons toujours semé la vesce velue fin août. Vous avez cent fois raison en recommandant d'opérer les semailles aussitôt que possible. Les vesces semées en octobre ont toujours été très inférieures. »

Je n'ai que peu de mots à ajouter aux intéressants renseignements de M Bredin.

La vesce velue n'est pas exigeante au point de vue de la richesse du sol ; si j'en juge par les cultures effectuées au champ d'expériences de la station d'essais de semences, la vesce velue réussit dans toutes les terres pourvu qu'elles ne soient pas humides. En Allemagne, où elle occupe de grandes étendues, la vesce velue a la réputation de s'accommoder des terres les plus médiocres. Sa remarquable rusticité s'explique aisément : occupant le sol depuis septembre jusqu'en mai, elle n'a pas à redouter la sécheresse.

Comme les autres légumineuses, la vesce velue puisant la plus grande partie de son azote dans l'atmosphère, il n'est pas nécessaire de lui fournir des engrais azotés ; on augmentera largement sa production en enfouissant avant les semailles 100 à 200 kilogr. de chlorure de potassium et 500 kilogr. de scories de déphosphoration à l'hectare. Ces chiffres s'appliquent, bien entendu, à des terres pauvres en potasse et en acide phosphorique.

La vesce velue se cultive comme la vesce d'hiver. Nous répétons qu'il convient de la semer de très bonne heure à raison de 100 à 120 kilogr. à l'hectare, en mélange avec 30 à 40 kilogr. de seigle.

Le prix des semences de vesce velue est actuellement

assez élevé, cette plante étant peu cultivée en France ; en Allemagne, elles valent 30 fr. environ les 100 kilogr.

Fauchée de bonne heure, avons-nous vu, la vesce velue livre une seconde coupe : c'est celle-ci qu'on préférera pour la production des semences ; les plantes de la première coupe devenant très grandes, les semences qu'elles produisent mûrissent irrégulièrement. Sur une surface de 18 ares, nous en avons récolté 180 kilogr.

Il est recommandable de faire ses semences en terre légères de médiocre qualité. Sur les bonnes terres où la vesce velue trouve les conditions de développement exceptionnellement favorables, les graines tombées dans le sol à la récolte pourraient s'y multiplier à l'excès et la vesce velue deviendrait bien vite une mauvaise herbe.

Nous résumerons les qualités de la vesce velue, en disant que c'est une plante rustique, très résistante au froid, livrant un bon fourrage à la fois très précoce et très abondant. Cette année, où la disette de fourrages est générale, elle mérite de fixer tout spécialement l'attention des agriculteurs.

Comme plante à enfouir en vert, j'estime qu'elle est également appelée à rendre de grands services.

E. SCHRIBAUX,

Directeur de la Station d'essais de semences
à l'Institut national agronomique.

---

## Les cultures dérobées d'automne employées comme engrais vert.

On sait que sous l'influence des ferments nitriques, la matière azotée du sol se transforme en nitrates.

Cette transformation, très avantageuse quand elle se produit au printemps, au moment où la terre est couverte de végétaux, est ruineuse en automne, après la moisson, lorsque la terre est dénudée. M. Dehérain a trouvé qu'en moyenne, pendant l'automne des trois dernières années 1889, 1890, 1891, les eaux de drainage ont entraîné d'un hectare des terres de Grignon 11 k. 6 d'azote, correspondant à 260 kilogr. de nitrate de soude, valant 70 fr., c'est-à-dire le prix de location de beaucoup de terres moyennes.

Pour éviter ces pertes, il faut semer, immédiatement après la moisson, une plante à végétation rapide. La vesce convient très bien. L'an dernier, l'automne a été pluvieux : la vesce s'est bien développée. Quand on l'a enfouie par les grands labours, elle pesait environ 10.000 kilogr. à l'hectare et renfermait 167 kilogr. d'azote, dont une partie avait été prélevée sur l'atmosphère.

La décomposition de cette plante enfouie est assez lente pendant l'hiver ; les eaux de drainage qui traversent la terre qui l'a reçue ne sont pas plus chargées que celles qui passent au travers d'un sol non fumé. C'est seulement au printemps que la matière organique se décompose et que les nitrates apparaissent. Mais à ce moment leur production est avantageuse, car la terre est couverte de végétaux qui s'en emparent avidement.

M. Dehérain conseille aux praticiens de semer *dès maintenant* sur les chaumes d'avoine ou de blé de 2 à 3 hectolitres de vesces. Si l'automne est pluvieux, ils y trouveront grand profit.

---

## Richesse comparée des différents tourteaux alimentaires

Dans le précédent numéro nous traitions la culture des plantes qui pouvaient venir en aide pour suppléer à la pénurie des fourrages mais la terrible sécheresse reste impitoyable et ne permettra guère leur culture que dans les localités favorisées par la pluie des derniers orages.

En présence de ce désastre agricole un des moyens à conseiller pour éviter qu'il s'aggrave encore consiste à faire usage des tourteaux dans l'alimentation des animaux.

Dans le tableau ci-dessous nous indiquons leur richesse en matières azotées et comme comparaison celle du son de froment et aussi celle du foin de même que les prix :

| NOMS | Principes azotés ou matières protéiques | Correspondant en azote à | PRIX des 100 kilos. |
|---|---|---|---|
| Tourteaux de lin . . . | 28 0/0 | 4,48 0/0 | » |
| — de lin sans huile. | 34 | 5,44 | 18 |
| — d'arachide décortiquée . . . | 47,50 | 7,60 | 17 |
| — d'arachide non décortiquée . | 32 | 5,12 | » |
| — de Sézame. . . | 34 | 5,44 | 14 50 |
| — de coton sans les balles. . . . | 34 | 5,44 | 14 50 |

| Tourteaux de germes | | | |
|---|---|---|---|
| de maïs . . . . . | 15,4 | 2,46 | » |
| — de Coprah . . . | 20,80 | 3,86 | 13,25 |
| Son de froment . . . | 14 | 2,24 | » |
| Foin de prairie naturelle | 9,50 | 1,52 | 7 |

Les prix des tourteaux est approximatif et peut varier, il s'entend pris sur wagon Marseille, en pains et en vrac, par wagon de 5.000 kilos. Il faut donc s'entendre entre plusieurs cultivateurs pour former des wagons complets ou s'adresser aux syndicats agricoles.

P. M.

---

## Syndicat agricole de l'arrondissement de Chartres

La réunion générale imposée par les statuts a eu lieu le samedi 9 juillet, au siège syndical, 11, rue Régnier.

M. Vinet, sénateur, présidait, assisté des membres du bureau d'administration.

La séance était fixée à 4 heures.

La parole a d'abord été donnée à M. Garola, secrétaire de l'Association pour la lecture du procès-verbal de la dernière réunion, qui a été adopté à l'unanimité, puis M. Vinet a prononcé le discours suivant :

Messieurs,

Permettez-moi de soumettre à votre appréciation, non les différentes opérations annuelles de notre grande association, car j'empiéterais sur le terrain réservé à notre distingué secrétaire, mais l'ensemble des grandes lignes suivies, pratiquées dans cette dernière campagne par l'administration de notre syndicat.

Comme les années précédentes, nous pouvons vous affirmer que, persévérant dans l'ordre d'idées du programme élaboré en 1886, nous nous sommes efforcé de vous rendre intact le mandat que vous nous aviez conféré il y a cinq années.

Ce programme, vous le connaissez depuis longtemps aussi bien que moi, c'est le développement d'un projet démocratique, toujours modifiable, mis à la portée de tous ceux qui cultivent le sol dans cet arrondissement, constitué en vue de venir au secours des plus faibles d'entre nous, et de les défendre contre ceux qui depuis trop longtemps allègent leur bourse.

Sans jamais nous départir de ces grands principes basés

sur la solidarité, nos collaborateurs ont pensé qu'il était bon, pour favoriser le rapprochement des membres d'une aussi nombreuse société, d'encourager l'instruction agricole dans nos campagnes. Cette pensée, ardemment favorable à l'instruction populaire est depuis longtemps celle du gouvernement de la République ; marcher avec lui dans cette voie, c'est faciliter la plus noble tâche que des patriotes puissent méditer en faveur du travail national.

*(A suivre.)*

## SYNDICAT DE CHARTRES

Fournitures d'Automne 1892
**Résultats de l'adjudication du 16 Juillet 1892**
Le Secrétaire du Syndicat donne avis que MM. les Membres de l'association peuvent, jusqu'au **1er Décembre prochain inclus,** se procurer aux prix ci-après les substances qui leur seront nécessaires.

| Prix | PRIX DES 100 KILOS | |
|---|---|---|
| | par 5,000 kil. et au-dessus | au-desssous de 5,000 kil. |
| 1° *Superphosphates d'os.* — Le vendeur garantit qu'ils sont d'os pur, exempts de phosphates précipités ou de superphosphates minéraux. — Azote 1/2 à 1 0/0 ; acide phosphorique soluble à l'eau et au citrate 16 à 18 0/0, dont les 2/3 au moins soluble à l'eau. Adjudicataires : MM Morel et Georget. | 10.18 | 10.68 |
| 2° *Superphosphate minéral, soluble à l'eau et au citrate.* — Acide phosphorique soluble à l'eau et au citrate 14 à 16 0/0 . . Adjudicataire : M. Lorme. | 7.33 | 7.91 |
| 3° *Superphosphate minéral soluble à l'eau.* — Acide phosphorique soluble dans l'eau 14 à 16 0/0 . . . . . . . . . . Adjudicataire : M. Lorme. | 8.15 | 8.73 |
| 4° *Nitrate de soude.* 15 à 16 0/0 d'azote. En sacs d'orig. poids brut pr net . . . . | 22.75 | 23.25 |
| En sacs réglés à 100 kg. net. . . . . . Adjudicataire : M. Foucher. | 23. » | 23.50 |
| 5° *Sulfate d'ammoniaque.* — Exempt de cyanures, sulfocyanures, et sulfate de protoxyde de fer. — Azote ammoniacal 20 à 21 0/0 Adjudicataire : M. Linet. | 29.10 | 29.60 |
| 6° *Phosphates de la Somme.* — 18 à 20 0/0 d'acide phosphorique. — Mouture impalpable Adjudicataires : MM. Monod et Voisin. | 3.60 | 4.15 |
| 7° *Phosphates des grès verts (Ardennes-Meuse).* — 18 à 20 0/0 d'acide phophorique. — Mouture impalpable . . . . . . . . . . Adjudicataire : Mme veuve Paul Desailly. | 5.25 | 5.95 |
| 8° *Scories de déphosphoration.* — Poudre impalpable 16 à 18 0/0 d'acide phosphorique. Adjudicataire : Le Crédit agricole. | 5.09 | 5.59 |

9° *Chlorure de potassium.* — Exempt de chlorure de magnésium. Potasse 50 0/0 . . 22.50 — 23 »
 Adjudicataires : MM. Morel et Georget.

10° *Kaïnit.* — Dosant au moins 12 0/0 de potasse . . . . . . . . . . . . 7 » 7.50
 Adjudicataires : MM. Morel et Georget.

11° *Sang desséché pur.* — 13 à 15 0/0 d'azote garanti exempt de toute matière azotée étrangère 22.30 22.80
 Adjudicataire : M. Linet.

12° *Corne torréfiée.* — 14 à 15 0/0 d'azote . 21.90 22.40
 Adjudicataire : M. Foucher.

13° *Phospho-guano ordinaire.* — Dosant 3 0/0 d'azote ammoniacal et 12 à 14 0/0 d'acide phosphorique soluble dans le citrate. . 12.38 12.88
 Adjudicataire : Le Crédit agricole.

14° *Phospho-guano surazoté.* — Dosant 5 0/0 d'azote ammoniacal et 10 0/0 d'acide phosphorique soluble au citrate. . . . . 14 » 14.50
 Adjudicataire : M. Lefebvre-Duhordel.

15° *Sulfate de fer.* . . . . . . . . . . 6.20 7 »
Adjudicataire : M. Marguerite-Delacharlonny

16° *Sulfate de cuivre,* 98 99 0/0 de pur. . 44.25 44.75
 Adjudicataire : M. Foucher.

## AVIS IMPORTANT

Un dépôt ayant été créé à Chartres pour satisfaire aux oublis et aux commandes tardives, les engrais ci-dessus pourront à l'avenir être délivrés immédiatement, contre paiement comptant et avec une faible majoration pour frais de magasinage, en s'adressant à M. Mercier, comptable du Syndicat, tous les jours de la semaine, (le samedi avant midi).

### Tourteaux alimentaires

Le Syndicat se charge de la fourniture des différents tourteaux alimentaires, aux prix suivants sur wagon Marseille et par wagons complets de 5,000 kil. au moins :

Lin pur première qualité . . . . . 18 » les 100 kilog.
Arachide décortiqué . . . . . . . 17 » —
Sésame blanc du Levant. . . . . . 14.50 —
Sésame blanc de l'Inde . . . . . . 14.25 —
Coprah pour vaches laitières, Ceylan . 14.25 —
   Id.   1re qualité. 13.50 —
   Id.   qualité ord. 12.75 —
Palmiste naturel en poudre, sacs en sus. 10 » —

Ces prix sont valables jusqu'au 31 décembre 1892.
 Adjudicataire : M. Boëry-Allier.

Paiements : à 30 jours 1 0/0 d'escompte, à 60 jours 1/2 0/0 d'escompte, — à 90 jours sans escompte.

Plusieurs syndiqués peuvent se réunir pour la formation d'un wagon, de même qu'un wagon peut être composé de plusieurs espèces de tourteaux.

Pour les petites commandes, les membres du Syndicat pourront s'adresser tous les jours (le samedi avant midi), chez M. Mercier, 4, place Saint-Michel, qui leur fournira, au dépôt, la quantité de tourteaux qu'ils désireront, contre paiement comptant et aux prix fixés pour le détail.

Manufacture d'engrais et produits chimiques pour l'agriculture
FABRIQUE D'ACIDE SULFURIQUE

## Spécialité de superphosphates minéraux et de superphosphates d'os

THÉOPHILE CONILLEAU, AU MANS

*Bureaux, rue de Bel-Air, 44. — Usine à Préau, rue des Maraîchers*

La situation de cette importante usine, établie au centre de l'Ouest, permet de livrer dans toute la région, à des conditions très-avantageuses, les produits de 1er choix de sa fabrication.

---

**Vacherie à céder** pour cause de décès du maître, 25 vaches, un seul cheval, 2 voitures, vente journalière sur place 320 litres de lait au prix moyen de 40 centimes le litre. Bénéfice net par an 10.000 fr. Loyer tout compris. Habitation, cour, étables, greniers, laiterie 1.800 fr. par an. Occasion à enlever de suite. Se presser. On traitera avec 10.000 fr. ou sans argent avec garanties.

Ecrire ou voir M. DAGORY, 149, rue Lafayette, Paris.

---

### TERRE DE LA MOTTE DAUDIER

*Commune de Niafles, par Craon (télégraphe, chemin de fer à 3 kilomètres) département de la Mayenne.*

250 reproducteurs mâles et femelles de la race Durham pure, des tribus Gwynne, Beeswing, Catherine, Zemima, Niblet, Portia, Rosalind

Les Durhams de M. le comte de Quatrebarbes ont remporté à Vannes et à Tours un 2e et un 3e prix, deux prix supplémentaires, une mention et une médaille d'or de la Société des Agriculteurs de France.

Moutons Dislhey et Southdown importés.

Mâles et femelles de la race porcine craonnaise pure.

Blés d'espèces améliorées à grand rendement pour semences, Dattel et autres.

S'adresser toute l'année à M. Gendry, régisseur.

---

## VINS DE BORDEAUX

Garantis naturels. — Médaillés à l'Exposition universelle de 1889.

| VINS ROUGES | | VINS BLANCS | |
|---|---|---|---|
| La pièce de 225 litres : | | La pièce de 225 litres : | |
| Palus 1889 | 115 f. | Entre 2 Mers 1890 | 110 f. |
| Côtes 1889 | 125 | Petites Graves 1889 | 125 |
| 1res Côtes 1888 | 150 | Graves ou Côtes 1888 | 150 |
| Côtes supér. 1888 | 175 | Côtes 1887 | 200 |
| Graves 1887 | 250 | Sauternes, Barsac, Prix div. | |

Caisses assorties de 12, 25 et 50 bouteilles, depuis 1 fr. 50 la bouteille.

Les vins sont logés et rendus *franco*, gare de départ.

Paiement à 90 jours net, ou à 30 jours avec 2 0/0 d'escompte.

Les expéditions sont faites par les soins de M. G. BORD, secrétaire général du Syndicat agricole de CADILLAC (Gironde).

---

*Le Gérant*, E. MOREAU.

---

Laval, Imp. L. Moreau.

Ce Bulletin paraît le 15 de chaque mois.

# BULLETIN AGRICOLE
## DE L'OUEST

Organe des Syndicats Agricoles
des départements du Finistère, des Côtes-du-Nord,
du Morbihan, de la Loire-Inférieure, d'Ille-et-Vilaine, de la
Manche, de la Mayenne, de Maine-et-Loire, de la Sarthe,
de l'Orne, du Calvados, de l'Eure, d'Eure-et-Loir
et de la Seine-Inférieure.

*Publié sous la direction de :*

H. LÉIZOUR, (✳ M. A.) (○ A.)
Professeur départemental d'Agriculture de la Mayenne, Directeur du Laboratoire
agronomique, Président du Syndicat des Agriculteurs de la Mayenne,

GAROLA, (O. ✳ M. A.) (○ A.)
Professeur départemental d'Agriculture d'Eure-et-Loir,
Directeur de la Station agronomique de Chartres.

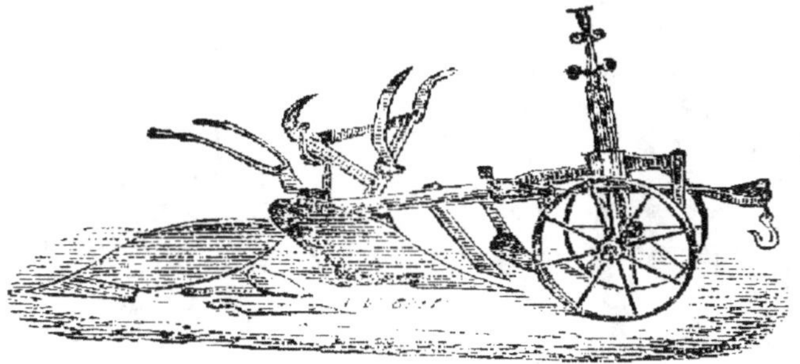

## ABONNEMENTS

Les membres des syndicats adhérents sont abonnés gratuitement par leurs
bureaux. — Pour les étrangers aux syndicats : **6 fr. par an.**

## ANNONCES

De 1 à 4 annonces. » **50°** la ligne.   De 8 à 12 annonces » **30°** la ligne
De 4 à 8    —    » **40°**   —          Au delà de 12. » **20°**    —

Le bulletin publiera gratuitement les offres et demandes
des Syndicats abonnés.

*AVIS. — Tout ce qui concerne la rédaction, les Annonces et les Abonnements, doit être adressé à M. LÉIZOUR, rue de la Filature, 1, à Laval.*

# PULVÉRISATEURS
## CONTRE LE MILDIOU
### Et la maladie des pommes de terre

**Pulvérisateurs spéciaux pour chauler les arbres fruitiers**

Pour chauler les arbres fruitiers

## V. VERMOREL
CONSTRUCTEUR
à Villefranche (Rhône)

340 Premiers Prix et Médailles

Pulvérisateur « Éclair » n° 1, avec lance à coulisse de 0<sup>m</sup>80 à 1<sup>m</sup>50, et tuyaux de 1<sup>m</sup>20.... **43 f.**
Pulvérisateur « Éclair » n° 2, avec les mêmes accessoires. ...... **33 f.**

Accessoires supplémentaires d'après M. LANGLAIS pour la pulvérisation des arbres :
1 tube caoutchouc de 2<sup>m</sup>50
1 robinet raccordant les 2 tubes :
1 lance courte *pour perche* **9 f.**
Lance à coulisse, de 2 m. 50 à 4 m..... **15 f.**
Lance à coulisse, de 0<sup>m</sup> 80 à 1<sup>m</sup>50........ **10 f.**

Cette dernière est facilement dirigée par l'ouvrier qui actionne la pompe.

**Quelques modèles sont en dépôt à l'entrepôt central du Syndicat des agriculteurs de la Mayenne.**

**TAUPES** Moyen infaillible *et très pratique* DE LES DÉTRUIRE toutes et partout, en quelques heures, aussi nombreuses qu'elles soient. *Envoi gratis et franco du Prospectus sur demande affranchie.* LAPORTE, agriculteur à St-Angel, par Montluçon (Allier).

# BULLETIN AGRICOLE DE L'OUEST

## A propos de la sécheresse et de la disette fourragère.

Dans la Mayenne la sécheresse continue impitoyablement. La récolte des choux et des betteraves est complétement compromise. Les cultures dérobées d'automne : moutarde, navets, sarrasin, sur lesquelles les cultivateurs comptaient jusqu'à ce jour, pour leur fournir une petite ressource alimentaire avant l'hiver, sont dans le même cas. Il ne faut guère compter non plus sur les fourrages printanniers de première saison : navets, navette, colza, trèfle incarnat. Il n'y a plus d'espoir que sur les coupages de seigle et de vesces. Faut-il encore, pour que cette dernière ressource n'échappe pas, que la pluie vienne sans tarder pour permettre de travailler la terre et de semer dans des conditions convenables et en temps propice.

De pareilles conditions culturales, jointes aux faibles ressources fourragères en foin et pailles, rendent la situation grave, à laquelle on ne peut chercher que des palliatifs.

Le cultivateur se trouve en face de ce dilemme : vendre une partie de ses animaux ou acheter des produits alimentaires pour les empêcher de périr d'inanition.

Il y a fort à réfléchir avant de recourir à la première solution : les vendeurs seront nombreux et les acheteurs rares. Il faut s'attendre à une baisse de prix considérable sur tous les animaux, sauf, peut-être, sur ceux destinés à la boucherie et bien gras ; encore y a-t-il à prévoir, le cas échéant, que la boucherie de deuxième ordre s'empresserait de livrer à la consommation des animaux maigres, acquis à vil prix, ce qui amènerait forcément un abaissement du prix de vente de bêtes grasses. D'autre part, avec peu de cheptel il y aura peu de fumier produit, et l'obligation pour plus tard de faire, à des conditions de prix bien autres, l'achat d'animaux pour regarnir les

164

étables et aussi l'acquisition d'engrais pour suppléer à la production insuffisante du fumier.

Donc, la solution qui consiste à vendre une partie du cheptel, doit être écartée dans la mesure du possible.

Dans cette alternative, la première précaution qui s'impose au cultivateur, c'est de conserver précieusement toutes les pailles et les balles pour l'alimentation, et de faire la litière avec d'autres matières : feuilles, fougères, bruyères, ajoncs, tourbe, etc.

Dans les contrées boisées ou pourvues de landes il sera assez facile de se procurer des litières. C'est même une excellente occasion pour les personnes qui possèdent des bruyères de les exploiter et de vendre le produit dont le placement sera cet hiver facile.

Certaines contrées de la Mayenne en sont largement pourvues, bien au delà de leurs besoins. Si la Compagnie de l'Ouest accordait un prix réduit pour le transport de l'excédant vers d'autres centres, elle y trouverait son compte et permettrait aux cultivateurs, ceux principalement placés dans le voisinage d'une gare, de s'approvisionner de litière dans des conditions les moins désavantageuses. Dans une année aussi calamiteuse pour la culture, c'est une question d'intérêt trop général, pour que la Compagnie ne s'empressât pas de donner satisfaction, si une demande, aussi gravement motivée, lui était adressée.

La paille étant exclusivement réservée comme matière alimentaire, il faut chercher à l'utiliser de façon à ce qu'elle produise le maximum d'effet utile.

Pour cela il est indispensable de la hâcher, c'est-à-dire de la couper en petits morceaux à l'aide d'un instrument particulier, le *Hache-Paille*, dont le prix d'achat varie depuis 70 fr. jusqu'à 150, suivant dimensions.

Cette paille devra être mélangée avec des racines coupées en lanières (cossettes), en disposant une couche de paille, puis une couche de racines, et ainsi de suite, alternativement, jusqu'à ce que le tas ait une hauteur de 0ᵐ80 à 1 mètre ou même plus. On laissera fermenter le mélange jusqu'à ce qu'il atteigne une température de 60 à 70 degrés centigrades.

Si faible que soit la proportion des racines, le point d'échauffement voulu sera réalisé dans l'espace de 36 heures à 4 jours, suivant la température du local. Plus la température sera élevée, plus la fermentation sera rapide. Dans les cas de très-basse température, il est quelquefois nécessaire, pour la provoquer, d'arroser le mélange avec de l'eau chaude ou de chauffer le local, ce qui serait préférable.

Les animaux consomment très bien cette nourriture fermentée, sans amener la moindre déperdition.

Malheureusement, tous les cultivateurs n'auront pas de racines ou n'en auront pas suffisamment pour faire consommer ainsi leurs pailles.

Il faudra alors utiliser une autre substance en mélange, à la place des racines. Ce qu'il y a de plus avantageux à employer en pareil cas, c'est le tourteau.

On met, à cet effet, quelques pains de tourteau à digérer dans un baquet contenant de l'eau. Au bout de 24 heures environ, ce tourteau est réduit en une bouillie plus ou moins épaisse qui sert à arroser la paille hachée. Celle-ci est disposée comme précédemment par couches superposées, et chaque couche est successivement arrosée avec l'eau de tourteau.

Ce nouveau mélange s'échauffe dans les mêmes conditions que le précédent. La paille imbibée d'humidité se ramollit par la fermentation et s'imprègne du goût de tourteau, qui, comme chacun a pu s'en rendre compte, est très apprécié par tous les animaux.

Le mélange peut être disposé dans des caisses préparées à cet effet, ou bien simplement sur une aire carrelée dans un bâtiment bien abrité des courants d'air.

Les balles devront être employées de la même façon que la paille hachée.

Ces mélanges conviennent à tous les animaux, ceux de l'espèce bovine principalement. Ils peuvent-être donnés indistinctement aux élèves, aux vaches laitières et aux bêtes d'engrais. Ces derniers devront recevoir en outre un supplément d'aliments condensés, farineux ou tourteaux, afin de pousser l'engraissement aussi rapidement que possible.

A ce sujet nous devons faire une remarque. L'engraissement poussé activement est le plus économique, parce qu'il permet de réduire à son minimum la ration d'entretien, qui est exactement proportionnelle à la durée de l'engraissement. C'est surtout dans les années de pénurie fourragère qu'il ne faut pas négliger, pour cette raison, de mettre en pratique ce principe.

Nous engageons vivement les cultivateurs à recourir,

pour l'hiver prochain, au procédé que nous venons de décrire sommairement. Nous ne ne connaissons rien de mieux à leur indiquer et nous pouvons, pour avoir pratiqué pendant longtemps ce mode d'alimentation, leur donner l'assurance que les résultats obtenus leur donneront pleine et entière satisfaction.

G. PEYRAS.

---

## Syndicat agricole de l'arrondissement de Chartres

(Discours de M. Vinet)

(Suite)

Or, notre préoccupation dominante n'est-elle pas digne du plus haut intérêt ? L'attachement au sol des deux tiers de la nation française ne sera véritablement vrai, solide, qu'à la condition de supprimer les abus et de répartir plus justement les charges.

Je vous disais l'an dernier que peu d'associations étaient aussi vivement combattues que les syndicats en général. Pour les uns, c'est vouloir ressusciter la puissance et le monopole des anciennes corporations ; c'est nier, pour ainsi dire, les bons effets des secours mutuels au profit d'une quantité considérable de citoyens éparpillés sur tout le territoire français.

Heureusement que les brillants et excellents résultats, que nous obtenons de jour en jour, ne peuvent nous être déniés sans faire acte d'injustice et de partialité !

Certains esprits nous disent qu'en parlant de revenir sur quelques article de la loi de 1884, ils visent les syndicats ouvriers ; mais, à côté de quelques excès, combien de bons résultats à enregistrer à l'actif des classes laborieuses. Répétons encore une fois à ces mécontents que tous ceux qui échangent comme nous le faisons, ne sont pas des commerçants.

Ceux qui voudraient, par hasard, nous attribuer cette qualification seront bien vite arrêtés dans leurs attaques, car aucun de nous n'achète pour revendre avec bénéfice. Ce que nous pratiquons, c'est l'échange en vue de payer à bon marché ces produits dont nous avons besoin.

Aussi nous nous garderons bien de dire que les commerçants en détail sont des intermédiaires inutiles. Jamais il n'entrera dans notre pensée de supprimer, de remplacer les maisons de détail. Nous voulons simplement nous mettre en garde contre les exigences des fraudeurs.

Nous avons un trop grand intérêt à ce que la plupart de nos produits trouvent preneurs sur nos marchés, pour nous annihiler les commerçants d'une ville comme celle de Chartres.

Qu'ils sachent bien que nous subissons une nécessité culturale, imposée par la grande rapidité des voies ferrées, et, comme conséquence de la concurrence étrangère.

Je suis persuadé que ce commerce si intelligent le comprend, car il peut aussi bien que nous se rendre compte de nos besoins, de l'utilité et de la nécessité de cette transformation agricole si complexe et si difficile à l'heure actuelle.

N'oublions pas, Messieurs, que si les syndicats agricoles sont un bienfait, presque un héritage inattendu pour la petite culture, ils ont la même origine que les syndicats professionnels, étant nés, comme ces derniers, à la suite d'une lutte restée d'autant plus ardente que les législateurs sont encore aujourd'hui loin d'être d'accord sur l'application et surtout sur les effets qu'on peut attendre de cette loi.

Ne nous étonnons donc pas si des difficultés surgissent sous nos pas, même en ce qui concerne l'agriculture, puisque le Parlement n'a pu rien faire directement pour développer ces institutions. Cependant, des mesures ont été prises pour la répression des fraudes sur les engrais ; des moyens ont été employés pour sauvegarder le cultivateur en demandant que l'autorité judiciaire fasse tous ses efforts pour défendre les intérêts agricoles.

Devant cet état de choses, abandonnés à nous mêmes, la plus grande prudence nous est commandée, non seulement en acceptant et en respectant la loi avec ses qualités et ses défauts, telle qu'elle a été votée, mais en nous mettant en garde contre des adversaires qui demandent un contrôle sévère sur nos opérations, espérant que la moindre faute dans notre gestion, pourrait nous conduire fatalement à un recul dangereux.

Je vous demande pardon de vous entretenir aussi longuement de la place que l'agriculture doit s'efforcer de conquérir dans l'opinion publique d'un pays aussi démocratique que le nôtre, mais quand je pense que nous sommes aujourd'hui 1830 membres syndiqués dans cet arrondissement, et qu'il vient sans cesse de nouveaux adhérents s'associer à la défense des mêmes intérêts, je voudrais que le langage que je m'efforce de vous tenir soit un langage libéral et réfléchi, non pas que nous ayons peur de nous compromettre dans des déclarations quelquefois périlleuses, mais parce que vous devez travailler dans le calme et surtout dans la paix.

Cette tactique sera toujours la nôtre, parce que les entreprises agricoles sont sujettes aux complications les plus graves, les plus aléatoires. Vous savez tous qu'une grande question est à l'ordre du jour devant le Parlement, je veux parler du crédit agricole. Bien peu de cultivateurs sont familiarisés avec les questions de banque; on peut dire que tout est à faire. Aucun de vous ne mettra en doute que nous suivons avec le plus grand intérêt les opérations de crédit proposées.

Si nous n'aimions pas aussi jalousement notre grande association si prospère, nous vous laisserions entrevoir certaines espérances. Tant que cette loi ne sera pas mieux étudiée, vous comprendrez toutes nos réserves sur l'organisation du crédit agricole par l'intermédiaire des syndicats.

A côté de ce projet, une autre proposition de loi fait son chemin c'est l'établissement de docks-greniers où les cultivateurs pourraient apporter leurs grains, laines, etc., et y recevoir 50 ou 60 0/0 de la valeur des produits emmagasinés tout en conservant la faculté de les vendre à l'époque qu'ils jugeraient bon de le faire.

Cette proposition, selon nous, méritait d'être étudiée la première. car une grande partie des cultivateurs, obligés de vendre, aussitôt la moisson terminée, pour payer les frais de toute sorte, subissent les bas prix imposés en raison de l'affluence des offres.

D'autres questions ont fait quelques pas dans le progrès. Les soumissions pour les fournitures de l'armée commencent à être abordables. Nous engageons ceux qui se trouvent à proximité de magasins militaires à y livrer directement leurs produits, puisqu'ils peuvent traiter pour des quantités relativement peu importantes, payées après quinzaine surtout depuis que les cautionnements ne sont plus exigés, la plupart du temps.

Si le groupement de notre association s'accentue, comme nous l'espérons, beaucoup d'autres améliorations concernant la vente du bétail et autres produits culturaux, variant essentiellement d'après les circonstances de temps et de lieu, pourront certainement être résolues dans un avenir prochain.

Les adjudications d'engrais ont été faites, malgré la hausse du kilog. d'azote, dans des conditions satisfaisantes ; nos fournitures d'automne et de printemps se sont élevées en chiffres ronds à 4,200.000 kilog. ayant une valeur de 435,000 francs.

Sauf quelques exceptions, heureusement très rares, les livraisons ont été bonnes. Dans tous les cas, vous pouvez être persuadés que le Bureau du syndicat fera toujours preuve de la plus grande vigilance et usera de rigueur à l'égard de ceux qui oseraient tromper le cultivateur sur la nature de la chose vendue.

Croyant avoir exposé à l'assemblée générale aussi brièvement que possible le zèle que le Bureau tout entier n'a cessé d'apporter au fonctionnement des différentes affaires dont il avait pris moralement la responsabilité, il nous appartient encore de vous dire que nos tendances de la première heure sont toujours aussi vives, aussi ardentes de persuasion.

Fidèles à nos promesses, désireux de rallier les différentes classes agricoles dans l'arrondissement de Chartres sous un même drapeau, utile, fécond, nous avons voulu barrer la route à ceux qui jetaient sans cesse dans nos rangs, un brandon de discorde, d'autant plus dangereux, qu'il avait pour prétexte les plus vives souffrances de l'agriculture.

Ces souffrances nous ne les oublierons pas ; mais nous croyons qu'en vous proposant de marcher dans une voie d'apaisement et de progrès, nous servons mieux les intérêts de la Beauce productrice de céréales que ne le feraient ceux qui sont guidés par des sentiments étroits et souvent dangereux. D'ailleurs vos nombreuses adhésions sont l'approbation la plus favorable, et surtout la meilleure récompense que les représentants du Syndicat agricole de Chartres puissent envier.

Je ne terminerai pas cet exposé sans vous prier de vous joindre à moi pour féliciter nos collègues, MM. Garola, Egasse et Orphée Benoist, des hautes récompenses que leur a décernées, il y a quelques jours, la Société nationale d'agriculture.

Au nom du syndicat, je leur adresse nos vives et chaleureuses sympathies.

La parole a ensuite été donnée à M. Garola, secrétaire de l'Association.

Messieurs,

Nos adhérents qui étaient au nombre de 1584 au 30 juin 1891, sont actuellement (30 juin 1892) au nombre de 1827, d'où une augmentation de 243.

Ils se répartissent ainsi :

Cantons de Chartres-Nord 266 ; Illiers 231 ; Maintenon 214 ; Courville 197 ; Chartres-Sud 145 ; La Loupe 124 ; Thiron 106 ; Auneau 95 ; Bonneval 70 ; Voves 61 ; Brou 43 ; Nogent-le-Rotrou 43 ; Orgères 41 ; Senonches 40 ; Authon 35 ; Nogent-le-Roi 21 ; Châteauneuf 15 ; Janville 14 ; Cloyes 3 ; Châteaudun 2 ; Anet 1.

. . . . . . . . . . . . . . . . . . . . . . . . . . . . . . . . . . . . . .

Pendant l'année agricole 1891-1892, nous avons fait les achats suivants :

| | |
|---|---:|
| Superphosphate d'os | 186.900 kg. |
| Superphosphate minéral soluble à l'eau et au citrate | 2.476 600 |
| Superphosphate minéral soluble à l'eau | 150.500 |
| Nitrate de soude | 285.544 |
| Sulfate d'ammoniaque | 43.600 |
| Phosphates minéraux | 81.700 |
| Chlorure de potassium | 16.200 |
| Phospho-guano ordinaire | 386.700 |
| —         surazoté | 123.800 |
| Sang desséché | 45.000 |
| Scories de déphosphoration | 400.300 |
| Kaïnit | 13.600 |
| Sulfate de fer | 7.200 |
| Corne torréfiée | 400 |
| Sel dénaturé | 14.400 |
| Plâtre | 13.000 |
| Sulfate de potasse | 700 |
| Carbonate de potasse | 100 |
| Engrais pour vignes et légumes | 500 |
| Total | 4.255.744 kg. |

soit près de 4.300 tonnes.

Nous avons acheté en outre :

84.000 kg. de tourteaux alimentaires.

26.600 kg. de grains et semences.

338 hectolitres de vins.

92.000 ardoises.

2.100 mètres de ronce artificielle, etc.

Le montant de ces divers achats atteint la somme de 435,626 fr. 74 c.

Bien que nous ayons pour les engrais une augmentation en poids de près de trois cent mille kilogrammes, le chiffre des achats accuse une diminution de 23,357 fr. 69 sur l'année dernière, diminution due au remplacement des engrais azotés par des engrais phosphatés, par suite de la végétation exhubérante qui a signalé les années 1889 et 1890 et de la destruction presque totale des blés par l'hiver 1890-1891.

Le dépôt, installé au mois d'août 1890 rue Saint-Michel, n° 2, continue sa marche ascendante d'affaires, et son installation est très appréciée de nos adhérents qui peuvent venir s'y approvisionner pour leurs commandes tardives ou imprévues.

Le nombre des ventes a été de 495 du 1er juillet 1891 au 30 juin 1892, comprenant un poids de 129,300 kg. pour une somme de 22,249 fr. 50 c.

Si nous jetons les yeux en arrière, nous constatons que notre association fondée il y a six ans avec 10 membres a pris un développement considérable malgré l'hostilité mal déguisée de ceux-mêmes qui, par leur situation étaient appelés à profiter des avantages qu'elle offrait à tous sans distinction.

Sa prospérité est la seule réponse que nous croirons devoir faire aux esprits chagrins qui, à sa naissance, la considéraient comme une œuvre inutile.

Depuis sa création, elle a acheté 17 millions 503 mille 109 kg. d'engrais et matières diverses pour la somme de 1 million 905 mille 898 francs 39 centimes, près de 2 millions d'affaires en 6 ans, à son début.

Ces chiffres ont leur éloquence.

A quel prix ces mêmes fournitures auraient-elles été livrées à la culture sans le concours de l'Association syndicale ?

Si l'on en juge par un prix courant adressé le 1er mai 1882, à un cultivateur, de notre région, par une maison qui a toujours passé pour être sérieuse, on est à même de constater qu'à cette époque on achetait au prix de 29 fr. 50, 26 fr. 75, 26 fr. et 24 fr., des engrais qu'on peut avoir actuellement pour 13 fr. 12 fr. 50. 11 fr. 50, et 9 fr., d'où économie de 53 pour cent.

Les associations syndicales ont donc rendu à la culture d'incontestables services et par là même, elles ont contribué à la richesse et à la grandeur de la patrie.

M. Masson. trésorier, a ensuite donné le détail des opérations financières de l'année 1891 : il en résulte que l'actif de l'association était au 31 décembre 1891 de 10,211 fr. 71, y compris les intérêts des fonds placés.

Il a été procédé enfin à .l'élection des membres du bureau conformément à l'article 8 des statuts.

MM. Vinet, Egasse, Garola, Masson, Corbière, Pipereau, Létang. Lesourd, Benoit Ovide et Dreux, membres sortants, ont tous été réélus pour une nouvelle période de cinq années.

Enfin le bureau a nommé : Président : M. Vinet ; Vice-Président, M. Egasse ; Secrétaire, M. Garola ; Trésorier, M. Masson.

---

## Cultivateurs, prenez garde à vous !

On nous écrit :

Croisilles, 25 août 1892.

La race des exploiteurs, des parasites et des gaillards qui vivent de la naïveté des paysans n'est pas près de s'éteindre, et en ce moment le canton de Nogent-le-Roi est parcouru par un Monsieur qui offre des engrais à très bon compte suivant son dire.

M'offrant hier sa marchandise ainsi qu'à plusieurs cultivateurs, nous lui avons répondu que nous faisions partie du Syndicat. Voici sa réponse :

« *Vos Syndicats, parlons-en, ils en font du propre, et comme preuve, le Président du Syndicat de Chartres vient d'être condamné à 15 jours de prison et 3.000 fr. d'amende pour falsification d'engrais.* »

Sur mon observation de ménager ses paroles, il nous a affirmé que les journaux l'avaient publié; mais quand il vit que sa diffamation tournait contre lui et que nous allions lui faire les honneurs que mérite sa triste personne, il s'éloigna en nous traitant d'ignorants et disant que nous ne connaissions pas notre intérêt.

Je ne puis vous donner son nom, car il m'a refusé sa carte ; mais il se faisait conduire par M. Metton, cultivateur à Chaudon, qui certainement donnera son adresse si besoin est.

Vous comprendrez l'indignation que nous a causée le langage de cet individu; je ne puis m'empêcher de vous en donner connaissance, afin de mettre les cultivateurs en garde contre de tels agissements, qui, quelque grossiers qu'ils soient, font encore des dupes.

Recevez, etc.

MAILLARD,
*Cultivateur à Croisilles.*

Déjà nous avions connaissance des manœuvres plus ou moins habiles, si elles n'étaient honteuses, qu'emploient certains marchands d'engrais pour diffamer les hommes dévoués qui administrent les Syndicats agricoles, sans autres profit que celui d'être utiles à leurs concitoyens ; mais nous n'aurions jamais cru qu'un de ces marchands d'orviétan aurait osé tenir un tel langage à l'égard de l'honorable M. Vinet, sénateur d'Eure-et-Loir, qui, nous l'espérons, fera infliger à ce triste sire la correction qu'il mérite.

L. D.

*(Le Réveil d'Eure-et-Loir.)*

---

## Ecole pratique d'agriculture des Trois-Croix

A l'examen d'entrée 19 candidats, presque tous pourvus du certificat d'étude primaire ont été jugé dignes d'entrer à l'Ecole.

Le nombre des lits existant à l'école est devenu insuffisant pour pouvoir aux besoins du recrutement ; aussi M. le Préfet a dû demander au Conseil général de voter l'achat de lits supplémentaires. Très probablement cette demande sera agréée, et quelques places seront encore disponibles pour les élèves dont les parents possèdent des ressources suffisantes pour payer la pension.

Les bourses au nombre de 6 seulement, seront en effet insuffisantes déjà pour donner satisfaction aux demandes des candidats ayant pris part à l'examen.

---

**Syndicat agricole de Fresnay-sur-Sarthe** offre : Blé Dattel pour semence (passé au trieur Marot), à 28 fr. les 100 kilos sac à rendre ou facturé 1 fr.

Blé Hallett et Nursery à prix proportionnels.

S'adresser à M. V. Ribot, gérant.

---

### AVIS

*Blés de semences.* — Les cultivateurs sont informés que nous ne garantissons rien en ce qui concerne les offres ci-dessous, nous insérons simplement ces offres et c'est à eux de *s'adresser directement aux vendeurs* et de demander des échantillons.

---

**Jules PIVERT-AVRIL**, 95, Val-de-Mayenne, Laval, offre blé Dattel.

**M. Victor CHRÉTIEN**, (Bel-Air, Laval), offre pour semence du blé Dattel passé au trieur, à raison de 25 fr. 0/0 k° (sauf variation), soit pris chez lui, soit en gare Laval, payable au comptant, dans les sacs de l'acheteur ou contre remboursement.

## SYNDICAT DE CHARTRES

La distribution des récompenses créées par le syndicat agricole de Chartres, en faveur des instituteurs qui se sont distingués dans l'enseigement de l'agriculture et conformément au règlement inséré au *Bulletin Agricole de l'Ouest*, n° de mai 1891, a eu lieu le 22 août, à l'issue de la réunion générale de la Société de secours mutuels des instituteurs et institutrices d'Eure-et-Loir.

Ont obtenu :

1er prix : Un objet d'art *La Moisson* M. Châles, instituteur à Fontaine-Simon.

2° prix : Une grande médaille de bronze et *Les Engrais*, par Girard et Muntz, et *Prairies Naturelles*, par Boitel, M. Malot, instituteur à Nogent-le-Rotrou.

3e prix : Une grande médaille de bronze, M. Sédillot, instituteur à Sandarville.

En 1893, le même concours aura lieu dans la première zône, comprenant les cantons de Chartres-Nord, Chartres-Sud, Auneau, Nogent-le-Roi, Janville, Maintenon, Voves, Bonneval et Orgères.

## SYNDICAT DE CHARTRES

### 1° Vins et Eaux-de-vie

Voir les prix et conditions au Bulletin agricole de Février — L'expédition des vins d'Algérie est terminée.

### 2° Marchandises en dépôt

Marchandises actuellement en dépôt :

Superphosphate minéral soluble au Citrate.

Phosphoguano ordinaire.

Phosphoguano surazoté.

Scories de déphosphoration.

Sulfate de cuivre.

Sulfate de fer.

Carbonate de soude.

Tourteaux de lin pour engraissement.

— de sésame blanc du Levant pour engraissement.

— de Coprah, Ceylan, pour vaches laitières.

Huile d'olive surfine, à 1 fr. 90 le kilog.

Huile de sésame fine, à 1 fr. 11 le kilog.

Des tuiles ordinaires et des tuiles Muller.

Enfin toutes machines agricoles provenant des meilleurs fabriques, notamment des Trieurs Marot et des Tarares Denis.

Savon bleu à 0 fr. 50.

Savon blanc « Le Génie », 0 fr. 55 le kilog.

Savon blanc « le Trèfle », à 0 fr. 66 le kilog.

Les huiles sont fournies en bonbonnes de verre, cachetées et plombées par les expéditeurs, et par quantités de 25 kilog. environ.

Elles sont garanties absolument pures.

Les savons sont livrés en caisse de 25 à 30 kilog. également.

Enfin le dépôt contient également de l'huile minérale russe, (Ragosine) excellente et avantageuse pour le graissage des machines agricoles, au prix de 0 fr. 50 le kilog. (non logé), et de l'huile à brûler, double épuration à 0 fr. 80 le kilo. (logée), le tout en bonbonnes d'environ 25 kilog.

Toutes les substances ci-dessus sont fournies immédiatement contre paiement comptant, en s'adressant chez M. Mercier, comptable du syndicat, 4, place Saint-Michel, tous les jours de la semaine (dimanches et fêtes exceptés et le samedi avant midi).

Elles peuvent également être expédiées par chemin de fer transport à la charge de l'acheteur.

Le syndicat peut encore faire fournir à ses adhérents, et à des conditions très avantageuses :

1° Des ardoises provenant des mines d'Angers ;

2° Des tuiles ordinaires ;

3° De la chaux pour constructions ;

4° Enfin toutes machines agricoles provenant des meilleurs fabriques.

Pour tous renseignements, s'adresser à l'Agent-Comptable.

---

Le syndicat agricole de Chartres demande pour ses adhérents :

1° Des blés de semence : Bordier, Rieti, Bordeaux, Dattel (adresser échantillon d'un litre environ et prix et conditions à M. Mercier, comptable du syndicat, 4, Place Saint-Michel, à Chartres).

2° De la paille de blé et d'avoine.

---

## SYNDICAT
### des agriculteurs du département d'Ille-et-Vilaine

Le Syndicat des agriculteurs d'Ille-et-Vilaine se met à la disposition des syndiqués de celui de la Mayenne pour leur procurer les pommes à cidre dont ils ont besoin, en les demandant directement à la culture.

S'adresser pour les renseignements au secrétariat du syndicat des agriculteurs d'Ille-et-Vilaine, 11, Galeries Méret à Rennes.

---

**Jules LELASSEUX**, ferme de Cotterets à Roz-sur-Couesnon (Ille-et-Vilaine), gare : Pontorson (Manche).

### OFFRE

1° Blé de Bordeaux ; 2° Blé Dattel, 3° Blé bleu de Noé, 4° Blé Japhet (nouveauté), 30 fr. les cent kilos, toile perdue, sur wagon Pontorson.

Avoine noire de Brie et grise de Beauce ; pommes de terre éléphant blanc, pommes de terre Reine des Polders.

---

**M. Amédée MESLAY** à la Barillerie par le Lion d'Angers — Maine-et-Loire.

OFFRE blés de semences selectionnés. Depuis plusieurs années vend ses blés comme semence aux syndiqués de la région.

Manufacture d'engrais et produits chimiques pour l'agriculture
FABRIQUE D'ACIDE SULFURIQUE
## Spécialité de superphosphates minéraux et de superphosphates d'os
THÉOPHILE CONILLEAU, AU MANS

*Bureaux, rue de Bel-Air, 44. — Usine à Préau, rue des Maraîchers*

La situation de cette importante usine, établie au centre de l'Ouest, permet de livrer dans toute la région, à des conditions très-avantageuses, les produits de 1er choix de sa fabrication.

---

**Vacherie à céder** pour cause de décès du maître, 25 vaches, un seul cheval, 2 voitures, vente journalière sur place 320 litres de lait au prix moyen de 40 centimes le litre. Bénéfice net par an 10.000 fr. Loyer tout compris. Habitation, cour, étables, greniers. laiterie 1.800 fr. par an. Occasion à enlever de suite. Se presser. On traitera avec 10.000 fr. ou sans argent avec garanties.

Écrire ou voir M. DAGORY, 149, rue Lafayette, Paris.

---

## TERRE DE LA MOTTE-DAUDIER

*Commune de Niafles, par Craon (télégraphe, chemin de fer à 3 kilomètres) département de la Mayenne.*

250 reproducteurs mâles et femelles de la race Durham pure, des tribus Gwynne, Beeswing, Catherine, Zemima, Niblet, Portia, Rosalind.

Les Durhams de M. le comte de Quatrebarbes ont remporté à Vannes et à Tours un 2e et un 3e prix, deux prix supplémentaires, une mention et une médaille d'or de la Société des Agriculteurs de France.

Moutons Dislhey et Southdown importés.

Mâles et femelles de la race porcine craonnaise pure.

Blés d'espèces améliorées à grand rendement pour semences, Dattel et autres.

S'adresser toute l'année à M. Gendry, régisseur.

---

## VINS DE BORDEAUX

Garantis naturels. — Médaillés à l'Exposition universelle de 1889.

| VINS ROUGES | | VINS BLANCS | |
|---|---|---|---|
| La pièce de 225 litres : | | La pièce de 225 litres : | |
| Palus 1889 | 115 f. | Entre 2 Mers 1890.... | 110 f. |
| Côtes 1889 | 125 | Petites Graves 1889.. | 125 |
| 1res Côtes 1888 | 150 | Graves ou Côtes 1888. | 150 |
| Côtes supér. 1888 | 175 | Côtes 1887 | 200 |
| Graves 1887 | 250 | Sauternes, Barsac, Prix div. | |

Caisses assorties de 12, 25 et 50 bouteilles, depuis 1 fr. 50 la bouteille.

Les vins sont logés et rendus *franco*, gare de départ.

Paiement à 90 jours net, ou à 30 jours avec 2 0/0 d'escompte.

Les expéditions sont faites par les soins de M. G. BORD, secrétaire général du Syndicat agricole de CADILLAC (Gironde).

---

*Le Gérant,* E. MOREAU.

Laval, Imp. L. Moreau.

5e Année     **Octobre 1892**     N° 49

Ce Bulletin paraît le 15 de chaque mois.

# BULLETIN AGRICOLE
## DE L'OUEST

Organe des Syndicats Agricoles
des départements du Finistère, des Côtes-du-Nord,
du Morbihan, de la Loire-Inférieure, d'Ille-et-Vilaine, de la
Manche, de la Mayenne, de Maine-et-Loire, de la Sarthe,
de l'Orne, du Calvados, de l'Eure, d'Eure-et-Loir
et de la Seine-Inférieure.

*Publié sous la direction de :*

## H. LÉIZOUR, (✳ M. A.) (Q A.)

Professeur départemental d'Agriculture de la Mayenne, Directeur du Laboratoire
agronomique, Président du Syndicat des Agriculteurs de la Mayenne,

## GAROLA, (O. ✳ M. A.) (Q A.)

Professeur départemental d'Agriculture d'Eure-et-Loir,
Directeur de la Station agronomique de Chartres.

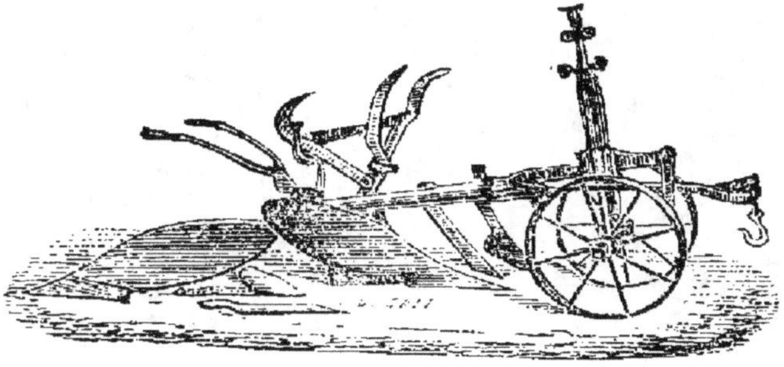

## ABONNEMENTS

Les membres des syndicats adhérents sont abonnés gratuitement par leurs
bureaux. — Pour les étrangers aux syndicats : **6 fr. par an.**

## ANNONCES

De 1 à 4 annonces. » **50°** la ligne.    De 8 à 12 annonces » **30°** la ligne
De 4 à 8    —    » **40°**    —    Au-delà de 12. » **20°**   —

Le bulletin publiera gratuitement les offres et demandes
des Syndicats abonnés.

*AVIS. — Tout ce qui concerne la rédaction, les Annonces et les Abonnements, doit être adressé à M. LÉIZOUR, rue de la Filature, 1, à Laval.*

# PULVÉRISATEURS
## CONTRE LE MILDIOU
### Et la maladie des pommes de terre

**Pulvérisateurs spéciaux pour chauler les arbres fruitiers**

Pour chauler les arbres fruitiers

## V. VERMOREL
CONSTRUCTEUR
à Villefranche (Rhône)

840 Premiers Prix et Médailles

Pulvérisateur « Éclair »
n° 1, avec lance à coulisse de 0<sup>m</sup>80 à 1<sup>m</sup>50 et tuyaux de 1<sup>m</sup>20.... **43 f.**
Pulvérisateur « Éclair »
n° 2, avec les mêmes accessoires. ... .. **33 f.**

Accessoires supplémentaires d'après M. LANGLAIS pour la pulvérisation des arbres :
1 tube caoutchouc de 2<sup>m</sup>50
1 robinet raccordant les 2 tubes ;
1 lance courte *pour perche*
**9 f.**
Lance à coulisse, de 2 m. 50 à 4 m..... **15 f.**
Lance à coulisse, de 0<sup>m</sup> 80 à 1<sup>m</sup>50........ **10 f.**

Cette dernière est facilement dirigée par l'ouvrier qui actionne la pompe.

**Quelques modèles sont en dépôt à l'entrepôt central du Syndicat des agriculteurs de la Mayenne.**

**TAUPES** Moyen infaillible *et très pratique* DE LES DÉTRUIRE toutes et partout, en quelques heures, aussi nombreuses qu'elles soient. *Envoi gratis et franco du Prospectus sur demande affranchie.* LAPORTE, agriculteur à St-Angel, par Montluçon (Allier).

# BULLETIN AGRICOLE DE L'OUEST

## CONCOURS AGRICOLE DÉPARTEMENTAL DE LA MAYENNE

Ainsi que nous l'avions annoncé, le premier concours départemental agricole de la Mayenne, s'est tenu à Laval les 30 septembre, 1er et 2 octobre 1892.

L'époque tardive à laquelle les ressources avaient été mises à la disposition des organisateurs du concours, le manque presque absolu de fourrages, par suite de l'extrême sécheresse de l'année et, il faut bien le dire, le discrédit que certains pessimistes avaient essayé de jeter sur cette nouvelle entreprise, avaient fait naître quelques appréhensions dans beaucoup d'esprits.

Cependant, malgré ces conditions défavorables, les agriculteurs de la Mayenne ont prouvé qu'ils sont disposés à profiter de toutes les occasions qui leur sont offertes pour montrer les produits qu'ils obtiennent et étudier les voies et moyens d'en obtenir de meilleurs. Les exposants étaient nombreux, les produits exposés superbes dans la plupart des catégories et les visiteurs intéressés sont venus en foule, puisque le 1er octobre, le nombre des entrées n'a pas été inférieur à 4.000.

L'exposition chevaline comprenait 52 numéros, dont 22 pour les animaux de demi-sang. Cette partie du concours a mis en lumière l'infériorité de la production chevaline du département, et par suite, la nécessité qu'il y aurait à lui donner une direction conforme aux conditions économiques où elle est placée.

Les animaux de l'espèce bovine n'étaient qu'au nombre de 155, mais il y a lieu de remarquer que 16 animaux seulement avaient été déclarés en temps voulu, dans la 1re catégorie (Races du pays), alors que près du tiers du département produit presque exclusivement des animaux de la race Normande. Cette abstention est de tout point regrettable et il y a tout lieu d'espérer qu'elle ne se reproduira pas, nos éleveurs du nord du département ayant tout avantage d'abord à venir prendre au concours les sommes importantes qui leur sont réservées et ensuite à comparer les animaux qu'ils produisent à ceux qu'on obtient dans le reste du département.

Dans la catégorie des croisements Durham on comptait 82 numéros et la qualité des animaux exposés ne laissait rien à désirer, surtout si l'on remarque que dans cette catégorie, comme dans la précédente, les fermiers ou métayers avaient seuls le droit de concourir.

Il est d'ailleurs très regrettable que les ressources dont on disposait n'aient pas permis de créer une subdivision permettant aux propriétaires d'exposer des animaux de ces catégories. Le concours eut certainement gagné à cette création qu'il est souhaitable de pouvoir faire dans les concours à venir.

Mais c'est l'exposition des animaux de la race Durham pure qui était surtout remarquable. Elle comprenait 57 animaux fournis par nos meilleures étables Mayennaises. dont la réputation n'est plus à faire, et dont la qualité uniforme a rendu la tâche du jury parfois difficile.

L'espèce ovine n'était représentée que par 20 lots d'animaux dont la qualité souvent très élevée ne suffisait pas pour donner une idée exacte de la production du mouton dans la Mayenne, et il y a lieu d'espérer que dans les concours à venir les animaux exposés seront plus nombreux.

Il en est de même en ce qui concerne l'espèce porcine, qui n'était représentée que par 10 lots d'animaux. La belle race Craonnaise, si estimée, à juste titre, nous permettrait certainement de faire une exposition beaucoup plus complète.

Trente lots d'animaux de basse-cour complétaient l'exposition des animaux et, là encore, le département qui compte un certain nombre d'éleveurs de talent, pourrait faire beaucoup mieux.

L'exposition des produits agricoles et horticoles, malgré la sécheresse excessive de l'année et l'époque du concours, qui ne permettait pas de compter sur l'apport d'un grand nombre de fleurs, présentait de beaux et nombreux spécimens des divers produits de nos champs et de nos jardins La qualité des produits exposés était telle et les limites du programme si étroites, que le jury a été fort embarrassé pour établir sa classification et aurait désiré pouvoir disposer d'un bien plus grand nombre de récompenses.

Les instruments et outils qui ont figuré au Concours étaient au nombre d'environ 400 et, en dehors de son principaux constructeurs locaux, quelques uns de nos meilleurs constructeurs français sont venus prendre part au concours et fournir ainsi à nos agriculteurs mayennais une excellente occasion d'étudier et de se procurer les meilleurs instruments, après en avoir vu quelques uns fonctionner dans les concours spéciaux.

En résumé, si le Concours de Laval a présenté quelques parties faibles, il a été très satisfaisant dans son ensemble. Il a prouvé que, dans la Mayenne, les agriculteurs sont disposés à suivre de près le concours départemental, comme leurs voisins de la Sarthe suivent depuis longtemps déjà celui qui est organisé chaque année au Mans et que nous avons essayé d'imiter.

Le concours départemental, comprenait, en dehos de l'exposition, des concours de bonne tenue de ferme et d'enseignement agricole. Les rapports ci-après rendent compte de ces deux concours spéciaux.

## CONCOURS DÉPARTEMENTAL AGRICOLE DE LA MAYENNE

### RAPPORT

#### DE LA COMMISSION DE L'ENSEIGNEMENT AGRICOLE

La commission d'organisation du concours départemental, pensant avec juste raison que l'enseignement agricole à tous les degrés, était le plus puissant moyen pour arriver graduellement à faire pénétrer dans la masse des cultivateurs les bonnes méthodes culturales, a inscrit dans le programme, pour 1892, un concours d'enseignement agricole, entre les instituteurs et les élèves des cantons ci-après : Landivy, Gorron, Ernée, Chailland, Mayenne (ouest) et Mayenne (est).

La commission d'examen était composée comme il suit :

MM. PANVERT, inspecteur primai<sup>re</sup>, à Mayenne, *Président;*

    RIGAUD, inspecteur primaire, à Mayenne ;

    GAIGNANT, commis principal de l'Inspection académique, à Laval.

MÉRY, professeur d'arrondissement, à Château-
Gontier, *Rapporteur*.

LÉIZOUR, professeur départemental, à Laval,
*Secrétaire*.

C'est la première fois qu'un concours de ce genre a été organisé dans la Mayenne, et le programme n'a été connu que peu de temps avant le fonctionnement de la Commission. Malgré ces conditions fort peu propices à la préparation des maitres et des élèves, dans leur ensemble les résultats obtenus ont été satisfaisants et font bien augurer pour l'avenir.

En effet l'émulation créée par les récompenses accordées aux plus méritants, développera chez tous le goût des questions agricoles, qui se déroulent journellement sous leurs yeux, les portera à discuter ces questions et à les approfondir par la lecture de bons ouvrages traitant de l'agriculture. C'est ainsi que l'enfant recevra des impressions vives et durables. En écoutant son maitre parler agriculture il s'habituera à croire à la science agricole, mise en doute de nos jours par le grand nombre des praticiens, et, bien convaincu de l'existence des découvertes agronomiques, il en fera plus tard l'application.

Quatorze maitres ont présenté des élèves et ont pris part au concours. Sur ce nombre six maitres et trente-cinq élèves ont été reconnus dignes par le jury de recevoir des récompenses.

Pour le classement des élèves la commission s'est trouvée en présence de quelques difficultés. Administrativement les écoles sur lesquelles elle était appelée à statuer forment deux classes : celles qui reçoivent des cours complémentaires, fréquentées par les élèves ayant obtenu le certificat d'études, formant la première classe ; la seconde comprend les écoles où les élèves ne reçoivent que l'instruction primaire élémentaire. Mais parmi les écoles comprises administrativement dans cette dernière classe, il s'en trouve qui admettent des élèves brevetés et qui reçoivent des cours complémentaires, en fait.

En présence de cet état de choses, la commission a dû d'abord procéder à un classement aussi rationnel que possible des écoles, en se basant sur les renseignements qu'elle a pu se procurer à ce sujet.

Elle a été ainsi amenée à créer deux catégories d'écoles appelées à concourir séparément.

## RÉCOMPENSES ACCORDÉES

### CLASSES DES COURS COMPLÉMENTAIRES

*Mayenne* (est). — L'école de Mayenne (est), dirigée par M. LAGARDE, présentait 7 élèves au concours, parmi lesquels figure le premier lauréat.

L'ensemble du travail des élèves de M. LAGARDE, tant pour l'écrit que pour l'oral, a été fort remarqué du jury.

D'autre part le travail personnel du maître forme un mémoire très complet, présenté dans un style simple et clair, qui dénote que l'auteur possédait parfaitement son sujet.

Le jury reconnaissant le haut mérite de ce maître distingué, est heureux de pouvoir lui accorder une médaille d'or et un ouvrage d'agriculture.

*Andouillé.* — M. DUMANS, instituteur-adjoint à Andouillé, présentait neuf élèves, dont plusieurs occupent un très bon rang parmi les lauréats. Le travail écrit fourni par la plupart d'entre eux, ainsi que les réponses orales ont donné à la commission pleine satisfaction.

Le mémoire présenté par M. DUMANS est, d'autre part, fort étudié ; le sujet y est développé avec beaucoup de clarté et de concision.

Pour récompenser le mérite et le savoir de M. DUMANS, le jury lui accorde une médaille d'argent et un ouvrage d'agriculture. Il adresse en outre des félicitations à M. FOUILLEUL, directeur de l'école.

*Gorron.* — Parmi les lauréats figurent 6 élèves de l'école de Gorron, sur 13 que M. COUSIN, instituteur, avait présentés. C'est dire que les résultats de l'examen fourni par les élèves de M. COUSIN ont été satisfaisants et que le niveau général de l'instruction à l'école de Gorron, est aussi bon que possible.

Le travail présenté par le maître laisse un peu à désirer sous le rapport du développement. Mais il ressort néanmoins de ce travail que M. COUSIN possède des connaissances agricoles sérieuses.

Pour récompenser ses efforts, très méritoires, le jury lui accorde une médaille de bronze et un ouvrage d'agriculture.

*Elèves récompensés des cours complémentaires et appelés.*

1º TESSIER, école de Mayenne (est).
2º AUGUSTIN, — d'Andouillé.

3° Penloup,   — de Gorron.
4° Gouel,     — d'Andouillé.
5° Lesaint,   — de Gorron.

*Elèves récompensés et non appelés.*

1° Morin,      école d'Andouillé.
2° Pichereau,  — de Mayenne (est).
3° Lefeuvre,   — de Gorron.
4° Métairie,   — d'Andouillé.
5° Laigre,     — de Gorron.
6° Lhuissier, Camille, école de Gorron.
7° Héteau,     école d'Andouillé.
8° Babin,      — d'Andouillé.
9° Machard,    — de Gorron.
10° Bourdin,   — de Mayenne (est).

## ÉCOLES PRIMAIRES ÉLÉMENTAIRES

*Ernée.* — Parmi les écoles primaires, celle d'Ernée, dirrigée par M. Vadis, mérité d'être classée au premier rang parmi celles qui ont pris part au concours. Dix élèves ont été présentés par M. Vadis, et presque tous ont subi les épreuves du concours avec succès. Dans cette école, l'ensemble de l'instruction représente une moyenne fort élevée, ce qui fait au maitre le plus grand honneur.

Celui-ci, de son côté, nous a présenté un travail très complet, très étudié, remarquable par son développement et la clarté d'exposition.

Aussi le jury se plait à distinguer en lui un maitre de grand mérite et lui accorde une médaille d'or et un ouvrage d'agriculture.

*La Bigottière.* — L'école de la Bigottière est dirigée par M. Morinet. Il n'a présenté aux examens qu'un seul seul élève, qui a passé avec beaucoup de succès les examens. Cet élève figure le deuxième sur la liste des lauréats.

Si M. Morinet, n'a eu qu'un élève à présenter il a, par contre, fourni personnellement, un excellent mémoire, dans lequel le sujet du concours est traité avec l'ampleur et la clarté qu'il comportait.

Comme récompense, le jury lui accorde pour son travail une médaille d'argent et un ouvrage d'agriculture.

*Mayenne* (ouest). — Enfin le sixième et dernier maitre recompensé, est M. Lerévérend, instituteur-adjoint à l'école de Mayenne (ouest).

Il a présenté 6 élèves qui ont tous fourni un examen oral très satisfaisant. Ils ont été moins heureux dans l'ensemble pour leur composition écrite ; néanmoins trois ont été jugés dignes de figurer parmi la liste des lauréats.

Le travail de M. Leréverend est assez développé et bien exposé. Il est visible qu'il possédait bien son sujet.

La Commission reconnaissant que le maitre mérite une récompense, lui accorde une médaille de bronze et un ouvrage d'agriculture.

Elle félicite en outre le directeur de l'école, M. Bisson. pour l'instruction dont les élèves ont fait preuve.

*Elèves récompensés et appelés de la classe élémentaire*

1º GAUTIER, école d'Aron.
2º BILY.         —    La Bigottière.
3º HELBERT,   —    Ernée.
4º DAUGUET.   —    Landivy.
5º HUARD,      —    Mayenne (Ouest).

*Elèves récompensés et non appelés*

1º LECHEVREL,  école de Landivy.
2º MARÉCHAL,   —    Saint-Denis-de-Gastines.
3º GARRAULT,   —    Ernée.
4º DAMOURETTE, —    —
5º LEREIDE,     —    —
6º HESLOT,      —    Aron.
7º MOREL,       —    Landivy.
8º CHEVRIS,     —    Fougerolles.
9º BISSON,      —    Mayenne (Ouest).
10º BOSSÉ,      —    La Dorée.
11º PETIT,      —    Mayenne (Ouest).
12º JUILLÉ,     —    Désertines.
13º SAINT,      —    Ernée.
14º POULAIN,    —    Fougerolles.
15º DAGUIER,    —    Saint-Denis-de-Gastines.

*Le Rapporteur,*
MÉRY.

# CONCOURS AGRICOLE DÉPARTEMENTAL DE 1892

### OUVERT PAR LE SYNDICAT DES AGRICULTEURS
### DE LA MAYENNE

*Entre les Cultivateurs, Propriétaires, Fermiers ou Colons des cantons de Landivy, Gorron, Ernée, Chailland, Mayenne-Ouest, Mayenne-Est.*

#### RAPPORT DE LA COMMISSION CHARGÉE DE VISITER LES FERMES

La Commission chargée de visiter les fermes s'est réunie à Mayenne, le mardi 28 juin 1892 à 7 heures du matin. Étaient présents :

MM. Couet, propriétaire-agriculteur à Château-Gontier.

Léizour, professeur départem. de la Mayenne.

Gruau, propriétaire-agriculteur à Comté de la Cropte.

Hardouin, agriculteur à St-Laurent-des-Mortiers.

Mélin, professeur à l'école pratique d'agriculture de Beauchêne.

M. Couet a été nommé Président, et M. Mélin Rapporteur.

Après avoir pris connaissance du dossier des demandes qui lui a été remis par M. Léizour, secrétaire du concours, la Commission a immédiatement commencé les visites qui ont été terminées le vendredi 1er juillet à midi.

Ont demandé de prendre part au concours :

MM.  1° Boussin, ferme des Bois, commune d'Aron.

2° Manceau, Michel, aux Rouzières, Mayenne-Ouest.

3° Guy, ferme de Bras, Mayenne-Ouest.

4° Bourgouin, à la Jenserie, commune de Châtillon-sur-Colmont.

5° Beaugendre, à la Juaire, commune de Saint-Aubin-Fosse-Louvain.

6° Renault, François, au Domaine, commune de Lévaré.

7° Pavis, Julien, à Luzabeth, commune de Saint-Ellier.

8° Fournier, Aimable, au Gué, commune de Carelles.

9° Dauguet, à la Dohinais, commune de St-Ellier.

10° MILLET, à Montfleaux, commune de Saint-
Denis-de-Gastines.
11° MÉTAIRIE, au Bois-Fouché, commune de Saint-
Germain-le-Guillaume.
12° HUET, Marin, à la Grande-Durière, commune
d'Andouillé.
13° HUARD, au Repas, commune de Sacé.

Tous demandaient à concourir pour les deux sections,
sauf M. FOURNIER, Aimable, qui présentait des plantations de pommiers.

Les cultivateurs prévenus de notre passage probable à
dater du 27 juin, mais ignorant le jour et l'heure, se sont
mis à notre disposition pour nous donner les renseignements dont nous pouvions avoir besoin.

La Commission a eu le plaisir de constater que partout
l'agriculture a fait de sérieux progrès dans cette partie
visitée du département de la Mayenne. S'il reste beaucoup à faire encore au point de vue de l'amélioration des
sols, de l'emploi plus raisonné des engrais, de l'exploitation mieux entendue des animaux, de l'utilisation meilleure des déchets de toutes sortes, d'une perfection plus
grande des façons culturales, d'un ordre plus rationnel
dans la succession des récoltes ; s'il reste beaucoup à
faire, dis-je, on peut assurer que l'éducation agricole des
cultivateurs s'affirme de plus en plus, que dans peu d'années la Mayenne n'aura rien à envier aux départements
réputés les plus avancés.

Les fumiers sont en général bien soignés, et quand ils
entre dans la composition des tombes, ils ne sont plus
mélangés directement à la chaux. Les fosses à purin se
creusent, lentement il est vrai, mais partout on en recon-
nait la nécessité. Tous les cultivateurs savent actuellement que les engrais minéraux sont indispensables dans
nos sols si pauvres au point de vue chimique et si mal
entretenus par des apports de fumures trop incomplètes
depuis plusieurs siècles. Et ces engrais ne sont plus
achetés au hasard de l'offre et sur apparence de bas
prix : la garantie du laboratoire est généralement récla-
mée. Cependant les phosphates, qui ont si bien fait leurs
preuves, sont encore trop délaissés ; bon nombre de
prairies en attendent quelques sacs pour devenir parfaites, de très médiocres qu'elles sont actuellement ; et les
légumineuses, les trèfles notamment, ne demandent qu'un
bon phosphotage des terres pour nous donner très abondamment leur succulent fourrage.

L'outillage agricole se renouvelle rapidement, et chacun désire pouvoir se procurer les instruments perfectionnés qui permettent de faire mieux et plus vite les diverses opérations de culture ou de récolte.

Si l'espèce chevaline est partout bien soignée, ses croisements bien compris, l'espèce bovine est malheureusement trop négligée. On s'inquiète ici trop peu de la valeur des reproducteurs, de la sélection de nos races locales qui valent souvent mieux que beaucoup de celles importées à trop grands frais. La nourriture choisie sans méthode est encore donnée avec parcimonie aux jeunes animaux qui réclament cependant une alimentation substantielle et abondante. Ils passent après un très brusque et trop hâtif sevrage du vert au sec et du sec au vert sans aucune transition ; aussi les voit-on jusqu'à la troisième année généralement, chétifs et maigres. Et l'on s'étonne que nos races ne soient adultes qu'à la quatrième année ! Les pailles et le plus mauvais foin sont l'apanage des vaches laitières pendant tout l'hiver, alors que l'ensilage de bons fourrages verts à l'automne, une culture plus étendue de racines, l'acquisition d'aliments concentrés leur assureraient, par un bien-être plus grand, la possibilité de donner des produits meilleurs et plus abondants. Mais la faute ne doit pas retomber tout entière sur le cultivateur qui est souvent lié par une clause de son bail. Tel propriétaire, par exemple, impose à son fermier d'élever deux veaux par vache ; c'est peut-être pour lui une garantie de ne rien perdre, en apparence, de la part qui lui revient, ce n'en est pas moins un non sens agricole. Hâtons-nous cependant de dire que la plupart des propriétaires font les plus louables efforts, que généralement ils vont de l'avant, entraînant leurs fermiers ou métayers, faisant même des sacrifices pour les amener à mieux faire.

De petites laiteries sont installées dans toutes les fermes, mais dans des conditions trop souvent défavorables. On pourrait facilement, ici, réaliser de beaux bénéfices en tranformant en beurre et en fromage le lait que l'on a le tort de vouloir quand même réserver en nature pour la consommation animale.

Partout la plus grande propreté règne à l'intérieur des fermes et surtout des habitations. C'est tout à l'honneur des fermières à qui nous adressons toutes nos félicitations.

La succession des récoltes, le choix des semences lais-

sent encore à désirer. Quand les engrais seront plus
judicieusement employés et les besoins des plantes mieux
connus, l'ordre cultural s'établira de lui-même.

La comptabilité agricole n'est tenue nulle part ; c'est
une lacune qu'il importe de combler au plus tôt. Il importe en effet beaucoup au cultivateur de savoir exactement établir pour chaque opération le bénéfice réalisé.
C'est une question d'ordre, c'est la base de toute entreprise sérieuse. Des ébauches nous ont été présentées par
quelques fermiers, mais ébauches trop incomplètes pour
que nous puissions les appeler « comptabilités. »

Les agriculteurs fermiers qui ont pris part au concours
nous ont, en général, présenté des exploitations mieux
tenues que celles des métayers. Cependant, le métayage
qui associe le travail au capital, devrait disposer de
moyens d'action plus puissants. Il nous appartenait de
constater le fait sans en chercher la raison.

La Commission, après examen des notes prises dans
chaque exploitation, après discussion des mérites de chacun, propose, à l'unanimité, d'attribuer les prix dans
l'ordre suivant :

*1º Première section.*

| 1er | prix | 400 fr. | et une médaille d'argent | à M. Huard. |
|---|---|---|---|---|
| 2e | — | 200 fr. | — de bronze | à M. Dauguet. |
| 3e | — | 150 fr. | — | — à M. Manceau, Michel. |
| 4e | — | 100 fr. | — | — à M. Boussin. |
| 5e | — | 75 fr. | — | — à M. Pavis. |
| 6e | — | 75 fr. | — | — à M. Bourgoin. |

*2º Deuxième section.*

*1re Sous-Section.*

| 1er | prix | 150 fr. | et une médaille d'argent | à M. Renault, Franc. |
|---|---|---|---|---|
| 2e | — | 100 fr. | — de bronze | à M. Beaugendre. |
| 3e | — | 50 fr. | — | — à M. Millet. |

*2º Sous-Section.*

Une médaille de bronze, pour bonne tenue d'intérieur
de ferme, à mesdames :

    Huard.
    Beaugendre.
    Dauguet.
    Huet.

MM. Guy, Métairie et Huet, tout en étant des cultivateurs de très grand mérite, n'ont pu être classés. Ils sau-

ront, une autre fois, prendre une revanche éclatante sur leurs concurrents plus heureux, leur passé nous en est garant. La Commission leur adresse, avec ses regrets, l'assurance qu'elle a vu avec plaisir leurs belles exploitations.

M. Huard exploite à ferme une propriété de 20 hectares 50, aidé de sa femme, de sa mère et d'un domestique ; pendant les six mois de bonne saison, il prend un deuxième domestique. Son sol, partout mouillé, a été drainé par ses soins et dans d'excellentes conditions. Il lui a fallu également créer ses chemins d'exploitation. L'emploi parfaitement raisonné des engrais phosphatés a corrigé la nature de ses terres et renouvelé la flore de 5 hectares de prairies naturelles qui sont actuellement en voie de devenir parfaites. Les prairies artificielles et surtout les trèfles de deux ans, malgré la sécheresse, ont une végétation des plus vigoureuses. Les terres sont absolument nettes de toute mauvaise herbe. M. Huard est arrivé à cultiver avec succès les blés à grands rendements et à faire choix d'un mélange qui lui donne les meilleurs résultats. Ses racines repiquées à la charrue dans un sol des mieux préparés ne semblent pas souffrir de la transplantation. Le fumier bien soigné est placé sur une aire étanche à côté d'une vaste fosse à purin pourvu d'une pompe. Avec un matériel agricole restreint, mais bien choisi et parfaitement entretenu, il a su diminuer de beaucoup sa main-d'œuvre et mettre ses terres dans un état de propreté qui n'est guère rencontré ailleurs. Les étables pourraient être mieux amenagées, mais difficilement mieux garnies d'animaux en parfait état. M. Huard élève deux brebis et des porcs qui utilisent les déchets de toutes sortent provenant de sa maison ou de sa laiterie. Une belle pépinière lui permet de planter tous les ans de vigoureux pommiers qu'il émousse, sulfate et cultive avec les plus grands soins. Un sol très médiocre est devenu entre les mains de ce parfait fermier la plus belle des exploitations visitées. C'est ici le cas de répéter : « Tant vaut l'homme, tant vaut la terre. »

M. Dauguet, fermier depuis 10 ans d'un domaine de 11 hectares 50 a su, par un travail intelligent et soutenu, amener la propriété qu'il cultive à un état de très grande amélioration. Ses prairies permanentes, sur une surface de 2 hectares 40, situées sur un sol humide et tourbeux, présentent des travaux d'assainissement bien compris ;

les joncs et les mousses sont en voie de disparition. Disposant de trop peu de place dans sa cour, il s'est vu obligé de faire son fumier sur les champs mêmes qui doivent le recevoir, mais il a soin de l'établir sur terre rapportée et de le couvrir toujours de curures de fossés qui sont ainsi parfaitement utilisées tout en constituant un bon abri au fumier. Le tout est mélangé avant l'épandage. L'esprit d'observation et de recherches très développé chez M. Dauguet l'a conduit à une pratique conseillée depuis quelques mois seulement par les agronomes. Cette pratique consiste à couper bien avant leur floraison les vesces d'hiver qui repoussent et donnent rapidement une seconde et abondante récolte. Ses ray-gras traités de la même manière et bien fumés lui ont donné trois coupes cette année. Il fait également l'élevage des abeilles dans d'excellentes conditions ; nous avons compté 17 ruches en travail. Le matériel agricole. la propreté des cultures laissent un peu à désirer à la Dohinais ; M. Dauguet n'en est pas moins un agriculteur émérite à qui la Commission n'hésite pas à donner le 2e prix de bonne tenue de ferme.

M. Manceau, Michel, nous a présenté une exploitation de 31 hectares qu'il cultive en qualité de métayer. Son fumier laisse trop à désirer aussi bien au point de vue de l'emplacement que des soins donnés. Le matériel agricole incomplet est en parti mal choisi et moins bien entretenu que dans les deux fermes précédentes. Il a aussi le grand tort d'élever trop d'animaux pour une production fourragère restreinte. Mais, par contre, les travaux de culture sont admirablement exécutés aux Rouzières. Quand M. Manceau aura donné plus d'extension à ses racines, creusé une fosse à purin, déplacé son fumier, complété son matériel, supprimé un veau à toutes ses vaches qui doivent en nourrir deux, il se placera au rang des meilleurs agriculteurs de la Mayenne. Il comprend l'utilité des engrais minéraux et ne tardera pas, profitant d'une expérience qu'il suit depuis deux ans, à les employer plus judicieusement.

M. Boussin est certainement un excellent agriculteur. Il cultive comme métayer une propriété de 36 hectares qui peut compter parmi celles améliorées. S'il n'arrive que quatrième dans l'attribution des prix, c'est que ses terres ne sont pas aussi propres qu'elles pourraient être, que ses prairies manquent un peu de soin, que ses a-

bres fruitiers sont trop délaissés, sa pépinière mal en-
tretenue et ses plantes sarclées non encore sarclées et
démarriées au 28 juin. On pourrait aussi reprocher à ce
fermier d'employer les engrais sans tenir compte de l'é-
quilibre nécessaire à la fertilisation de ses terres : de
choisir comme reproducteurs des taureaux Durham trop
défectueux, alors qu'il achète des animaux inscrits au
Herd-Boock

M. PAVIS est fermier depuis treize ans dans un domaine dont il continue l'amélioration constante. Par ses
soins une prairie de 3 hectares 20 a été entièrement re-
constituée et les chemins d'exploitation complètement
refaits, si l'expression peut s'employer. Sa pépinière de
pommiers, les jeunes arbres par lui plantés et les quelques vieux qu'il a trouvés sur le domaine sont parfaitement soignés et entretenus. Il a le très grand tort de
continuer les labours en planches étroites dans un sol
absolument sain ; cette pratique partout à rejeter est
surtout ici très mauvaise ; on le reconnaît dans chaque
pièce à la trop inégale répartition des fumiers et des engrais.

M. BOURGOUIN a succédé à son père comme fermier
d'une propriété de 25 hectares. Il lui reste beaucoup à
faire pour achever les travaux d'amélioration qu'il a entrepris : sa pépinière qu'il crée sur un défrichement de
taillis ne donne que l'espoir de devenir excellente ; ses
haies et clôtures sont en fort mauvais état ; ses animaux
défectueux ; sa fosse à purin trop petite. Ce fermier a
aussi le tort de faire des ray-grass pour graines. La
Commission tient cependant à féliciter M. Bourgouin
pour le courage et l'intelligence qu'il montre dans l'exploitation de sa ferme si difficile à diriger ; elle tient,
en outre, à signaler à l'attention de qui de droit ce vail-
lant père de 11 enfants, dont 7 vivants, en 15 ans de
mariage.

MM. RENAULT, BEAUGENDRE et MILLET exploitent des
fermes dont l'ensemble laisse plus à désirer que celles
dont il vient d'être question, mais ils se distinguent de
quelques-uns de leurs concurrents par de meilleurs soins
à leurs fumiers et un usage bien compris des engrais
chimiques. La Commission propose de leur attribuer les
trois prix de la deuxième section.

M. RENAULT nous a présenté un fumier installé dans
les meilleurs conditions et parfaitement soigné. La plate-
forme étanche est entourée de rigoles qui conduisent le

purin dans une fosse recouverte en grande partie par le fumier même et munie d'une bonne pompe. Les engrais chimiques sont choisis assez judicieusement et employés en quantité presque suffisante sur les prairies artificielles. M. Renault a fait des travaux de nivellement très bien exécutés dans un pré dont la valeur semble être de beaucoup augmentée.

M. BEAUGENDRE possède un matériel d'intérieur de ferme remarquable par l'agencement et le bon entretien. Son fumier également bien soigné est augmenté en quantité par l'addition de matières fécales obtenues facilement à Gorron. Les habitants du bourg donnent aux cultivateurs qui le veulent le contenu de leurs fosses d'aisance pour la vidange de celles-ci. On ne peut reprocher à Beaugendre que d'user trop largement des engrais organiques lorsqu'il emploi si peu les engrais minéraux. Il ne tardera pas à le constater par l'envahissement de ses cultures par les plantes salissantes. M. Beaugendre fait la carotte pour graines dans un sol bien pauvre pour supporter une culture aussi épuisante ; les bénéfices qu'il réalisera pendant quelques années encore seront certainement peu en rapport avec les frais nécessités bientôt pour rendre au sol la fertilité qu'il aura perdue.

M. MILLET n'a rien qui lui permette d'apporter à la confection de son fumier tous les soins nécessaires ; mais il emploie fort sagement les engrais chimiques depuis longtemps déjà. Les prés de sa ferme largement phosphatés ainsi qu'une grande partie des terres sont dans un état d'amélioration très apparent au milieu des autres propriétés avoisinantes. Nulle part ailleurs la Commission n'a pu mieux constater la très heureuse influence des phosphates de chaux dans la majeure partie des sols de la Mayenne.

Je le répète, dans toutes les fermes visitées, la Commission a pu constater combien nos fermières sont soigneuses de leur intérieur. Si ses propositions ne vous donnent que quatre noms à récompenser, c'est que dans un concours les candidats peuvent avoir tous beaucoup de valeur, sans pour cela être tous distingués par l'attribution d'un prix.

A Mayenne, le 15 juillet 1892.

Pour la Commission :
*Le Rapporteur*,
MÉLIN.

## Emploi de la chaux en agriculture

Le chaulage des terres est une question qui intéresse tout particulièrement la culture Mayennaise. Depuis fort longtemps, en effet, la chaux est abondamment employée dans ce département.

Les premiers essais furent tellement imprévus et concluants, que son emploi ne tarda pas à se généraliser et à amener un changement considérable dans le système de culture.

En un mot, dans le département personne ne l'ignore, pendant une trentaine d'années, la chaux a très puissamment contribué au développement de la richesse agricole dans la Mayenne.

Le fait est tellement vrai, que la généralité des cultivateurs considère encore aujourd'hui ce produit, comme une panacée, un engrais indispensable. Pour beaucoup d'entre eux, nous pourrions dire pour le plus grand nombre. la chaux est destinée à pourvoir à l'insuffisance du fumier de ferme, de telle sorte, que, moins il y a de fumier dans la ferme, plus est élevée la quantité de chaux employée. Il y a dans cette manière de voir un non sens agricole, une aberration, que nous allons chercher à à expliquer aussi clairement que possible, afin de mettre en garde les intéressés contre une pratique aussi préjudiciable à leurs intérêts.

Disons d'abord qu'il n'y a pas de bonne agriculture possible, si le sol ne renferme une certaine quantité de calcaire, de chaux. Une terre dépourvue de calcaire ne peut fournir que de pauvres récoltes, de maigres pâturages. Nous pouvons ajouter, en passant que celles trop calcaires, les terres crayeuses, sont dans le même cas.

Deux causes tout à fait opposées produisent donc sensiblement les mêmes effets et, notre but, en écrivant cet article, est d'en faire comprendre le pourquoi.

Lorsqu'on brûle des végétaux et qu'on soumet les cendres à l'analyse chimique, on y découvre une certaine quantité de chaux. La chaux est par conséquent un engrais puisqu'elle rentre dans la composition des plantes. Mais si l'on cherche à se rendre compte de la proportion que doit en contenir le sol pour suffire aux besoins de la nutrition végétale, il est facile de voir que deux ou trois millièmes seraient largement suffisants. Or il n'y a guère de sols en culture qui ne renferment ces quelques milliè-mes, abstraction faite des sols tourbeux.

Mais la chaux à d'autres rôles à jouer que celui d'engrais proprement dit, et pour cette raison la quantité indiquée plus haut est trop faible pour assurer une forte production, des conditions culturales avantageuses.

Son mode d'action dans le sol est double : elle agit mécaniquement et chimiquement.

Son rôle mécanique est caractérisé par la propriété qu'elle à d'ameublir le sol, de le diviser, de rendre par conséquent les terres fortes d'un travail et d'un ameublis-sement plus faciles, de favoriser leur aération, c'est-à-dire la pénétration de l'air dans leur masse, conditions qu'il faut chercher à obtenir et que toutes les terres très productives remplissent.

Son rôle chimique est encore plus complexe. Elle atta-que et transforme la plupart des matières fertilisantes, organiques et minérales, contenues dans le sol et les rend propres, par la transformation qu'elle leur fait subir, à être absorbées par les racines des plantes.

Ainsi le fumier de ferme et toutes les autres matières de nature organique sont divisées par la chaux, décom-posées, et forment, soit de l'ammoniaque, si la chaux est vive, qui se transforme en carbonate d'ammoniaque, soit de l'acide nitrique, si la chaux est éteinte, carbonatée, lequel s'associe aux bases pour former des nitrates.

Les nitrates comme l'ammoniaque servent directement à la nutrition végétale, et comme ces produits ne pren-nent naissance qu'en présence de la chaux, les matières fertilisantes organiques peuvent se trouver dans le sol, en l'absence de la chaux, sans être d'aucune utilité. De là l'explication de ce que nous formulions plus haut, rela-tivement à l'infécondité des terres dépourvues de cal-caire (1).

Le calcaire à également une action bien marquée sur les matières fertilisantes de nature minérale. Il est dé-montré aujourd'hui que la potasse n'est absorbée par les plantes que sous forme de carbonate de potasse ; or la chaux concourt à cette transformation. Si, par consé-quent, on emploie comme fumure du chlorure de potassium

_____

(1) Les mots calcaire et chaux, ont ici la même signification.

196

ou du sulfate de potasse sur des terres dépourvues de
chaux, la transformation en carbonate ne pourra avoir
lieu, et comme ces engrais sont très solubles, ils seront
exposés à être entraînés dans les couches profondes au
grand détriment du cultivateur. Les silicates de potasse,
provenant de la roche originelle, qui se trouvent dans le
sol, restent également inutilisés, si la chaux n'intervient
pour opérer leur transformation en carbonate. Nous ar-
rêtons là ces exemples, qui prouvent surabondamment le
rôle efficace de la chaux dans la culture.

La science chimique a établi les faits que nous venons
de formuler ; nous pouvons en déduire des conclusions
pratiques fort intéressantes sur le mode d'application de
la chaux dans le département de la Mayenne et sur l'é-
nergie et la périodicité des chaulages.

Si ce qui précède est bien compris, il va être facile de
se rendre compte : 1° des merveilleux effets de la chaux
pendant la première période de son emploi ; 2° de son peu
d'efficacité de nos jours sur les terres qui n'ont cessé d'en
recevoir.

La plus grande partie des terres de la Mayenne est
formée d'une couche géologique dépourvue de calcaire.
Elle ne pouvait donc contenir cet élément, ou en contenait fort peu, avant l'apport qui en a été fait sous forme
de chaux. Cela explique la forte proportion de matières
organiques que devait renfermer la couche arable avant
l'emploi de la chaux, matières accumulées pendant une
période plusieurs fois séculaire, faute d'éléments de transformation.

La chaux est venue qui a opéré, par suite de cette
transformation, de profondes modifications dans la culture et provoqué un grand engouement pour un produit
dont le mode d'action, peu connue d'abord, continue à
être mal interprété.

Au début une faible quantité de chaux a donné de
bons résultats ; mais son prix étant relativement peu
élevé, on augmentait la dose espérant augmenter les rendements dans la même proportion. La tentative fut d'a-
bord couronnée de succès, et on crut qu'il suffirait de
maintenir au besoin cette progression constante de la
chaux pour éterniser un Eden cultural.

Erreur profonde ! C'était le cas de se rappeler que toute
médaille à son revers !

(A suivre). G. PEYRAS.

# Le marc de pommes dans l'alimentation des animaux de la ferme.

On donne le nom générique de marc aux résidus qui restent après l'extraction du jus des fruits, quelle que soit la manière dont cette extraction est obtenue. Ainsi, les marcs de vendange sont les résidus de la fabrication du vin, les marcs de pommes sont les résidus de la fabrication du cidre. On désigne plus généralement sous le nom de tourteaux les résidus des fruits oléagineux après extraction de l'huile qu'ils renferment.

*Les marcs de vendange* intéressent particulièrement les pays vignobles où ils sont l'objet de tous les soins. Après les avoir lessivés et pressés le plus possible pour en faire de la piquette, ces marcs sont ensuite ensilés pour servir à l'alimentation des animaux de la ferme.

*Les marcs de pommes*, plus intéressants pour nous, constituent un produit d'une assez grande importance dans notre région cidricole. Pendant longtemps, les cultivateurs ont méconnu la valeur des marcs de pommes ; ils les abandonnaient dans un coin de la ferme, où ils se décomposaient en répandant une odeur des plus désagréables.

Le tas de marc ainsi négligé pendant un temps plus ou moins long, habituellement pendant tout l'hiver, était ensuite transporté sur les prés à titre de fumure. Employé de cette façon le marc ne donne jamais de bons résultats, les acides organiques qu'il contient sont plutôt nuisibles à la végétation. Il eût fallu mélanger ce marc soit avec de la terre ou des curures de fossés et avec un peu de calcaire pour neutraliser son acidité, puis brasser ensuite le tas à deux ou trois reprises différentes pour en activer la décomposition ; on obtiendrait ainsi un compost de quelque valeur pour les prairies naturelles, qu'il est toujours avantageux de terreauter.

Certains cultivateurs distribuent encore le marc dans leurs vergers, au pied des arbres, pensant ainsi restituer ce que les pommiers ont pris au sol.

Employé de cette façon, principalement au pied des jeunes arbres, le marc empêche la croissance de l'herbe et tient le sol meuble et frais, mais pour obtenir ce résultat on pourrait avantageusement le remplacer par de la mousse, des feuilles ou d'autres matières végétales.

198

Ces différents modes d'emploi ne sont pas à conseiller pendant cette malheureuse et triste année de disette fourragère ? ce serait un gaspillage ! Il faudra, au contraire, utiliser et tirer parti de tout ce qui sera susceptible d'entretenir, n'importe comment, les animaux de la ferme, car l'année 1892-1893 va être terrible pour eux. Les provisions seront épuisées avant la fin de l'hiver ; d'un autre côté la sécheresse a compromis la végétation et modifié la flore, dans bien des prairies hautes, empêché les ensemencés de fourrages printanniers, ce qui jette encore un point noir de plus sur l'avenir.

En conséquence, nous avons cru que le moment était de circonstance de rappeler aux lecteurs du *Bulletin agricole de l'Ouest* qu'ils peuvent tirer avantageusement parti du marc de pommes et d'attirer leur attention sur la valeur alimentaire de ce produit qui est obtenu en plus ou moins grande quantité dans toutes les fermes.

La composition normale du marc est la suivante :

| | |
|---|---|
| Eau et matières volatiles . . . . | 75.75 |
| **Matières azotées** . . . . . | **1.37** |
| — grasses . . . . . . | 1.26 |
| — sucrées. . . . . . | 3.13 |
| — hydrocarbonées . . . . | 5.01 |
| Cellulose brute . . . . . . | 12.08 |
| Matières minérales . . . . . | 0.65 |
| Perte . . . . . . . . . | 0.75 |
| | 100.00 |

Comme on le voit, la valeur alimentaire n'est pas bien élevée, mais je le répète, il faut cependant l'utiliser quand même, surtout cette année.

*Conservation.* — Au sortir du pressoir, le marc sera bien émietté, puis il sera mélangé à volume égal avec les balles de froment et d'avoine, que les cultivateurs soigneux ont réservé précieusement cette année. A défaut de balles on pourra employer de la paille hachée, il sera toujours avantageux d'employer du sel dans ce mélange dans la proportion de deux à trois kilos par cent kilos. Ensuite le tout sera disposé dans un silo en attendant son utilisation. Voici comment on pourra faire l'ensilage économiquement dans toutes les fermes. On ouvre une tranchée dans une terre saine à 0 m. 40 de profondeur sur 1 m. 20 de largeur, on y dispose le mélange préparé en le tassant fortement par piétinement, on l'élève à

O m. 50 hors de terre, puis on recouvre le tas d'une légère couche de paille, et ensuite on rejette par dessus la terre provenant du creusage de la tranchée. Pour isoler les eaux pluviales on creuse également une rigole circulaire dont la terre extraite complète la couverture.

Ce procédé employé dans le nord de la France pour la conservation des pulpes de betteraves, réussit admirablement.

Ainsi conservé, le marc permet de remplacer une partie de la ration des bêtes à cornes, des moutons et des porcs.

Ajoutons, en terminant, que la bonne qualité du marc dépend surtout du soin apporté à la fabrication du cidre. Si les pommes employées sont altérées et déjà envahies par la fermentation butyrique, si elles ont la pourriture noire, le marc perd une grande partie de sa valeur, et n'est plus accepté qu'avec répugnance par le bétail.

P. MASSERON.

---

## Le Piétin ou Maladie du pied des Céréales.

CAUSE ET CARACTÈRES DE LA MALADIE. — EXPÉRIENCES DE LA STATION D'ESSAIS DE SEMENCES. — VARIÉTÉS DE BLÉ LES PLUS RÉSISTANTES. — TRAITEMENT DE LA MALADIE. — OBSERVATIONS DE L'ÉCOLE D'AGRICULTURE DU GRAND-RESTO.

Le piétin des céréales est une maladie actuellement très répandue, causant sur beaucoup de points de notre territoire de sérieux ravages dans les cultures de blé. Le cultivateur la reconnaitra facilement aux caractères suivants : jusqu'à la floraison, le développement de la plante se poursuit normalement, mais à partir de cette époque, les feuilles commencent à jaunir, la tige se dessèche à son tour ; quant à l'épi, mûrissant prématurément, il reste droit et livre des grains mal venus, d'autant plus légers que la maladie sévit avec plus d'intensité. Beaucoup d'agriculteurs disent à tort que le grain est *échaudé*. Le véritable échaudage, en effet, n'a rien de commun avec la maladie du pied : il est provoqué par des conditions climatériques défavorables, surtout par des chaleurs subites survenant alors que le grain est encore

200

laiteux. La maladie du pied a pour cause un champignon parasite que MM. Prilleux et Delacroix rapportent à l'*Ophiobolus graminis* de Saccardo.

Quand, au moment de la moisson, on arrache un chaume malade du piétin, il se rompt parfois au niveau du sol, car la paille est devenue cassante. Le champignon attaque les racines et les entre-nœuds les plus inférieurs ; en enlevant les gaines desséchées enveloppant ces entre-nœuds, on aperçoit sur le chaume des plaques brunâtres plus ou moins étendues. Les parties ayant conservé leur couleur naturelle présentent en outre de petits points noirs très ténus, visibles cependant à l'œil nu.

Depuis l'automne de 1887, la Station d'essais de semences poursuit, à la ferme de Joinville-le-Pont, des expériences sur le choix et l'amélioration des plantes de grande culture.

Dès l'année 1888-1889, le piétin y faisait son apparition. Toutes les céréales ne constituent pas un terrain également favorable pour le parasite. Tandis que le blé souffrait considérablement de sa présence, le seigle, atteint également, résistait beaucoup mieux. L'orge présentait à peine quelques traces de la maladie : quant à l'avoine, elle parut épargnée. C'est le blé, la plante la plus maltraitée, qui devint l'objet de nos observations ultérieures.

Au cours de la végétation, nous constatons déjà très nettement que les différentes variétés de blé ne souffrent pas également de la maladie du pied : quelques-unes présentaient une apparence vigoureuse, alors que d'autres dépérissaient d'une façon très marquée.

Afin de dresser avec exactitude une échelle de résistance des variétés en expérience, nous avons, pour chacune d'elles, rapproché le poids de mille grains de la récolte de 1888, qui a été excellente, de celui des récoltes de 1889 et de 1890, très atteintes par le piétin.

Des comparaisons nombreuses que nous avons établies il résulte que *la maladie du pied attaque surtout les variétés précoces*. Le blé bleu de Noé, par exemple, qui pesait 62 gr. 02 les 1.000 grains en 1888, tombe à 36 gr. 88 en 1889, soit 59.46 0/0 du poids primitif.

Pour le blé de Bordeaux et le blé de l'Ile-Verte qui, sous deux synonymes, appartiennent à une même variété, le poids des grains en 1889 représente 73.36 0/0 du poids relevé en 1888. Ce rapport remonte à 77.93 pour le

Goldendrop; à 77.64 pour les blés à épi carré ; à 77.67 pour le poulard d'Australie, variétés qui sont toutes plus ou moins tardives.

La grande résistance du blé de Hallett, connu encore sous les noms de Nursery, Victoria roux, Kessingland, Svalof, Ormeau, etc., mérite d'être signalée d'une façon toute spéciale. En 1889, le poids des 1.000 grains s'élevait à 86.68 0/0 de poids constaté en 1888.

En 1890, la maladie redouble d'intensité. Les différences de résistance deviennent alors plus marquées. L'infériorité des variétés hâtives se manifeste encore plus nettement que l'année précédente. Parmi les nouvelles variétés introduites au champ d'expérience de la Station, je citerai un blé russe très apprécié en Amérique à cause de sa précocité, le blé de Ladoga. Il ne nous a fourni qu'un grain ridé complètement invendable. Nous en dirons autant du blé F, le plus précoce de la collection des prétendus hybrides de la maison Carter.

C'est encore le blé de Hallett qui, en 1890, tient la tête comme résistance, à la maladie. Dans le Nord de la France et partout où les variétés tardives ne souffrent pas des coups de soleil de l'été, la culture du blé de Hallett est tout indiquée dans les terres où sévit le piétin.

Le champignon, cause de la maladie du pied, étant localisé, avons-nous dit, dans les racines et dans les entre-nœuds inférieurs du chaume, il semble que le moyen le plus simple de s'en débarrasser serait d'arracher et de brûler les chaumes contaminés. Pratiquée à la Station d'essais de semences, cette opération, conduite avec un soin minutieux qu'on ne saurait apporter en grande culture, n'atténua nullement la maladie ; au contraire, elle redoubla de violence en 1890. Il fallait chercher un autre remède.

L'examen attentif des caisses de végétation dans lesquelles se faisaient les expériences nous avait montré que les plantes des bords, les moins favorisées au point de vue de leur alimentation, étaient les plus maltraitées ; nous avions remarqué, en outre, que les blés en sol pauvre jaunissaient les premiers. Il semblait donc qu'il y eût une relation inverse entre la vitalité de la plante et celle du parasite. Les expériences poursuivies en 1891 sont venues nous éclairer à ce sujet.

Dans les parties du champ les plus éprouvées, nous avons semé du blé Saumur de Mars.

Une série de sept caisses de végétation fut ensemencée sans recevoir d'engrais ; dans deux autres séries, on fit précéder les semailles d'une application de superphosphate, de chlorure de potassium et de sang desséché.

Voici les résultats obtenus :

| NATURE ET QUANTITÉ d'engrais employé par hectare | | RÉCOLTE PAR CAISSE DE VÉGÉTATION | | | POIDS de 1,000 grains non criblés |
|---|---|---|---|---|---|
| | | Poids total de la récolte | Récolte en grains | Récolte en paille | |
| | Kilog. | Gr. | Gr. | Gr. | Gr. |
| | 0 | 395 | 135 | 260 | 38.923 |
| Superphosphate ... | 300 | | | | |
| Chlorure de potas.. | 100 | 785 | 269 | 516 | 43.536 |
| Sang desséché. ... | 400 | | | | |
| Superphosphate ... | 450 | | | | |
| Chlorure de potas.. | 150 | 863 | 297 | 566 | 43.695 |
| Sang desséché..... | 600 | | | | |

Avec l'apport d'engrais, la production en paille et en grain a doublé. Le poids de 1,000 grains, qui donne la mesure de l'intensité de la maladie, monte de 38 gr. 9 à 43 gr. 69, poids correspondant, pour le Saumur de Mars, à du grain de bonne qualité. Déjà, au seul examen des récoltes sur pied, il n'était pas possible de mettre en doute l'influence favorable des engrais.

Nos essais ne se sont pas bornés à ceux que nous venons de présenter : un certain nombre de caisses de végétation destinées à recevoir du Saumur de Mars au printemps de 1891 furent arrosées, à l'automne de 1890, avec des solutions étendues de sulfate de cuivre, de sulfate de fer et d'acide sulfurique, trois substances dont l'action sur divers ordres de champignons est bien connue. Pour effectuer cette opération, nous avons attendu que la terre fût saturée d'eau ; de cette façon, les substances chimiques pouvaient pénétrer à une certaine profondeur avant d'être fixées ou décomposées par le sol. Nous espérions que, depuis l'automne jusqu'aux semailles de printemps, ces substances auraient le temps d'agir sur les organes de multiplication des champignons et de subir ensuite dans le sol une décomposition les rendant inoffensives pour la plante.

Le tableau suivant résume les principales observations que nous avons enregistrées.

| NATURE DU TRAITEMENT Quantité d'engrais à l'hectare | | RÉCOLTE PAR CAISSE DE VÉGÉTATION | | | POIDS de 1,000 grains non criblés |
|---|---|---|---|---|---|
| | | Poids total de la récolte | Récolte en grains | Récolte en paille | |
| Sans traitement. . . . . . . . | | 681 | 234 | 447 | 12.052 |
| Sulfate de fer | 750 kil. | 636 | 208 | 428 | 10.357 |
| | 1.500 — | 666 | 227 | 439 | 11.868 |
| Acide sulfurique | 300 — | 611 | 208 | 403 | 10.524 |
| | 600 — | 545 | 182 | 363 | 10.364 |
| Sulfate de cuivre | 100 — | 574 | 195 | 379 | 10.155 |
| | 200 — | 552 | 184 | 369 | 39.788 |

Les chiffres qui précèdent démontrent que les substances employées, loin d'agir favorablement, ont été nettement nuisibles. Par ordre de nocuité croissante, on peut les ranger ainsi : sulfate de fer, acide sulfurique, sulfate de cuivre. Naturellement, les doses les plus fortes se sont montrées les plus nuisibles. Cependant, le sulfate de fer seul, pour des raisons qu'il serait difficile d'indiquer, fait exception.

Si l'on rapproche, dans chaque série, le poids moyen de 1,000 grains du poids total de la récolte, on voit que les deux chiffres varient dans le même sens. Chaque fois que la récolte s'accroît, le grain, qui, nous le répétons, traduit par son poids l'intensité de la maladie, va s'améliorant. J'estime que toutes les circonstances susceptibles d'augmenter les rendements, autrement dit d'augmenter la vigueur des plantes, rendent en même temps celles-ci plus réfractaires au piétin.

La lettre suivante que vient de m'adresser M. Le Dain, directeur de l'École pratique du Grand-Resto (Morbihan), confirme le bien fondé de cette opinion :

« Je suis enfin parvenu, écrit M. Le Dain, à débarrasser complètement *tous* mes blés de cette terrible maladie par l'apport de 1,500 kilog. de scories de déphosphoration répandues et incorporées au sol en deux fois par deux labours différents, afin qu'elles fussent bien réparties dans toute la couche arable, et grâce aussi à de forts roulages donnés au printemps par un rouleau Croskill que j'ai fait construire dans mes environs et qui fonctionne parfaitement avec deux bœufs, quoique couvrant 1 m 30 avec ses 14 disques.

« J'avais déjà précédemment remarqué que dans les chaintres où la terre était plus piétinée, plus tassée, il y avait bien moins d'épis échaudés.

« Cette année, on trouve difficilement par ci par là aux tournières des champs seulement où le semoir a peu distribué de phosphates quelques épis atteints et mûrs prématurément. »

L'expérience de M. Le Dain, poursuivie sur une grande échelle, est des plus probantes. Les terres du Grand-Resto sont pauvres en acide phosphorique et en chaux : elles se soulèvent pendant l'hiver ; les scories de déphosphoration, le plombage opéré au printemps, ont remédié à ces inconvénients, favorisé par conséquent le développement du blé. qui a opposé alors une résistance plus efficace au champignon. C'est la seule explication rationnelle qu'on puisse donner de l'action des scories de déphosphoration ; les matières qu'elles contiennent étant insolubles, elles ne sauraient agir directement sur le parasite.

*Conclusions.* — La lutte contre le piétin n'exige pas de traitement spécial. C'est en travaillant convenablement les terres et en les fumant largement qu'on se rendra maître de la maladie.

Les terres contaminées sont-elles pauvres en potasse et en acide phosphorique. on fournira ces éléments au sol en forçant les doses d'engrais ordinairement employées. Si le blé n'utilise pas complètement cette abondante fumure, elle profitera aux cultures suivantes.

Enfin, si la nature du sol et celle du climat ne sont pas un obstacle à l'emploi des variétés tardives telles que le blé de Hallett, le blé à épi carré, le Goldendrop, le Poulard d'Australie, etc., c'est à ces variétés qu'on donnera la préférence.

Les variétés tardives étant les plus productives, on peut dire que toutes les circonstances susceptibles d'accroitre les rendements : choix de variétés, façons culturales, engrais, concourent à atténuer les effets du piétin, au point de les neutraliser complètement.

E. SCHRIBAUX,
Directeur de la Station d'essais de semences
à l'Institut National Agronomique.

## Falsifications d'engrais. — Fraude dans la vente des blés

Le tribunal de Chartres, dans son audience correctionnelle du 27 juillet, a condamné un falsificateur d'engrais.

Le Syndicat agricole de Chartres, faisait venir ses engrais de Berthel (Ardennes). Les premières livraisons furent régulières ; mais dans certaines, M. Garola reconnut que le nitrate de soude au lieu de contenir 16 pour 100 d'azote, n'en contenait que 13 pour 100, une plainte fut déposée contre le fournisseur. M. Muntz, chimiste à l'institut agronomique de Paris, choisi comme expert, confirma les résultats obtenus par M. Garola et la fraude du vendeur.

Le tribunal de Chartres, dans un jugement longuement motivé, a condamné M. Delmotte. vendeur de l'engrais falsifié à un mois de prison, 500 fr. d'amende, 1 fr. de dommages-intérêts, envers chacun des cultivateurs plaignants, à l'insertion du jugement dans trois journaux de l'arrondissement.

L'analyse a démontré que les sacs contenaient de 20 à 26 pour 100 de sable blanc.

Ce jugement démontre l'utilité des syndicats agricoles, un cultivateur isolé, ne fait pas analyser les sacs d'engrais expédiés par un fournisseur, à cause des frais et des formalités. Les syndicats exercent une surveillance constante, et la fraude ne peut pas longtemps leur échapper : cette surveillance ne se ralentira pas, car les fraudeurs sont incorrigibles.

En voici un autre exemple : trente-neuf cultivateurs, des environs d'Hornoy (Somme) avaient acheté des semences de blé de mars à un vendeur qui leur promettait que ses blés seraient également bons, comme blés de printemps et comme blés d'hiver.

La récolte a prouvé que les blés contenaient une plus forte proportion de blés d'hiver de pays que de blés de mars, et le vendeur a été condamné par le tribunal d'Amiens, à restituer aux cultivateurs, le prix de ses graines de semence, et de plus, à payer à chacun d'eux, 200 fr. de dommages-intérêts.

La punition est juste.

Cultivateurs, adressez-vous aux syndicats agricoles. qui donnent aux achats la plus grande somme de garantie qu'il est humainement possible de réaliser.

*(Bulletin du Syndicat agricole de l'arrondissement de Mortagne.)*

---

## SYNDICAT DES AGRICULTEURS DE LA MAYENNE
### AVIS

L'entrepôt de Laval est approvisionné de tourteaux de lin ; ce produit alimentaire est livré actuellement aux prix ci-après :

En pain et en vrac . . . . . . . 22 fr. les 100 kilos.
Concassé dans les sacs de l'acheteur 22 fr. 30 —
Concassé et logé . . . . . . . 22 fr. 80 —

Messieurs les Syndiqués trouveront aussi au même entrepôt du sulfate de cuivre (vitriol), pour le pralinage des semences, à 0 fr. 55 le kilo.

Dans le numéro du bulletin de juillet dernier, le phosphate de la Somme a été omis dans le compte-rendu des nouveaux marchés.

Cet engrais, dosant de 18 à 20 0/0 d'acide phosphorique, nous a été accordé à 3 fr. 95 les 100 kilos, par wagons complets, aux mêmes conditions que pour la plupart des autres engrais, c'est-à-dire franco dans toutes les gares de la Mayenne.

Les entrepôts n'en seront pas approvisionnés.

---

**Syndicat agricole de Fresnay-sur-Sarthe** offre : Blé Dattel pour semence (passé au trieur Marot), à 28 fr. les 100 kilos sac à rendre ou facturé 1 fr.
Blé Hallett et Nursery à prix proportionnels.
S'adresser à M. V. Ribot, gérant.

---

## AVIS

*Blés de semences.* — Les cultivateurs sont informés que nous ne garantissons rien en ce qui concerne les offres ci-dessous, nous insérons simplement ces offres et c'est à eux de *s'adresser directement aux vendeurs* et de demander des échantillons.

---

**Jules PIVERT-AVRIL**, 95, Val-de-Mayenne, Laval, offre blé Dattel.

---

**M. Victor CHRÉTIEN**, (Bel-Air, Laval), offre pour semence du blé Dattel passé au trieur, à raison de 25 fr. 0/0 k° du blé de Saint-Laud, même prix (sauf variation), soit pris chez lui, soit en gare Laval, payable au comptant, dans les sacs de l'acheteur ou contre remboursement.

---

## SYNDICAT DE CHARTRES

### 1° Vins et Eaux-de-vie

Voir les prix et conditions au Bulletin agricole de Février — L'expédition des vins d'Algérie recommencera prochainement.

### 2° Marchandises en dépôt

Marchandises actuellement en dépôt :
Superphosphate minéral soluble au Citrate.

Phosphoguano ordinaire.
Phosphoguano surazoté.
Scories de déphosphoration.
Sulfate de cuivre.
Sulfate de fer.
Carbonate de soude.
Tourteaux de lin pour engraissement.
— de sésame blanc du Levant pour engraissement.
— de Coprah, Ceylan, pour vaches laitières.
Huile d'olive surfine, à 1 fr. 90 le kilog.
Huile de sésame fine, à 1 fr. 11 le kilog.
Savon bleu à 0 fr. 50.
Savon blanc « Le Génie », 0 fr. 55 le kilog.
Savon blanc « le Trèfle », à 0 fr. 66 le kilog.

Les huiles sont fournies en bonbonnes de verre, cachetées et plombées par les expéditeurs, et par quantités de 25 kilog. environ.

Elles sont garanties absolument pures.

Les savons sont livrés en caisse de 25 à 30 kilog. également.

Enfin le dépôt contient également de l'huile minérale russe, (Ragosine) excellente et avantageuse pour le graissage des machines agricoles, au prix de 0 fr. 50 le kilog. (non logé), et de l'huile à brûler, double épuration à 0 fr. 80 le kilo. (logée), le tout en bonbonnes d'environ 25 kilog.

Toutes les substances ci-dessus sont fournies immédiatement contre paiement comptant, en s'adressant chez M. Mercier, comptable du syndicat, 4, place Saint-Michel, tous les jours de la semaine (dimanches et fêtes exceptés et le samedi avant midi).

Elles peuvent également être expédiées par chemin de fer transport à la charge de l'acheteur.

Le syndicat peut encore faire fournir à ses adhérents, et à des conditions très avantageuses :

1° Des ardoises provenant des mines d'Angers ;

2° Des tuiles ordinaires et des tuiles Muller.

3° De la chaux et du plâtre pour constructions ;

4° Enfin toutes machines agricoles provenant des meilleurs fabriques, notamment des Trieurs Marot et des Tarares Denis.

Pour tous renseignements, s'adresser à l'Agent-Comptable.

---

**A VENDRE** 40 ',000 kilos de betteraves et carottes. S'adresser à M. BOUSTEAU, à Rabestan, par Illiers (Eure-et-Loir).

---

## SYNDICAT
### des agriculteurs du département d'Ille-et-Vilaine

Le Syndicat des agriculteurs d'Ille-et-Vilaine se met à la disposition des syndiqués de celui de la Mayenne pour leur procurer les pommes à cidre dont ils ont besoin, en les demandant directement à la culture.

S'adresser pour les renseignements au secrétariat du syndicat des agriculteurs d'Ille-et-Vilaine, 11, Galeries Méret à Rennes.

---

**M. Amédée MESLAY** à la Barillerie par le Lion d'Angers — Maine-et-Loire.

OFFRE blés de semences selectionnés. Depuis plusieurs années vend ses blés comme semence aux syndiqués de la région.

Manufacture d'engrais et produits chimiques pour l'agriculture
FABRIQUE D'ACIDE SULFURIQUE

# Spécialité de superphosphates minéraux et de superphosphates d'os

THÉOPHILE CONILLEAU, AU MANS

*Bureaux, rue de Bel-Air, 44. — Usine à Préau, rue des Maraîchers*

La situation de cette importante usine, établie au centre de l'Ouest, permet de livrer dans toute la région, à des conditions très-avantageuses, les produits de 1er choix de sa fabrication.

---

**Vacherie à céder** pour cause de décès du maître, 25 vaches, un seul cheval, 2 voitures, vente journalière sur place 320 litres de lait au prix moyen de 40 centimes le litre. Bénéfice net par an 40.000 fr. Loyer tout compris. Habitation, cour, étables, greniers, laiterie 1.800 fr. par an. Occasion à enlever de suite. Se presser. On traitera avec 10.000 fr. ou sans argent avec garanties.

Ecrire ou voir M. DAGORY. 149, rue Lafayette, Paris.

---

## TERRE DE LA MOTTE DAUDIER

*Commune de Niafles, par Craon (télégraphe. chemin de fer à 3 kilomètres) département de la Mayenne.*

250 reproducteurs mâles et femelles de la race Durham pure, des tribus Gwynne, Beeswing, Catherine, Zemima, Niblet. Portia, Rosalind

Les Durhams de M. le comte de Quatrebarbes ont remporté à Vannes et à Tours un 2e et un 3e prix, deux prix supplémentaires, une mention et une médaille d'or de la Société des Agriculteurs de France.

Moutons Dislhey et Southdown importés.

Mâles et femelles de la race porcine craonnaise pure.

Blés d'espèces améliorées à grand rendement pour semences, Dattel et autres.

S'adresser toute l'année à M. Gendry, régisseur.

---

## VINS DE BORDEAUX

Garantis naturels. — Médaillés à l'Exposition universelle de 1889.

| VINS ROUGES | VINS BLANCS |
|---|---|
| La pièce de 225 litres : | La pièce de 225 litres : |
| Palus 1889 ..... .... 115 f. | Entre 2 Mers 1890.... 110 f. |
| Côtes 1889........... 125 | Petites Graves 1889 . 125 |
| 1res Côtes 1888....... 150 | Graves ou Côtes 1888. 150 |
| Côtes supér. 1888..... 175 | Côtes 1887......... .. 200 |
| Graves 1887..... ... 250 | Sauternes, Barsac, Prix div. |

Caisses assorties de 12, 25 et 50 bouteilles, depuis 1 fr. 50 la bouteille.

Les vins sont logés et rendus *franco*, gare de départ.

Paiement à 90 jours net, ou à 30 jours avec 2 0/0 d'escompte.

Les expéditions sont faites par les soins de M. G. BORD, secrétaire général du Syndicat agricole de CADILLAC (Gironde).

---

*Le Gérant,* E. MOREAU.

---

Laval, Imp. L. Moreau.

Ce Bulletin paraît le 15 de chaque mois.

# BULLETIN AGRICOLE
## DE L'OUEST

Organe des Syndicats Agricoles
des départements du Finistère, des Côtes-du-Nord,
du Morbihan, de la Loire-Inférieure, d'Ille-et-Vilaine, de la
Manche, de la Mayenne, de Maine-et-Loire, de la Sarthe,
de l'Orne, du Calvados, de l'Eure, d'Eure-et-Loir
et de la Seine-Inférieure.

*Publié sous la direction de :*

**H. LÉIZOUR**, (✳ M. A.) (Q A.)
Professeur départemental d'Agriculture de la Mayenne, Directeur du Laboratoire
agronomique, Président du Syndicat des Agriculteurs de la Mayenne,

**GAROLA**, (O. ✳ M. A.) (Q A.)
Professeur départemental d'Agriculture d'Eure-et-Loir,
Directeur de la Station agronomique de Chartres.

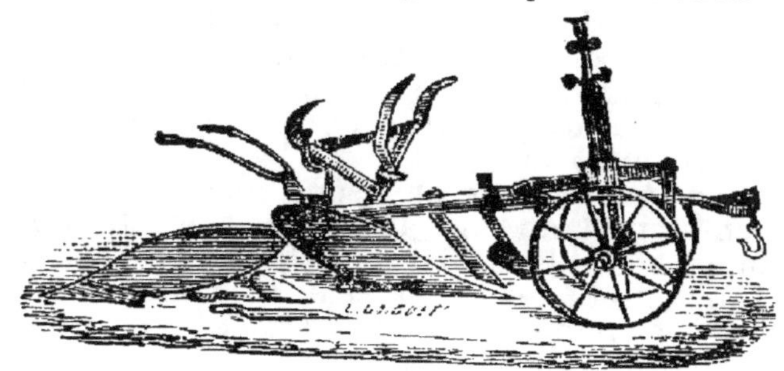

## ABONNEMENTS

Les membres des syndicats adhérents sont abonnés gratuitement par leurs
bureaux. — Pour les étrangers aux syndicats : **6 fr.** par an.

## ANNONCES

De 1 à 4 annonces. » **50°** la ligne.        De 8 à 12 annonces » **30°** la ligne
De 4 à 8 — » **40°** —        Au-delà de 12. » **20°** —

Le bulletin publiera gratuitement les offres et demandes
des Syndicats abonnés.

*AVIS. — Tout ce qui concerne la rédaction, les Annonces et les Abonnements, doit être adressé à M. LÉIZOUR, rue de la Filature, 1, à Laval.*

# SYNDICAT DE CHARTRES

## Marchandises en dépôt

Marchandises actuellement en dépôt :
Superphosphate minéral soluble au Citrate.
Phosphoguano ordinaire.
Phosphoguano surazoté.
Scories de déphosphoration.
Sulfate de cuivre.
Sulfate de fer.
Carbonate de soude.
Tourteaux de lin pour engraissement.
— de sésame blanc du Levant pour engraissement.
— de Coprah, Ceylan, pour vaches laitières.
Huile d'olive surfine, à 1 fr. 90 le kilog.
Huile de sésame fine, à 1 fr. 11 le kilog.
Savon bleu à 0 fr. 50.
Savon blanc « Le Génie », 0 fr. 55 le kilog.
Savon blanc « le Trèfle », à 0 fr. 66 le kilog.
Les huiles sont fournies en bonbonnes de verre, cachetées et plombées par les expéditeurs, et par quantités de 25 kilog. environ.
Elles sont garanties absolument pures.
Les savons sont livrés en caisse de 25 à 30 kilog. également.
Enfin le dépôt contient également de l'huile minérale russe, (Ragosine) excellente et avantageuse pour le graissage des machines agricoles, au prix de 0 fr. 50 le kilog. (non logé), et de l'huile à brûler, double épuration à 0 fr. 80 le kilo. (logée), le tout en bonbonnes d'environ 25 kilog.
Toutes les substances ci-dessus sont fournies immédiatement contre paiement comptant, en s'adressant chez M. Mercier, comptable du syndicat, 4, place Saint-Michel, tous les jours de la semaine (dimanches et fêtes exceptés et le samedi avant midi).
Elles peuvent également être expédiées par chemin de fer transport à la charge de l'acheteur.
Le syndicat peut encore faire fournir à ses adhérents, et à des conditions très avantageuses :
1° Des ardoises provenant des mines d'Angers ;
2° Des tuiles ordinaires et des tuiles Muller.
3° De la chaux et du plâtre pour constructions ;
4° Enfin toutes machines agricoles provenant des meilleurs fabriques, notamment des Trieurs Marot et des Tarares Denis.
Pour tous renseignements, s'adresser à l'Agent-Comptable.

---

# BULLETIN AGRICOLE DE L'OUEST

## Essai pratique des moûts de pommes au moyen du densimètre.

Au deuxième Congrès de l'Association pomologique de l'Ouest, à Rouen, nous avons montré que l'emploi du densimètre ne donnait pas toujours des renseignements suffisamment exacts sur le poids de sucre contenu dans un litre de moût de pommes. Il nous avait suffi de comparer les résultats de l'analyse directe avec les indications des tables alors en usage.

Nous avions mis en évidence les deux points suivants :

1º Lorsque le jus de pomme possède une faible densité, le poids de sucre qu'il contient réellement peut se trouver égal ou supérieur à celui que l'on déduit des tables au moyen de la densité ;

2º Lorsque les densités s'élèvent au-dessus de 1.060, les poids de sucre que fournissent les tables sont supérieurs au poids du sucre existant réellement dans le moût.

Les tables alors en usage, qui ont été calculées par M. Hauchecorne, ont rendu et rendent encore de très réels services.

Nous ajoutions : « Sans abandonner l'emploi du densimètre, on doit se rappeler que cet instrument ne donne que le poids du litre de moût au moment où on le consulte ; que les renseignements fournis se rapportent essentiellement à la totalité des matières que le jus tient en dissolution et qu'il y a des réserves à faire quant au poids du sucre à déduire du degré densimétrique. Les écarts observés sont-ils accidentels ? Est-il possible de les atténuer en modifiant, dans une certaine mesure, les tables dont on se sert actuellement ? »

Dans la pratique de l'extraction des moûts pour la fabrication des cidres, de même que dans une première comparaison des moûts que peuvent donner diverses espèces de pommes, l'emploi du densimètre s'impose. Nous n'avons pas d'instrument qui puisse le remplacer et fournir aussi rapidement un renseignement approximatif pour les besoins de l'industrie cidrière.

Nous-même, nous en avons conseillé l'emploi, concurremment avec le dosage de l'alcool, pour déterminer la valeur des cidres et comparer les moûts entre eux lorsqu'ils sont le siège d'une fermentation plus ou moins avancée.

Aussi, nous nous sommes demandé s'il ne serait pas possible d'employer les résultats fournis par le dosage direct du sucre dans les moûts à l'établissement d'une table qui donnerait, avec une approximation plus grande, le poids de sucre contenu dans un litre de moût dont on connaît la densité.

Nous avons construit cette table en prenant, comme point de départ, les résultats analytiques obtenus à la Station agronomique de Rennes. Loin de la présenter comme parfaite. nous pensons qu'elle pourra encore être améliorée dans l'avenir.

Nous avons consulté les résultats fournis par plus de six cents analyses. Pour beaucoup de densités, il y a eu trente ou quarante dosages distincts effectués sur des moûts provenant de fruits d'espèces différentes, ne présentant pas le même degré de maturité et produits par des arbres développés dans des terrains différents. Les poids de sucre trouvés pour une même densité ne pouvaient pas être identiques et nous avons même constaté des variations assez fortes. Le nombre que nous avons choisi pour chaque densité est intermédiaire entre tous ceux qui ont été fournis par l'analyse, en même temps qu'il forme une progression régulière avec les termes immédiatement supérieurs ou inférieurs.

Ordinairement, les tables semblables ne descendent pas au-dessous des densités 1.040 ou 1.036, parce qu'on rencontre très rarement dans la pratique des moûts purs ayant une densité plus faible. Cependant, nous avons étendu notre table aux densités inférieures. Dans l'industrie du cidre, de même que pour les besoins des exploitations agricoles, on fabrique souvent des liquides désignés sous le nom de boisson, dans lesquels on fait entrer des quantités d'eau variables, Même pour épuiser complètement les marcs, on est forcé de les faire macérer avec de l'eau. On obtient alors par le pressurage des liquides de richesse et de densité minimes dont on peut avoir intérêt à connaître approximativement la valeur.

Nous avons pensé qu'il pouvait être utile de fournir ces renseignements. Mais cette dernière partie de la table n'est plus le résultat de l'analyse directe ; elle a été calculée en supposant que l'on étendait, avec des quantités d'eau de plus en plus fortes, un moût de densité 1,040.

Nous mettons en regard de la densité, qui est immédiatement fournie par le densimètre, le degré que marquerait, dans le même moût, l'aréomètre de Baumé.

Sur la même ligne que le poids de sucre, nous inscrivons *la proportion centésimale d'alcool, en volume, que le moût contiendra après fermentation complète.*

Nous avons aussi reproduit les poids de sucre qui figurent pour chaque densité dans la table dressée par M. Hauchecorne. On pourra constater, comme pouvaient le faire prévoir les indications signalées au début de ce travail, que pour les faibles densités nous inscrivons des poids de sucre un peu plus élevés, tandis que pour les fortes densités nous enregistrons des teneurs en sucre sensiblement plus faibles.

| Aréomètre Beaumé | Densimètre | Poids du sucre par litre de moût | Titre correspondant en alcool | Poids du sucre d'après M. d'Hauchecorne |
|---|---|---|---|---|
| 13°0 | 1,100 | 207 | 12.4 | 239 |
|  | 1.099 | 206 | 12.4 | 237 |
|  | 1,098 | 205 | 12.3 | 234 |
|  | 1,097 | 204 | 12.2 | 231 |
|  | 1,096 | 202 | 12.1 | 229 |
| 12°5 | 1,095 | 201 | 12.1 | 226 |
|  | 1,094 | 199 | 12 0 | 223 |
|  | 1,093 | 198 | 11.9 | 221 |
|  | 1.092 | 196 | 11.8 | 217 |
| 12°0 | 1,091 | 195 | 11.7 | 215 |
|  | 1,090 | 193 | 11.6 | 213 |
|  | 1,089 | 191 | 11.5 | 210 |
|  | 1,088 | 188 | 11.3 | 207 |
| 11°5 | 1,087 | 186 | 11.2 | 205 |
|  | 1,086 | 184 | 11.0 | 202 |
|  | 1,085 | 182 | 10.9 | 199 |
|  | 1,084 | 180 | 10.8 | 197 |
|  | 1,083 | 178 | 10.7 | 194 |
| 11°0 | 1,082 | 175 | 10.5 | 191 |
|  | 1,081 | 173 | 10.4 | 189 |
|  | 1,080 | 171 | 10.3 | 186 |
|  | 1,079 | 169 | 10.1 | 183 |
| 10°5 | 1,078 | 167 | 10.0 | 181 |
|  | 1,077 | 165 | 9.9 | 178 |
|  | 1,076 | 163 | 9.8 | 175 |
|  | 1,075 | 160 | 9.6 | 173 |
| 0°0 | 1,074 | 158 | 9.5 | 170 |
|  | 1,073 | 156 | 9.4 | 167 |

| Aréomètre Beaumé | Densimètre | Poids du sucre par litre de moût | Titre correspondant en alcool | Poids du sucre d'après M. d'Hauchecorne |
|---|---|---|---|---|
|  | 1,072 | 154 | 9.2 | 165 |
|  | 1 071 | 152 | 9.1 | 162 |
| 9°5 | 1,070 | 150 | 9.0 | 159 |
|  | 1,069 | 148 | 8.9 | 157 |
|  | 1,068 | 146 | 8.8 | 154 |
|  | 1,067 | 144 | 8.6 | 150 |
| 9°0 | 1,066 | 142 | 8.5 | 149 |
|  | 1,065 | 140 | 8.4 | 146 |
|  | 1,064 | 138 | 8.3 | 143 |
| 8°5 | 1,063 | 136 | 8.2 | 141 |
|  | 1,062 | 134 | 8.0 | 138 |
|  | 1,061 | 131 | 7.9 | 135 |
|  | 1,060 | 129 | 7.7 | 133 |
| 8°0 | 1,059 | 127 | 7.6 | 130 |
| 12°5 | 1,058 | 125 | 7.5 | 127 |
|  | 1,057 | 123 | 7 4 | 125 |
|  | 1,056 | 120 | 7.2 | 122 |
| 7°5 | 1,055 | 118 | 7.1 | 119 |
|  | 1,054 | 117 | 7.0 | 117 |
|  | 1,053 | 114 | 6.8 | 114 |
|  | 1,052 | 111 | 6 7 | 111 |
| 7°0 | 1,051 | 109 | 6.5 | 109 |
|  | 1,050 | 106 | 6.4 | 106 |
|  | 1,049 | 104 | 6.2 | 103 |
|  | 1,048 | 102 | 6.1 | 101 |
| 6°5 | 1,047 | 100 | 6.0 | 98 |
|  | 1,046 | 98 | 5.8 | 95 |
|  | 1,045 | 95 | 5.7 | 93 |
|  | 1,044 | 93 | 5 6 | 90 |
| 6°0 | 1,043 | 91 | 5.5 | 88 |
|  | 1,042 | 88 | 5.3 | 85 |
|  | 1,041 | 86 | 5.2 | 82 |
| 5°5 | 1,040 | 84 | 5.0 | 79 |
|  | 1,039 | 82 | 4.9 | 77 |
|  | 1,038 | 80 | 4.8 | 74 |
|  | 1,037 | 78 | 4.7 | 71 |
| 5°0 | 1,036 | 76 | 4.5 | 69 |
|  | 1,035 | 74 | 4.4 |  |
|  | 1,034 | 72 | 4.3 |  |
|  | 1,033 | 70 | 4 2 |  |
| 4°5 | 1,032 | 68 | 4.1 |  |
|  | 1,031 | 66 | 4.0 |  |
|  | 1,030 | 63 | 3.8 |  |
|  | 1,029 | 61 | 3.7 |  |
| 4°0 | 1,028 | 59 | 3.5 |  |
|  | 1,027 | 57 | 3.4 |  |
|  | 1,026 | 55 | 3.3 |  |
|  | 1,025 | 53 | 3.2 |  |
| 3°0 | 1,021 | 45 | 2.7 |  |
|  | 1,020 | 42 | 2.5 |  |
|  | 1,015 | 31 | 1.9 |  |
| 2°0 | 1,014 | 29 | 1.7 |  |
|  | 1,010 | 21 | 1.3 |  |
| 1°0 | 1,007 | 15 | 0.9 |  |
|  | 1,005 | 10 | 0.6 |  |

Les quantités de sucre inscrites dans la précédente table ne représente pas le poids total des matières solides existant en dissolution dans le moût. En dehors du sucre, le moût contient divers principes, tels que tannin, acide malique, substances pectiques, matières minérales, etc.

Le poids de ces divers principes croit avec la densité, en même temps que le sucre.

On peut s'en rendre compte par le calcul en comparant à la densité le poids du sucre trouvé par l'analyse.

L'indication du densimètre représente le poids du litre de moût, c'est-à-dire la somme des poids du sucre, des autres principes extractifs et de l'eau qui les dissout. On peut représenter ce fait d'une manière approchée ainsi qu'il suit : soient D la densité, S le poids du sucre indiqué dans la table, A le poids des autres principes extractifs, $d'$ leur densité moyenne et $d$ celle du sucre.

$$S\left(1-\frac{1}{d}\right) + A\left(1-\frac{1}{d'}\right) = D - 1000$$

pour un autre moût de densité D' on aurait aussi :

$$S'\left(1-\frac{1}{d}\right) + A'\left(1-\frac{1}{d'}\right) = D' - 1000$$

d'où :

$$\frac{A'}{A} = \frac{D' - 1000 - S'\left(1-\frac{1}{d}\right)}{D - 1000 - S\left(1-\frac{1}{d}\right)}$$

$1-\frac{1}{d}$ est d'environ 0,375.

$$\frac{A'}{A} = \frac{D' - 1000 - 0,573}{D - 1000 - 0,875\ S'}$$

Si l'on prend comme point de départ un moût de densité 1,040, et si l'on cherche ce que devient le rapport de A' à A, quand le moût prend successivement des densités croissantes depuis 1.040 jusqu'à 1.100, on obtient les résultats suivants :

| Densités | Rapports de A' à A |
|---|---|
| 1,050. | 1.21 |
| 1,060. | 1.36 |
| 1,070. | 1.64 |
| 1,080. | 1.88 |
| 1,090. | 2.07 |
| 1,100. | 2.63 |

Le poids des principes extractifs qui accompagnent le sucre devient successivement une fois et demie, deux fois et deux fois et demie, ce qu'il était pour la densité 1.040, lorsque la densité du moût croît jusqu'à devenir égale à 1.100.

Si pour un moût de densité de 1.040 le poids A est environ 20 grammes, il deviendra 32 grammes 8 pour un moût de densité 1.070, 41,4 pour un moût de densité 1.090 et même 52 grammes pour une liqueur marquant 1.100 au densimètre.

Si l'on appliquait les mêmes calculs aux nombres inscrits dans la table de M. Hauchecorne on trouverait que, à partir de la densité 1.060, le poids des principes contenus dans le moût en surplus du sucre, sont considérés comme à peu près constants.

Ces résultats sont complètement d'aucord avec les indications que nous avions formulées comme conséquences de nos premières analyses de moûts de pommes à cidre.

G. LECHARTIER,
Correspondant de l'Institut,
Directeur de la Station agronomique de Rennes.

Extrait du Journal « *Le Cidre* ».

---

## Sucrage des cidres

Depuis quelques années, on pratique le sucrage des vendanges qui a pour but d'ajouter aux pommes le sucre qui leur fait défaut et qui se transforme en alcool par la fermentation.

Le *Bulletin du Syndicat central* conseille de sucrer les cidres, et voici les renseignements qu'il donne :

La quantité de sucre à employer est d'environ 1 kil. 800 pour chaque degré alcoolique de plus que l'on désire par hectolitre de cidre fabriqué.

Dans les années de pénurie de pommes, il y a un bénéfice considérable à opérer le *sucrage des cidres*.

On sait qu'il faut 3 hectolitres de pommes pour faire cent litres de cidre dosant environ 6 degrés d'alcool. Les pommes valant 8 fr. l'hectolitre, le cidre revient à 24 fr. l'hectolitre. Ces 3 hectolitres donneront environ 84 litres de pur jus.

Si on ajoute moitié d'eau on obtiendra 2 hectolitres de cidre moyen, coûtant chacun 12 francs, mais qui n'auront plus que 3 degrés, ce qui constitue une boisson agréable et de bonne conservation.

Si on double encore la quantité d'eau, on obtiendra 4 hectolitres de cidre ne coûtant que 6 francs chacun, mais n'ayant plus que 1 degré et demi d'alcool, ce qui produit une boisson dont il est essentiel de rehausser le degré. C'est alors qu'il est utile de sucrer.

1 kil. 800 de sucre produit un degré d'alcool; il suffit d'ajouter cette quantité de sucre à chaque hectolitre de cidre pour rehausser d'un degré son titre alcoolique.

Pour amener à 3 degrés les cidres abaissés à un degré et demi, il faudra 2 kil. 700 de sucre par hectolitre. Le sucre coûtant 70 fr. les 100 kil., 2 kil. 700 coûteront 1 fr. 90 qui, ajoutés au prix de 6 francs indiqués ci-dessus, feront revenir à 7 fr. 90 le prix de l'hectolitre de cidre.

Ainsi, le cidre, au lieu de coûter 12 francs, ne coûtera que 7 fr. 90 (8 centimes le litre au lieu de 12), et il sera du même titre, 3° d'alcool.

La loi a réduit à 24 francs au lieu de 60 francs les droits sur les sucres destinés au sucrage des vendanges ou des cidres.

Les personnes qui veulent sucrer doivent :

1° Retirer de leur mairie un certificat indiquant l'importance approximative de leur récolte de l'année pour le présenter aux employés de la régie ;

2° Adresser, au moins quinze jours avant de commander le sucre, une demande sur papier timbré au directeur des contributions directes de la circonscription ;

3° N'ouvrir les sacs que devant les employés de la régie au jour de la dénaturation qui s'opérera en mélangeant le sucre avec le cidre ;

4° Se faire donner décharge de l'acquit-à-caution qui accompagne les sucres.

La demande d'autorisation, approuvée par la régie, est conservée par le requérant et présentée aux employés en même temps que l'acquit-à-caution au moment de la dénaturation.

La demande d'autorisation pourra être ainsi conçue :

« Je soussigné...... ai l'honneur de demander l'autori-
« sation d'employer la quantité de.... kilos de sucre pour
« la quantité de.... hectolitres de cidre. Ces sucres seront
« employés dans une propriété située à..... »

A. LANGLAIS.

# Emploi de la chaux en agriculture

## (Suite)

La grande quantité de chaux mise en terre, agissant sur la vieille fertilité accumulée dans la couche arable, mettait en liberté plus de matières fertilisantes que n'en exigeait une récolte, si abondante fut-elle.

Les plantes trouvaient les éléments de nutrition en abondance, mais l'excédant était entrainé dans les couches profondes, en pure perte pour le cultivateur, les éléments azotés principalement.

A la déperdition de la fertilité en réserve vint s'ajouter l'invention des tombes, c'est-à-dire le gaspillage du fumier produit annuellement dans la ferme.

Si les quelques explications chimiques que nous avons données dans le précédent numéro du bulletin ont été comprises, chacun peut se rendre compte des réactions qui se produisent dans le mélange de chaux et de fumier formant les tombes et des conséquences qui en résultent.

Le fumier est mis en mélange avec la chaux vive ou avec la chaux plus ou moins carbonatée par l'intervention de l'acide carbonique contenu dans l'air. Dans le premier cas, lorsqu'il y a contact entre la chaux et le fumier, il y a sans tarder production de carbonate d'ammoniaque qui se dégage dans l'air et qui est perdu, si une matière absorbante, une couche de terre par exemple, ne recouvre la tombe pour l'absorber au passage. Mais ces précautions sont rarement prises. En admettant toutefois que l'ammoniaque soit absorbée elle ne tarde pas à s'oxyder et passe à l'état de nitrate.

La chaux complètement carbonatée au moment du mélange donnerait naissance à du nitrate seulement, mais elle n'est jamais employée sous cet état ; elle conserve toujours au moment de son emploi une certaine causticité. Il y a donc en toute circonstance, dans les tombes, une certaine quantité d'azote qui se dégage dans l'atmosphère. Une grande partie de l'excédant est transformé en nitrate, qui est disséminé dans la masse du compost. Mais nous ne saurions trop le répéter, les nitrates sont éminemment solubles et se laissent facilement entraîner dans les couches inférieures pendant l'arrêt de la végétation, pendant la saison d'hiver.

Comme le compost des tombes est employé pour les emblavures d'automne, les nitrates qu'il renferme ne sauraient être utilisés par les plantes avant le réveil de la végétation, mars ou avril, c'est-à-dire après un temps suffisamment long pour qu'ils disparaissent en grande partie de la couche arable, dans les terres légères principalement. Lorsque l'époque de la végétation est arrivée ils ne sont plus à la portée des racines pour être absorbés.

En résumé, que l'azote s'en aille dans l'air transformé en ammoniaque ou qu'il disparaisse dans les couches inférieures sous forme de nitrates, le résultat obtenu par les tombes est le même, c'est-à-dire ruineux pour le cultivateur. Du fumier qui a été mélangé à la chaux il ne reste, à peu de chose près, d'utilisable que les matières minérales, les cendres.

Avant l'épuisement de l'ancienne fertilité le cultivateur Mayennais était ainsi parvenu, par l'emploi immodéré de la chaux, à mettre en liberté pour une seule récolte, la dose de fertilité de nature à suffire à deux ou trois récoltes successives, dont l'excédant était perdu presque en totalité.

C'est l'histoire du prodigue qui mis en présence d'une immense fortune dépense sans compter, puisant des deux mains dans le capital de réserve et le capital de roulement, les supposant inépuisables. Cependant, la fortune dans de telles conditions ne tarde pas à être gaspillée. Ainsi a disparu la fertilité des terres abondamment chaulées de la Mayenne. Aussi les récoltes obtenues aujourd'hui, de l'aveu de tous, sont loin d'atteindre les rendements d'autrefois. C'est que l'épuisement de la fertilité en réserve met le cultivateur dans l'obligation de subvenir au jour le jour au besoin des récoltes, règle qui n'est pas toujours observée.

Si la chaux avaient été employée avec modération, comme cela se pratique habituellement, à raison de 3 à 4 hectolitres par hectare et par an, c'est-à-dire 30 à 40 hectolitres tous les dix ans, les résultats obtenus au début auraient peut-être été moins frappants, mais, par contre, ils eussent été plus durables. L'épuisement aurait pu être ainsi évité, ou tout au moins reculé à une échéance éloignée par l'apport de la fumure annuelle.

Il ne sert à rien de récriminer tardivement sur cette question, il faut se placer en face des faits accomplis et chercher les moyens efficaces pour remédier à la situation, dans la mesure du possible.

Nous allons examiner les principales mesures à prendre.

1° Il faut, en premier lieu, modérer l'emploi de la chaux, la supprimer même pour longtemps sur les terres légères et moyennes, qui en ont de tout temps reçu.

Tous les cultivateurs ont pu remarquer que le fumier se consomme très rapidement dans les terres légères. Cela est dû à leur perméabilité, à la faculté que l'air a de les pénétrer, lequel avec la chaux, concourt à l'oxydation, à la transformation des matières organiques. L'action simultanée de l'air et de la chaux, provoque très rapidement la décomposition du fumier.

Pour cette raison, afin d'éviter les déperditions, il faut donner aux terres légères de faibles fumures, souvent renouvelées. Pour la même raison, la quantité de chaux que ces terres contiennent, ainsi que celles de moyenne consistance, est suffisante pour une longue série d'années.

Dans les terres fortes, froides, l'action de la chaux sur le fumier est moins énergique que dans les précédentes. L'air les pénètre plus difficilement. Comme d'autre part elles absorbent les matières fertilisantes et qu'elles ont la propriété de les retenir, les déperditions dans ces terres sont peu sensibles. Aussi y a-t-il avantage, si on emploie exclusivement du fumier de ferme, à leur donner de très fortes fumures, pouvant suffire à deux ou trois récoltes successives.

Les chaulages modérés, aux doses indiquées plus haut, sont susceptibles d'y donner encore, dans certains cas, de bons résultats, au point de vue de leur ameublissement surtout.

2° Il faut veiller avec soin à la fabrication des fumiers ; les disposer en tas réguliers ; bien les mélanger tous ; ceux des bêtes bovines, chevalines, ovines, etc. ; les arroser tous les deux ou trois jours avec du purin et veiller à ce que celui-ci soit concentré dans des citernes et bien utilisé en arrosage. Il faudrait aussi épandre des phosphates dans les litières, à l'étable, pour enrichir les fumiers d'acide phosphorique, élément fort insuffisant dans les terres de la Mayenne. Les phosphates associés aux litières et aux déjections deviennent graduellement solubles et le fumier, ainsi obtenu, serait moins coûteux et aurait une tout autre valeur que les compost de chaux et de fumier.

Pour s'en convaincre, une bien simple expérience, à la portée de tous, serait à faire. Elle consisterait à disposer deux lots de fumier bien semblables, en quantité et en qualité. Mélanger l'un avec de la chaux, l'autre avec des phosphates, pour un prix égal de part et d'autre. Prendre dans un même champ deux surfaces équivalentes pour recevoir les deux mélanges séparés, et emblaver les deux parcelles dans les mêmes conditions. Le phosphate pourrait être remp'acé par du superphosphate, qu'il serait inutile, le cas échéant, de mélanger au fumier

Pour être définitivement fixé sur les avantages que présenterait l'emploi des engrais phosphatés substitués à la chaux, il suffirait, au moment de la récolte, de peser séparément les produits des deux parcelles et de comparer les résultats obtenus.

Cette expérience serait plus concluante, plus persuasive, que toutes les explications que nous nous efforçons de présenter sur la question.

3° Il faudrait, dans tous les cas, destiner les sommes annuellement employées à l'acquisition de la chaux à l'achat d'engrais, chimiques ou autres, pour compléter les fumures au fumier produit dans la ferme.

A ce sujet, nous croyons devoir faire en terminant une remarque.

Certains cultivateurs, marchant de l'avant, ont supprimé la chaux et emploient aujourd'hui des engrais chimiques pour suppléer à l'insuffisance des fumures. Ils sont unanimes à s'en déclarer complètement satisfaits. Seulement quelques-uns d'entre eux ont émis des doutes sur l'efficacité prolongée des engrais chimiques. Ils craignent, à l'instar de la chaux, que les terres s'en lassent, c'est leur propre expression.

Cette opinion est fortement accréditée par les adversaires à outrance des engrais chimiques et cherchent à faire partager aux cultivateurs leur manière de voir. Ceux-ci ignorent en général le mode d'action de ces engrais et les connaissances chimiques qui s'y rattachent. Ne pouvant pour cette raison présenter des arguments contre l'opinion émise, ils sont disposés à l'adopter. Dans leur intérêt, puisque l'occasion nous y amène, il est de notre devoir de rétablir la vérité sur cette question.

Nous le ferons brièvement, car les explications que

nous avons fournies dans le cours de cette étude sur le mode d'action de la chaux, nous dispensent, si ces explications ont été comprises, d'entrer dans des détails pour démontrer que l'opinion énoncée ci-dessus n'est nullement fondée.

Nous dirons seulement que les engrais chimiques contiennent les mêmes principes que le fumier de ferme et qu'ils jouent dans le sol le même rôle, c'est-à-dire celui de fournir aux plantes les éléments nécessaires à leur nutrition. Il n'est jamais, que nous sachions, venue à l'esprit du cultivateur d'admettre que le fumier, par son emploi répété, lasse la terre ; or, c'est tout aussi inadmissible de croire que l'efficacité des engrais chimiques, employés comme complément de fumure, puisse disparaître ou même s'affaiblir avec le temps.

En un mot, il n'y a pas de comparaison à établir entre le rôle de la chaux et celui des engrais chimiques. La chaux, employée sans discernement, brûle les fumiers, les détruit et occasionne des pertes irréparables. Les engrais chimiques ne détruisent rien, au contraire, ils permettent de compléter presque mathématiquement, suivant les exigences des diverses cultures, les fumures au fumier de ferme, toujours insuffisant, en quantité et en qualité, à l'obtention de rendements rémunérateurs.

G. PEYRAS.

## Alimentation des bêtes bovines en temps de disette fourragère.

Pour répondre aux désirs de nos bienveillants lecteurs, nous allons chercher à résoudre, autant que cela est possible d'une manière générale, le problème ardu qu'on nous pose sous le titre du présent article.

Les bêtes bovines, dans la région du Nord où le *Progrès Agricole* est aujourd'hui si répandu, peuvent se présenter à nous sous des états variés, au point de vue de l'alimentation. Il nous faudra considérer les animaux adultes dont, par suite des circonstances agricoles de l'hiver, nous n'avons à tirer aucun produit, comme les bœufs de travail au repos, les vaches taries et non pleines ; viendront ensuite les bœufs employés au travail, soit pour les transports, soit pour les labours ; les vaches à lait, les animaux d'élevage, et les bêtes à l'engrais.

Occupons-nous d'abord de l'alimentation d'entretien des animaux qui ont atteint leur complet développement et que les conditions météorologiques ou économiques nous obligent à laisser inactifs et improductifs à l'étable. La question est de les maintenir dans leur état actuel, sans qu'ils gagnent ou perdent de leur substance, sans que leur poids varie en un mot. Cela présente peu de difficultés pour nous, grâce aux recherches de bénédictins de deux savants allemands, MM. Henneberg et Stohmann, à la station agronomique de Wende. Il résulte, en effet, de leurs études que l'entretien pur et simple d'un bœuf de 500 kilogrammes de poids vif exige une ration journalière renfermant :

400 grammes d'albumine,
et 3 700 grammes d'hydrates de carbone.

Nous reproduisons ci-après celles des rations expérimentées à Wende, qui ont paru être le plus économiques :

| | | |
|---|---|---|
| (a) Paille d'avoine. | 7 k | 100 |
| Foin de trèfle . | 1 | 300 |
| Tourteau de colza. | 0 | 260 |
| Sel | 0 | 045 |
| (b) Paille d'avoine. | 6 k | 500 |
| Foin de trèfle . | 1 | 860 |
| Tourteau de colza. | 0 | 280 |
| Sel | 0 | 045 |
| (c) Paille de seigle | 6 k | 145 |
| Foin de trèfle . | 1 | 900 |
| Tourteau de colza. | 0 | 285 |
| Sel | 0 | 048 |
| (d) Paille de blé | 6 k | 500 |
| Foin de pré. | 1 | 400 |
| Sirop de betteraves | 0 | 950 |
| Sel | 0 | 050 |
| (e) Paille de blé | 6 k | 800 |
| Foin de pré. | 1 | 450 |
| Sirop de betteraves | 1 | 000 |
| Sel | 0 | 050 |
| (f) Paille d'avoine. | 6 k | 285 |
| Betteraves | 12 | 780 |
| Tourteau de colza. | 0 | 500 |
| Sel | 0 | 042 |

*(A suivre)*      C.-V. GAROLA.

Extrait du *Progrès agricole.*

Manufacture d'engrais et produits chimiques pour l'agriculture
FABRIQUE D'ACIDE SULFURIQUE
## Spécialité de superphosphates minéraux et de superphosphates d'os
THÉOPHILE CONILLEAU, AU MANS

*Bureaux, rue de Bel-Air, 44. — Usine à Préau, rue des Maraîchers*
La situation de cette importante usine, établie au centre de l'Ouest, permet de livrer dans toute la région, à des conditions très-avantageuses, les produits de 1er choix de sa fabrication.

**Vacherie à céder** pour cause de décès du maître, 25 vaches, un seul cheval, 2 voitures, vente journalière sur place 320 litres de lait au prix moyen de 40 centimes le litre. Bénéfice net par an 10.000 fr. Loyer tout compris. Habitation, cour, étables, greniers. laiterie 1.800 fr. par an. Occasion à enlever de suite. Se presser. On traitera avec 10.000 fr. ou sans argent avec garanties.
Ecrire ou voir M. DAGORY. 149, rue Lafayette, Paris.

## TERRE DE LA MOTTE-DAUDIER
*Commune de Niafles, par Craon (télégraphe, chemin de fer à 3 kilomètres) département de la Mayenne.*
250 reproducteurs mâles et femelles de la race Durham pure, des tribus Gwynne, Beeswing, Catherine, Zemima, Niblet, Portia, Rosalind.
Les Durhams de M. le comte de Quatrebarbes ont remporté à Vannes et à Tours un 2e et un 3e prix, deux prix supplémentaires, une mention et une médaille d'or de la Société des Agriculteurs de France.
Moutons Dislhey et Southdown importés.
Mâles et femelles de la race porcine craonnaise pure.
Blés d'espèces améliorées à grand rendement pour semences, Dattel et autres.
S'adresser toute l'année à M. Gendry, régisseur.

## VINS DE BORDEAUX
Garantis naturels. — Médaillés à l'Exposition universelle de 1889.

| VINS ROUGES | | VINS BLANCS | |
|---|---|---|---|
| La pièce de 225 litres : | | La pièce de 225 litres : | |
| 2mes Côtes 1890 ...... | 100 f. | Entre 2 Mers 1890.... | 110 f. |
| Paluds 1890 ... .... | 115 | Petites Graves 1890 . | 125 |
| 1res Côtes 1890 ...... | 125 | Graves 1889 ... ..... | 150 |
| Côtes supér. 1889..... | 150 | 1res Côtes Soupiac 1888 | 200 |
| Graves Portets 1889 .. | 200 | Barsac, sec 1888...... | 250 |
| Graves La Brède 1889 | 250 | Ht Barsac, liquor, 1887 | 350 |
| Médoc Cussac 1889 .. | 350 | Sauternes, liquor. 1887 | 500 |

Double fût : 5 francs en sus.
Livraison en gare de départ. — Paiement à 90 jours net, ou à 30 jours avec 2 0/0 d'escompte.
S'adresser à M. G. BORD, secrétaire général du Syndicat agricole de CADILLAC (Gironde).

*Le Gérant,* E. MOREAU.

Laval Imp. L. Moreau.

5e Année     Décembre 1892. *528*     N° 51

Ce Bulletin paraît le 15 de chaque mois.

# BULLETIN AGRICOLE
## DE L'OUEST

Organe des Syndicats Agricoles
des départements du Finistère, des Côtes-du-Nord,
du Morbihan, de la Loire-Inférieure, d'Ille-et-Vilaine, de la
Manche, de la Mayenne, de Maine-et-Loire, de la Sarthe,
de l'Orne, du Calvados, de l'Eure, d'Eure-et-Loir
et de la Seine-Inférieure.

*Publié sous la direction de :*

### H. LÉIZOUR, (✵ M. A.) (ꝋ A.)

Professeur départemental d'Agriculture de la Mayenne, Directeur du Laboratoire
agronomique, Président du Syndicat des Agriculteurs de la Mayenne,

### GAROLA, (O. ✵ M. A.) (ꝋ A.)

Professeur départemental d'Agriculture d'Eure-et-Loir,
Directeur de la Station agronomique de Chartres.

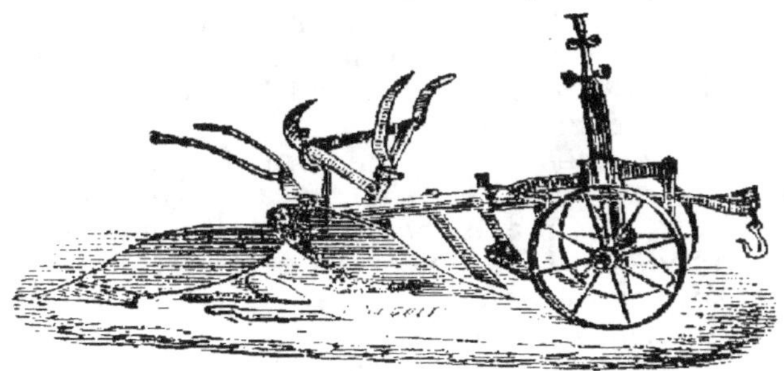

## ABONNEMENTS

Les membres des syndicats adhérents sont abonnés gratuitement par leurs
bureaux. — Pour les étrangers aux syndicats : **6 fr.** par an.

## ANNONCES

De 1 à 4 annonces. » 50ᶜ la ligne.    De 8 à 12 annonces » 30ᶜ la ligne
De 4 à 8    —    » 40ᶜ    —    Au-delà de 12.    » 20ᶜ    —

Le bulletin publiera gratuitement les offres et demandes
des Syndicats abonnés.

*AVIS. — Tout ce qui concerne la rédaction, les Annonces et les Abon-
nements, doit être adressé à M. LÉIZOUR, rue de la Filature, 1, à Laval.*

# SYNDICAT DE CHARTRES

## Marchandises en dépôt

Marchandises actuellement en dépôt :
Superphosphate minéral soluble au Citrate.
Phosphoguano ordinaire.
Phosphoguano surazoté.
Scories de déphosphoration.
Sulfate de cuivre.
Sulfate de fer.
Carbonate de soude.
Tourteaux de lin pour engraissement.
— de sésame blanc du Levant pour engraissement.
— de Coprah, Ceylan, pour vaches laitières.
Huile d'olive surfine, à 1 fr. 90 le kilog.
Huile de sésame fine, à 1 fr. 11 le kilog.
Savon bleu à 0 fr. 50.
Savon blanc « Le Génie », 0 fr. 55 le kilog.
Savon blanc « le Trèfle », à 0 fr. 66 le kilog.
Les huiles sont fournies en bonbonnes de verre, cachetées et plombées par les expéditeurs, et par quantités de 25 kilog. environ.
Elles sont garanties absolument pures.
Les savons sont livrés en caisse de 25 à 30 kilog. également.
Enfin le dépôt contient également de l'huile minérale russe, (Ragosine) excellente et avantageuse pour le graissage des machines agricoles, au prix de 0 fr. 50 le kilog. (non logé), et de l'huile à brûler, double épuration à 0 fr. 80 le kilo. (logée), le tout en bonbonnes d'environ 25 kilog.
Toutes les substances ci-dessus sont fournies immédiatement contre paiement comptant, en s'adressant chez M. Mercier, comptable du syndicat, 4, place Saint-Michel, tous les jours de la semaine (dimanches et fêtes exceptés et le samedi avant midi).
Elles peuvent également être expédiées par chemin de fer transport à la charge de l'acheteur.
Le syndicat peut encore faire fournir à ses adhérents, et à des conditions très avantageuses :
1° Des ardoises provenant des mines d'Angers ;
2° Des tuiles ordinaires et des tuiles Muller.
3° De la chaux et du plâtre pour constructions ;
4° Enfin toutes machines agricoles provenant des meilleurs fabriques, notamment des Trieurs Marot et des Tarares Denis.
Pour tous renseignements, s'adresser à l'Agent-Comptable.

# BULLETIN AGRICOLE DE L'OUEST

## Essai du Tourteau de Coprah

Avec le concours de M. Jobard, professeur d'agriculture de l'arrondissement de Châteaudun, nous avions entrepris, à Alluyes, chez M. Sadorge, cultivateur, un essai sur l'introduction du tourteau de Coprah dans le régime des vaches.

L'essai a été divisé en trois périodes.

Pendant la première, qui a duré du 14 au 28 mars 1892, les deux vaches choisies, « *Bijou et Rosette* ». ont été nourries comme d'habitude. Elles recevaient chaque jour, par tête, 8 k. 500 de betteraves et balles, et 7 k. 500 de foin mélangé de luzerne et sainfoin.

Ces fourrages ont donné à l'analyse les résultats consignés ci-après :

|  | Balles d'avoine | | Luzerne et Sainfoin | | Betteraves | |
|---|---|---|---|---|---|---|
| Eau | 9 | 0 | 9 | 1 | 84 | 00 |
| Matière azotée | 9 | 2 | 15 | 8 | 1 | 05 |
| Graisse | | | 1 | 9 | | |
| Matières non azotées diverses | 47 | 1 | 44 | 3 | 14 | 80 |
| Cellulose | 26 | 8 | 22 | 4 | 0 | 98 |
| Cendres | 7 | 9 | 6 | 5 | 2 | 46 |

Nous devons admettre que ces fourrages jouissaient au moins d'une digestibilité moyenne et, par conséquent, nous pouvons leur appliquer les mêmes cœfficients qui nous ont servi dans de précédents essais. Il en résulte que leur valeur alimentaire réelle est représentée par les chiffres suivants :

*Teneur des fourrages en éléments digestibles*

|  | Balles | | Luzerne-Sainfoin | | Betteraves | |
|---|---|---|---|---|---|---|
| Albumine | 2 | 7 | 12 | 1 | 0 | 90 |
| Hydrates de carbone | 29 | 7 | 39 | 0 | 11 | 40 |

La ration ordinaire distribuée aux vaches de M. Sadorge, renfermait dès lors, en éléments utiles, les quantités calculées ci-dessous :

|  |  | Albumine | Hydrates de Carbone |
|---|---|---|---|
| Foin de Luzerne- Sainfoin | 7 k. 5 | 0 k. 907 | 2 k. 925 |
| Balles | 1 2 | 0 032 | 0 356 |
| Betteraves | 7 3 | 0 066 | 0 835 |
| Total | | 1 k. 005 | 4 k. 116 |

Les vaches pesaient en moyenne, à cette époque, 610 k. l'une, et recevaient par 1.000 kilog. de poids vivant :

1 k. 6 d'albumine.

et 6 k. 7 d'hydrates de carbone.

Pendant cette période d'observation préparatoire, on a mesuré le lait produit par chaque vache, et déterminé le beurre obtenu par le barattage d'un même volume de 9 litres de lait par chaque bête.

Du 28 mars au 4 avril, on a habitué les vaches à leur nouveau régime, en leur donnant du tourteau d'une manière progressive.

A partir du 4 avril jusqu'au 19 inclus, on a donné à chaque vache un supplément de 4 kilog de tourteau de Coprah. La ration était donc alors composée comme il suit :

|  | Albumine | Hydrates de carbone |
|---|---|---|
| Ration ordinaire | 1,005 | 4,116 |
| 4 kilogr. de Coprah | 0,672 | 1,708 |
| Totaux | 1,677 | 5,824 |

Le lait produit a été mesuré, et un essai du beurre a été fait, et un boucher expérimenté a été appelé, au début de la période d'essai et à la fin, pour estimer le poids vivant des sujets, car il n'y avait pas à la ferme de bascule qui permit de faire la pesée des animaux.

Enfin, pendant une dernière période, du 20 avril au 4 mai, on a supprimé le tourteau, pour revenir au régime primitif. Le lait a été exactement mesuré, et le beurre extrait par barattage. Nous réunissons, dans le tableau suivant, les résultats obtenus à l'étable :

|  | Bijou. | Rosette. | Moyenne |
|---|---|---|---|
| Première période du 14 au 28 mars : | | | |
| Lait total | 63 lt. 5 | 55 lt. 50 | » |
| Lait par jour | 4 lt. 23 | 3 lt. 70 | 3 lt. 90 |
| Beurre extrait par litre | 23 g. 90 | 31 g. | 27 g. 45 |
| 2e période (Coprah), du 4 au 19 avril : | | | |
| Lait total | 75 lt. 50 | 70 lt. 25 | » |
| Lait par jour | 5 lt. 03 | 4 lt. 68 | 4 lt. 86 |
| Beurre extrait par litre | 34 g. 4 | 39 g. 4 | 26 g. 9 |
| Gain de poids (estimé) total | 50 k. | 62 k. 5 | 56 k. 25 |
| du 28 mars au 20 avril (22 jours). | | | |
| Gain par jour | 2 k. 27 | 2 k. 83 | 2 k. 55 |

Du 28 mars au 4 avril, transition pour amener les vaches
à manger le tourteau.

3ᵉ période du 20 avril au 4 mai :

| | | | |
|---|---|---|---|
| Lait total | 66 *lt.* 75 | 58 *lt.* 50 | » |
| Lait par jour | 5 *lt.* 45 | 3 *lt.* 90 | 4 *lt.* 17 |
| Beurre extrait par litre | 27 k 8 | 36 k. 1 | 31 k. 9 |

Si l'on compare la production du lait et l'extraction du
beurre pendant l'alimentation au coprah et pendant le
régime ordinaire, on remarque une augmentation notable. De 3 *lit* 96 et 4 *lit* 17 ou en moyenne 4 *lit* 6, le lait
passe à 4 *lit* 86, en augmentation de 800 centimètres
cubes ou 20 0/0.

Le beurre extractible s'est accru de 5 gr. par litre ou
16,7 0/0. D'autre part, tandis que le régime ordinaire
donne 120 gr. de beurre par jour, le régime au coprah
en fournit 179 gr. ou 59 gr. de plus. Nos expériences antérieures sont beaucoup plus démonstratives sous ce rapport. Mais ce qui frappe ici, c'est le rapide engraissement
des animaux qui n'ont qu'une très faible aptitude laitière. Le boucher chargé de l'appréciation des animaux
après les trois semaines de régime au coprah, déclare
qu'ils sont méconnaissables. Leur gain de poids s'élève
à 56 k. 25 en moyenne ou 2 k. 55 par jour et par tête. Le
coprah a donc influencé légèrement la production du lait
et du beurre, ce qui confirme les résultats rapportés plus
haut. Mais, comme nous avions affaire à des vaches à
fin de lactation et d'une faible aptitude laitière, son effet
s'est manifesté d'une manière tout à fait remarquable
sur l'engraissement.

Nous pouvons estimer le gain de lai à 0 fr. 12 par
jour, en moyenne ; celui du poids vif, à raison de 0 fr. 80
le kilog. à 2 fr. 04 ; en somme, le produit brut résultant
de l'emploi du tourteau s'élève à 2 fr. 16. Comme le
tourteau de Coprah nous revient à 17 fr. les 100 kilog.,
nous avons dépensé, par tête et par jour, en sus du rationnement ordinaire, la somme de 0 fr. 68. Le bénéfice
de l'opération n'est donc pas moindre de 1 fr. 48 par jour.

Pour compléter les renseignements qui précèdent, M.
le Professeur Jobard a dégusté comparativement le
beurre produit sous l'influence des deux régimes.

Avec l'alimentation au coprah, dit-il, la saveur du
beurre n'était plus la même que sous l'influence du régime ordinaire. Moins fade, il rappelait un peu le goût de
noisette. La coloration était aussi un peu plus accentuée.

D'un autre côté, nous avons analysé les divers échantillons de beurre qu'avait préparés notre dévoué collaborateur, et nous réunissons ci-après les résultats de nos recherches.

| | PÉRIODES | | | |
|---|---|---|---|---|
| | 1re | 3e | MOYENNE | 2e |
| | SANS COPRAH | | | COPRAH |
| **Eau :** | | | | |
| Bijou . . . . . . . . | 14 35 | 14 00 | 14 17 | 15 50 |
| Rosette . . . . . . . | 12 83 | 16 00 | 14 45 | 18 56 |
| Moyenne. . . . . . . | 13 6 | 15 00 | 14 26 | 17 00 |
| **Graisse :** | | | | |
| Bijou . . . . . . . . | 82 6 | 82 4 | » | 82 9 |
| Rosette . . . . . . . | 84 8 | 81 0 | » | 80 3 |
| Moyenne. . . . . . . | 83 7 | 81 7 | 82 7 | 81 6 |
| **Caséine, etc.** | | | | |
| Bijou . . . . . . . . | 3 0 | 3 5 | | 1 5 |
| Rosette . . . . . . . | 2 3 | 2 9 | | 1 2 |
| Moyenne. . . . . . . | 2 6 | 3 2 | 2 9 | 1 3 |
| **Cendres :** | | | | |
| Bijou . . . . . . . . | 0 07 | 0 09 | | 0 11 |
| Rosette . . . . . . . | 0 08 | 0 12 | | 0 09 |
| Moyenne. . . . . . . | 0 075 | 0 10 | 0 09 | 0 10 |
| **Point de fusion du beurre :** | | | | |
| Bijou . . . . . . . . | 27°0 | 27°5 | | 27°2 |
| Rosette . . . . . . . | 26°2 | 26°8 | 2 | 27°0 |
| Moyenne. . . . . . . | 26°6 | 27°1 | 26°85 | 27°1 |
| **Proportion des acides gras :** | | | | |
| Bijou . . . . . . . ) | » | 85 8 | | 84 0 |
| Rosette . . . . . . ) | » | 86 5 | | 83 0 |
| Moyenne. . . . . . ) | 89 1 | 86 1 | 87 6 | 83 5 |
| **Point de fusion des acides gras :** | | | | |
| Bijou . . . . . . . . | 36°8 | 37°2 | | 36 5 |
| Rosette . . . . . . . | 36°0 | 36°8 | | 37°0 |
| Moyenne. . . . . . . | 36°4 | 37°0 | 36°7 | 36°75 |

Si l'on compare la moyenne pour les deux vaches des périodes englobantes durant lesquelles les animaux n'ont reçu que du foin et des betteraves, à la même moyenne pour le régime au coprah, on constate qu'il n'y a que de très petites différences, soit :

Pour l'eau . . . . . . . . . . . . + 2,7 (1)

La matière grasse. . . . . . . . . — 1,1

La caséine . . . . . . . . . . . . — 1,6

---

1. + en plus dans le beurre de coprah.
— en moins          id.

Les cendres. . . . . . . . . .     + 0,01
Le point de fusion . . . . . . .     + 0°25
La proportion des acides gras fixes . .     — 4,1
Le point de fusion de ceux-ci . . . .     + 0°05

Le beurre obtenu avec le coprah est un peu moins riche en acides gras que le beurre du régime ordinaire.

On admet qu'en moyenne le beurre renferme 87,5 0/0 d'acides gras fixes et insolubles et l'on a observé des variations de 85 à 90 0/0.

Le coprah semble avoir diminué un peu la proportion de ces acides. Son introduction dans le régime n'aurait donc pas pour effet de faire confondre le beurre ainsi produit avec un beurre margariné, ce qui est très important au point de vue pratique.

C.-V. Garola.

---

## Prix de revient de l'écrémage mécanique du lait

RÉPONSE AU N° 6501 (Calvados)

Vous traitez par jour de 1.000 à 1.200 litres de lait que vous abandonnez dans des vases en grès de 20 litres de capacité. Vous nous demandez s'il est plus avantageux d'employer un autre procédé plus rapide, celui de l'écrémeuse centrifuge. Le lait écrémé est utilisé pour l'alimentation des veaux, enfin la qualité actuelle du beurre que vous obtenez est analogue à celle du beurre d'Isigny.

Nous allons tâcher de vous fixer par des chiffres généraux qui peuvent évidemment être modifiés dans un sens ou dans l'autre pour votre cas particulier, mais le procédé de calcul n'en restera pas moins applicable.

Il nous est impossible de déterminer le prix de revient actuel de votre écrémage, vous ne nous citez aucun chiffre à ce sujet, ainsi que le rendement en beurre, mais nous pouvons poser en principe que les frais de l'écrémage mécanique doivent au moins être compensés par la plus-value ou l'augmentation du produit ; au delà il y aura bénéfice, en deça il y aurait perte.

Il résulte de nombreuses expériences que l'écrémeuse centrifuge permet de retirer une plus grande quantité de beurre du même volume de lait ; il s'en suit que le lait écrémé, fourni par l'écrémeuse, contiendra beaucoup moins de matières grasses que celui que vous obtenez actuellement, et pour l'engraissement des veaux il y aura probablement lieu de remplacer ces matières par d'autres coûtant infiniment moins cher que le beurre ; cette réserve faite, au point de vue de l'utilisation du lait écrémé, nous citerons les chiffres suivants qui résultent d'expériences du professeur Fjord :

*Nombre de kilogrammes de lait pour obtenir un kilogramme de beurre*

| PROCÉDÉ D'ÉCRÉMAGE | MINIMUM | MAXIMUM | MOYEN |
|---|---|---|---|
| Eau durant 34 heures. | $28^k8$ | $25^k0$ | $32^k4$ |
| Écrémeuse centrifuge. | 23.4 | 25.8 | 24.4 |

d'où de 1.000 litres de lait on obtient :

|  | BEURRE |
|---|---|
| Avec l'écrémeuse centrifuge . . . . . | 40 kilogr. |
| Avec l'écrémage naturel . . . . . | 30 — |
| Différence pour 1.000 litres de lait . . . | 10 kilogr. |

en fixant à 3 fr. le kilogr. (chiffre minimum pour l'Isigny) il résulterait de ce chef une augmentation de 30 fr. par 1.000 litres de lait ou 0 fr. 03 par litre.

Voyons maintenant le prix de l'écrémage mécanique. Une écrémeuse traitant :

| | |
|---|---|
| 350 à 400 litres par heure, coûte . . . | 750 francs. |
| 550 à 600 — . . . | 900 — |

fixons le prix de l'écrémeuse, installation, etc., à 1.000 fr. ; nous pouvons évaluer les frais de fonctionnement :

*Frais annuels*

| | FR. | C. |
|---|---|---|
| Amortissement à 5 0/0 pendant 10 ans . . . | 80 | » |
| Service, réparation, risques à 10 0/0 par an. . | 100 | » |
| | 180 | » |

| | FR. | C. |
|---|---|---|
| Par jour. . . . . . . . . | 0 | 50 |
| Huile. . . . . . . 1 » | | |
| Ouvrier, etc . . . . 3 » | 4 | » |
| | 4 | 50 |

Pour 1.000 litres, soit, pour
l'écrémeuse . . . . . . 0 fr. 0045 par litre.
*Moteurs.* — Supposons un moteur à vapeur, qu'on
prendra d'une puissance de 3 à 4 chevaux afin de pouvoir commander d'autres machines (pompe, baratte, ma-
laxeur ; la chaudière pouvant servir à réchauffer l'eau,
le lait, etc., etc).

|  | Par jour de 10 heures. |
| --- | --- |
|  | FR.    C. |
| Frais fixes (chauffeur, mécanicien, graisse, huile, chiffons, etc. : 2 fr. par cheval + 4 chevaux. . . . . . . . . . . . | 8    » |
| Amortissement sur 350 jours, 0 fr. 75 par jour et par cheval + 4. . . . . . . | 3    » |
| Total . . . . | 11    » |

(Notons en passant que nous mettons au compte de l'é-
crémeuse les frais pour dix heures de marche, quoique
pour 1.000 litres de lait, il ne faudra que trois à quatre
heures de travail de la machine, par jour).

11 fr. pour 1.000 litres de lait, soit 0 fr. 011 par litre.

Si à la place du moteur à vapeur on utilise un manège
à plan incliné, les frais s'abaissent comme il suit :

|  | FR. |
| --- | --- |
| Prix du manège et installation, 800 fr. |  |
| Amortissement à 5 0/0 pendant 10 ans. . . . . . | 64 |
| Service, réparation, etc., à 5 0/0 . . . . . . . | 40 |
| Soit, par an . . . . . | 104 |
| Par jour . . . . . . . 0 28 |  |
| Huile. . . . . 1 » ⎱ | 3 50 |
| Cheval . . . . 2 50 ⎰ |  |
| Total . . . 3 78 |  |

Soit 0 fr. 003 par litre, pour un traitement journalier
de 1.000 litres.

Dans ses grandes lignes, l'emploi de l'écrémeuse mécanique revient à :

|  |  |  |
| --- | --- | --- |
| Écrémeuse . . . . . . . . . . | 0 0045 |  |
| Moteur à vapeur . . . . . . . | 0 011 |  |
| Manège . . . . . . . . . . . |  | 0 003 |
| Total . . . . | 0 0155 | 0 0075 |

par litre, alors que la plus value résultant de l'opération
mécanique est de 0 fr. 03 par litre, soit en faveur du pro-

cédé 0 fr. 0145 ou 0 fr. 0225, suivant que le moteur est à vapeur ou à manège. Mais il faut remarquer que 1° l'animal qui actionne un manège doit travailler par périodes de 20 à 25 minutes, coupées par des repos de 5 à 7 minutes ; 2° l'écrémeuse centrifuge est une machine dont la marche doit être régulière et continue ; il s'ensuit, à notre avis, que le moteur à vapeur doit toujours être préféré pour le fonctionnement de l'écrémeuse centrifuge.

On peut même déduire de ce qui précède, la quantité minimum qu'une écrémeuse doit traiter par jour, en fixant le beurre au prix de 3 francs le kilogr. à l'usine.

Nous avons vu que par jour,

|  | FR. C. |
|---|---|
| L'écrémeuse revient à. . . . , . . . . | 4 50 |
| La machine à vapeur . . . . . . . . | 11 » |
| Total . . . . . . . . | 15 50 |

fixons à 18 fr. les frais de fonctionnement; pour couvrir ces frais il faut obtenir une augmentation de production de $18/3 = 6$ kilogrammes de beurre, et comme avec 100 litres de lait on obtient un supplément de 1 kilogramme le beurre par l'emploi de l'écrémeuse centrifuge, il en résulte qu'il faut traiter au moins 600 litres de lait.

Donc l'écrémeuse centrifuge devient d'un emploi économique lorsque la quantité de lait à traiter par jour dépasse 600 litres.

Nous n'insistons pas sur l'emploi du manège pour les raisons indiquées plus haut.

Vous pouvez réunir le lait des trois traites pour ne faire qu'une seule opération par jour.

MAXIMILIEN RINGELMANN.

(Extrait du journal d'Agriculture Pratique.)

---

## La fraude des engrais.

Voici arrivée la saison où s'abattent dans les campagnes, pour les exploiter, les courtiers marrons qui placent des engrais.

Voici à quoi on les reconnaît :

Ils se disent envoyés par tel ou tel gros bonnet du pays qui leur a fait une forte commande et leur a donné votre adresse. Quelquefois ils prétendent être les représentants du Syndicat, mais le plus souvent ils se contentent de le dénigrer, quand ils n'insinuent pas que c'est une Société commerciale inventée par des gros messieurs qui se font de belles rentes sans avoir besoin de se déranger. Et il se trouve encore des cultivateurs qui ont plus de confiance dans ces imposteurs venus on ne sait d'où, qu'en leurs voisins qui leur ont parlé du Syndicat et leur ont déclaré en être très satisfaits.

Enfin, dernier signe caractéristique : pour prouver, disent-ils, qu'ils ne font que des affaires très sérieuses, ils demandent aux cultivateurs de consigner le marché par écrit et d'appuyer de leur signature l'achat qu'ils viennent de faire.

Celle-ci donnée, ils délivrent un double de commission que le cultivateur n'a point lue naturellement, et se hâtent de filer.

L'acheteur, encore abasourdi de leur bagout, ne pense généralement à prendre connaissance de l'écrit que lorsqu'ils sont déjà hors d'atteinte, et lit avec stupéfaction, quand il est un peu au courant du prix des engrais, qu'il a acheté quinze francs du superphosphate qui ne vaut pas cent sous ; que la garantie du dosage est donnée à *l'état sec*, en *phosphate de chaux*, et *non en acide phosphorique* qui vaudrait le double ; qu'en cas de manquant le marchand sera simplement tenu de restituer la différence, et que, dans tous les cas, si l'on doit plaider, c'est à Paris qu'il faudra aller.

Notre cultivateur désabusé constate qu'il est volé, mais préfère perdre son argent, plutôt que d'aller trouver les juges à Paris.

Comment expliquer un tel aveuglement de la part des cultivateurs ? Cette précaution de faire signer ses propres factures, et sans laisser le temps de les lire, n'indique-t-elle pas la ferme intention de faire des dupes ?

Quand un marchand est honnête, c'est lui qui signe ses factures, c'est lui qui prend des engagements vis-à-vis de son acheteur.

Croyez-en donc l'expérience de vos voisins qui font partie du Syndicat, et suivez leur exemple : éconduisez lestement ces bons apôtres qui ne veulent que votre bien.... pour s'en servir.

LANGLAIS,<br>
Professeur départemental de l'Orne.

# Alimentation des bêtes bovines en temps de disette fourragère.

## (Suite)

Dans ces rations établies par l'expérience, on peut substituer une paille à une autre, un foin à un autre foin, un tourteau à un autre tourteau, sans courir grande chance de commettre d'erreur préjudiciable. Il faut aussi se souvenir que ce sont des rations minima, et qu'il pourrait arriver que, par suite de circonstances particulières, elles soient plutôt faibles que fortes. Rien ne peut remplacer *l'œil du maître*, dans l'alimentation du bétail, car, ainsi que l'a si judicieusement remarqué Julien Kühn : *l'œil du maître engraisse le bétail.* Aussi le praticien, après avoir établi théoriquement les rations d'entretien à donner, doit-il se rendre compte postérieurement, par une surveillance attentive, qu'elles sont suffisantes.

Pour terminer ce qui a rapport aux bovidés soumis au régime anachorétique précité, nous indiquerons quelques rations à base de pulpes de betteraves, drèche de brasserie, navets, pommes de terre et pulpes de féculeries :

| | | |
|---|---|---|
| (*g*) Pulpes de betteraves (diffusion). | 25 k | 000 |
| Balles de céréales mélangées . | 6 | 500 |
| Sel . . . . . . . . . . | 0 | 050 |
| (*h*) Drèches de brasseries. . . . | 10 k | 000 |
| Pailles et balles . . . . . | 8 | 000 |
| Sel . . . . . . . . . . | 0 | 050 |
| (*i*) Pommes de terre cuites . . . | 15 k | 000 |
| Paille . . . . . . . . . | 5 | 000 |
| Tourteau de sésame . . . . | 0 | 200 |
| Sel . . . . . . . . . . | 0 | 050 |
| (*j*) Navets . . . . . . . | 30 k | 000 |
| Paille . . . . . . . . . | 6 | 000 |
| Tourteau de pavot blanc d'hiver. | 0 | 500 |
| Sel . . . . . . . . . . | 0 | 050 |
| (*k*) Pulpes de féculeries . . . . | 30 k | 000 |
| Tourt. d'arachides décortiquées. | 0 | 400 |
| Paille . . . . . . . . . | 3 | 000 |
| Sel . . . . . . . . . . | 0 | 050 |

(*l*) Paille . . . . . . . . . . 7 k 500
    Trèfle . . . . . . . . . 1  350
    Tourteau . . . . . . . . 0  400
    Sel . . . . . . . . . . 0  045

Dès que la saison exigera que nous fassions travailler nos bœufs, nous devrons renforcer, quelques jours d'avance, soit une semaine environ, et graduellement, leur régime.

Pour un travail modéré, nous leur fournirons, par jour et par tête de 500 kilogr.

    Albumine . . . . . . . . 0 k. 900
    Hydrate de carbone. . . . 5 k. 800

soit un supplément de 500 gr. d'albumine et de 2 k. 1 d'hydrates de carbone.

Les tourteaux oléagineux, les sons, les grains seront ici nos plus précieux auxiliaires. Avec les rations supplémentaires que nous donnons plus loin, ajoutées aux rations d'entretien précédentes, on pourra obtenir d'un bœuf au moins un million et demi de kilogrammètres en deux attelées.

Pour compléter les rations d'entretien où déjà il n'entre pas de racines, on ajoutera, soit :

25 kgr. de betteraves ou pulpes.
 1 kgr. de tourteau de sésame blanc ; soit :
15 kgr. de pommes de terre.
 1 kgr. 5 de tourteau de coton d'Alexandrie ;

      ou :

30 k. de navets.
 1 k. de son.
 0 k. 4 de tourteau d'arachide décortiquée.

De ces trois rations de travail, la première peut donner environ 1.800 mille kilogrammètres, la seconde 2 millions 300 milles, et la dernière 1.800 milles.

En combinant ces trois rations supplémentaires avec les rations d'entretien *a*, *b*, *c*, *l*, et *d* et *e*, dans lesquelles on peut remplacer la mélasse ou sirop de betterave par poids égal de farine d'orge ou de seigle, on obtiendra 15 rations de travail différentes.

On pourra transformer les rations d'entretien *g*, *h*, *i*, *j* et *k* en rations de travail, en y ajoutant les mélanges suivants, d'où nous avons exclu les racines :

2 k. 5 de tourteau de coprah.
2 k. 0 de seigle, qu'on fera tremper.

Ou :

3 k. de son de froment.

3 k. 5 de foin de luzerne.

Ou bien :

2 k. de féverolles concassées.

1 k. 8 de brisures de riz.

Cela nous fournira 15 nouvelles combinaisons.

Nous nous occuperons, dans un prochain article, du rationnement des vaches à lait.

C.-V. GAROLA.

(Extrait du *Progrès Agricole.*)

---

## Le taupin et sa larve

En ce moment de l'année, dans beaucoup de champs de blé, on remarque en plus ou moins grande quantité des pieds qui se fanent, puis jaunissent ensuite et finissent par tomber sur le côté et disparaître. Au printemps dans les orges, les avoines, les betteraves etc., le même fait se produit souvent avec une telle intensité que les récoltes s'en vont à vue d'œil.

Malgré les pluies persistantes que nous avons eues à subir au moment des semailles, la levée a été rapide et régulière et les emblavures ont presque partout une belle apparence, voire même un développement herbacé avancé, grâce à la clémence du temps qui s'est écoulé depuis.

La végétation semblait marcher à souhait lorsque tout à coup, dans quelques localités, vient à surgir un méchant petit insecte, un petit ver jaune qui ronge les racines de la plante et l'anéantit. Ce petit ver est la *larve du taupin.*

Bien que nous soyons à peu près complètement désarmé pour combattre cet ennemi redoutable pour les céréales, nous allons en donner la description pour le faire connaître des cultivateurs.

En fouillant promptement le sol à la place d'un pied qui jaunit on trouve presque toujours le coupable. C'est un ver dont la longueur varie de 8 à 15 millimètres suivant l'âge (on prétend qu'il passe cinq ans à l'état de ver ou larve). Il est cylindrique, allongé, luisant, à peau écailleuse, de couleur jaunâtre, formé de 12 segments ou anneaux sans compter la tête, qui est aplatie en forme de coin, armée de deux mandibules très dures. Il a six pattes, sa peau est très résistante, c'est ce qui l'a fait appe-

lerver *fil de fer*, ou encore *corde à boyau* par les horticul-
teurs. A part la couleur il a assez d'analogie avec le ver
des farines (teigne). Cette petite bestiole circule activement
en se tordant un peu sur elle-même lateralement comme
pour prendre un point d'appui sur les derniers anneaux
de son corps.

Quand le froid commence à se faire sentir, les larves
des taupins s'enfoncent assez profondément dans la terre,
abandonnant alors sa plante nourricière, mais pour y revenir aux premiers beaux jours.

Le ver ou larve après sa métamorphose devient le taupin,
petit insecte bien peu semblable au précédent, il est de forme elliptique. Le plus commun l'*Agriotes* ou *Elater Segetis*.
a une enveloppe consistante dure et solide. Les enfants de
la campagne connaissent bien le taupin qu'ils s'amusent à
placer sur le dos, afin de le voir sauter : ils l'appellent
*saute marteau*, *maréchal*, *scarabée à ressort*. C'est au
moyen de ces *sauts de carpe* qu'il parvient à se remettre sur ses pattes.

On pense que la femelle pond six œufs au pied des
jeunes plants de blé, contre la racine, ou entre les feuilles
qui enveloppent la jeune plante donnant ainsi une nouvelle génération de vers.

Dans les terres légères, il s'en trouve parfois des
quantités considerables, c'est à ce point que l'année dernière, dans la commune d'Ollivet près Laval, j'en ai compté
jusqu'à 5 ou six dans une poignée de terre, aussi la récolte d'avoine a été complètement détruite.

Pour atténuer les dégâts de cet ennemi, on avait pro-
posé les roulages ; mais il est bien trop résistant pour
être écrasé par le tassement de la terre.

L'alternance de cultures pour les affamer, les façons
culturales nombreuses, labours légers, scarifiages et hersages que l'on peut pratiquer pour les ramener à la surface, où les oiseaux viennent les détruire, sont les seuls
moyens qui semblent être à la portée du cultivateur.

P. MASSERON.

---

## La prise d'échantillon et son influence sur l'a-<br>nalyse. — Ce que l'on fait et ce qu'il fau-<br>drait faire.

Quand il s'agit d'analyses, il est un lieu commun que
le public affectionne : c'est de dire que les chimistes ne

peuvent s'entendre sur les résultats de l'analyse d'une marchandise. C'est là un sujet de causeries tout trouvé, où chacun peut placer son mot, sûr de n'être pas contredit. En effet, ils ne sont pas légion ceux qui, confiants dans l'analyse, savent reconnaître les torts là où ils sont, et démêler le bien ou le mal fondé de telle ou telle accusation.

Aussi voudrions-nous démontrer à nos lecteurs que si les résultats ne concordent pas quand l'analyse d'une même substance est faite par différents chimistes, ils ne doivent pas s'en prendre à ceux-ci des écarts considérables qui peuvent parfois se présenter, mais bien s'accuser eux-mêmes, car ils sont presque toujours les seuls fautifs.

Et d'abord, qu'appelle-t-on prendre un échantillon ? Pour beaucoup de personnes, c'est se rendre près de la marchandise qui, le plus souvent, est en sac, d'ouvrir au hasard le premier qui se présente, d'y plonger la main à deux ou trois reprises et de vider ce qu'elle contient dans un flacon. Cela fait, on le bouche, on le cachette et on l'envoie à un chimiste. Le jour suivant, on se décide à faire exécuter une seconde analyse par un autre laboratoire. On se rend alors à nouveau dans le magasin et on opère de la même manière que le jour précédent. Seulement, on prend dans un autre sac. Souvent même, pour ne pas se donner la peine de défaire une ligature, on puise à pleines mains dans un de ceux qui sont déjà entamés. Et l'on appelle cela prendre un échantillon ! Et l'on veut que les analyses des chimistes concordent, sous peine de nier l'efficacité de leurs services !

Vraiment, l'accusation est facile pour ceux qui s'arrêtent au fait sans en chercher la cause. Mais qu'ils se demandent un peu s'ils n'ont rien à se reprocher et, s'ils y mettent quelque bonne foi, ils reconnaîtront bien vite que les torts sont de leur côté.

CE QUE L'ON FAIT

Les diverses substances qui se vendent sur analyse ne sont généralement pas homogènes dans leur composition. Le tamisage y montre des grains de grosseur différente et souvent ceux-ci ont une richesse variable avec leur ténuité. L'inconvénient serait médiocre, si le mélange restait parfait ; mais il arrive que, dans les diverses manipulations auxquelles les sacs sont soumis, le poussier descend au fond et les gros grains remontent à la surface. Pas n'est besoin de plus amples explications pour faire immédiatement comprendre l'erreur que l'on commet en prenant comme échantillon une poignée de la substance à la partie supérieure du sac. Autant vaudrait la passer au tamis et prendre ce qui resterait sur celui-ci.

Il est superflu de dire que l'on n'aura pas ainsi un échantillon moyen de la marchandise, mais seulement des parties les plus grosses qui s'y pourraient rencontrer.

A cette cause d'erreur que nous venons de citer pour les substances en sac, c'est-à-dire la séparation des éléments par ordre de densité et par ordre de grosseur, vient s'en ajouter une autre résultant de l'humidité des locaux où se trouvent les marchandises et de l'état hygrométrique de l'atmosphère. Une marchandise bien sèche mise dans un local humide, s'emparera d'autant plus vite de l'humidité que son état de siccité sera plus grand.

Au contraire, une substance présentant un certain degré d'humidité, tendra à restituer à l'atmosphère une partie de celle-ci et cela avec d'autant plus de rapidité que l'air est plus vif et que le sac est en vidange. Dans ce dernier cas, l'évaporation est beaucoup plus rapide, puisque, dans le haut, il y a contact direct avec l'air.

Quand la substance est en tas sur le sol, les gros morceaux glissent dans le bas, et si on prenait un échantillon à la partie supérieure du tas, et un autre à la partie inférieure, on ne devrait nullement s'étonner que les analyses ne concordent pas.

En résumé, je crois avoir suffisamment attiré l'attention des lecteurs du *Progrès Agricole* sur les pratiques vicieuses qui ont cours lors de la prise d'échantillon, pour bien les convaincre que, dans l'analyse d'une substance, *l'opération préliminaire de la prise d'échantillon est aussi importante que l'analyse elle-même.*

## CE QU'IL FAUDRAIT FAIRE

Comment faut-il opérer pour faire une bonne prise d'échantillon ? L'opération est bien simple, ainsi que nous allons le montrer.

Supposons d'abord que la marchandise se trouve en sac. Avec une sonde de moyennes dimensions, vous prenez par deux fois une portion du contenu de chaque sac ; une fois dans le haut, une fois dans le bas. Vous répétez ces opérations sur tous les sacs, s'ils sont peu nombreux, ou sur quelques-uns que vous choisissez dans le tas, quand celui-ci est conséquent. Vous mêlez ensuite intimement ces diverses prises et vous les renfermez dans autant de flacons exactement bouchés que vous désirez faire d'analyses. Vous conservez en outre, auprès de vous, une portion importante comme échantillon type.

Dans ces conditions, les échantillons envoyés aux différents chimistes ayant tous la même composition, ceux-ci devront trouver les mêmes résultats et vous posséderez de la sorte la composition moyenne de votre marchandise.

Quand celle-ci est en tas sur le sol, la manière d'opérer est un peu différente dans la forme, mais au fond ce sont toujours les mêmes principes qui doivent guider celui qui prélève l'échantillon.

Vous ouvrez à la pelle deux ou trois routes dans le tas ; puis, dans chacune de celles-ci, vous prenez, à droite et à gauche, plusieurs poignées de la substance. Vous les mélangez toutes exactement et vous les renfermez dans des flacons que vous cachetez.

En suivant ces principes, on ne s'exposera plus à des mécomptes et personne n'aura plus l'occasion de suspecter les résultats donnés par l'analyse.

Alexandre Leys,<br>
Directeur du Laboratoire du Progrès Agricole.

---

## L'Epine-Vinette dans ses rapports avec les céréales.

Des arrêtés préfectoraux touchant la destruction de l'épine-vinette ayant déjà été pris dans un certain nombre de départements, Eure-et-Loire et Seine-et-Marne notamment, il est sans doute beaucoup de cultivateurs qui se demandent comment un arbuste peut communiquer la rouille au blé. Nous allons le leur exposer.

*Faits d'observation et d'expérience.* — Il est de connaissance vulgaire qu'un très grand nombre d'animaux d'ordre inférieur, après avoir passé leur état larvaire dans le corps d'autres animaux, vont, par des moyens que nous n'avons pas à indiquer ici, achever leur existence, accomplir leur phase de reproduction dans celui d'espèces souvent très différentes des premières. Il en est particulièrement ainsi pour les *ténias*, ces hôtes repoussants de l'homme et des animaux.

On sait que le *ver solitaire* de l'homme, par exemple, provient de la *ladrerie* du porc, affection parasitaire qui a son siège dans la chair, sous la langue, etc., et qui consiste en de petits vers logés dans des pochettes ou *kystes*. Rien, ni dans la forme, ni dans l'organisation de ces *helminthes*, ne trahit le ver rubanaire et comme articulé que l'homme héberge dans son intestin, et pourtant l'un procède de l'autre et y retourne.

On sait également, pour citer un autre exemple non moins bien établi, que la maladie du mouton désignée sous le nom de *tournis* est dû purement et simplement à la présence, dans le cerveau, d'un ou de plusieurs petits vers particuliers, et que, absorbés par le chien, ces vers se fixent dans l'intestin et s'y développent en *ténias*. Du chien, cette affection vermiculaire retourne au mouton, puis revient au chien, et ainsi de suite ; en un mot, il y a *alternance* dans le milieu du développement, comme dans les formes de l'helminthe.

Quelque chose d'analogue a lieu pour certains végétaux inférieurs qui vivent en parasites et ne peuvent se perpétuer qu'en passant d'une espèce végétale à une autre, puis en faisant retour à la première. Il en est ainsi pour plusieurs champignons microscopiques, et notamment pour celui qui donne naissance à la *rouille commune* du blé. Ainsi que les ténias, ce champignon est, en effet, à générations alternantes, et l'une d'elles — indispensable chaînon de l'existence de ce cryptogame — ne peut se développer que sur l'épine-vinette. Ce fait, dont la connaissance est aussi importante pour la pratique qu'elle est précieuse pour la science, a été établi expérimentalement par un physiologiste de la plus haute autorité, par de Bary, et personne, dans le monde savant, ne semble en contester l'exactitude.

*Phases de la rouille.* — Au printemps, habituellement dans le courant de mai, la rouille débute sur l'épine-vinette ou vinetier, petit arbrisseau plutôt d'ornement que de rapport, bien que l'on utilise quelquefois son fruit pour faire des confitures ou de la boisson. Elle affecte la forme de taches jaune-orangé et se montre surtout à la face inférieure des feuilles. Ces taches sont constituées par une poussière extrêmement fine et que le moindre vent emporte au loin.

Si le hasard veut que, dans le transport, cette poussière rencontre un champ de céréales, un champ de blé, par exemple, elle le contamine presque infailliblement ;

car, il faut le dire — ce qu'on a déjà deviné sans doute
— que chaque particule, chaque grain de cette poudre
fine est, comme une petite semence, peut germer et se
reproduire. De sorte que, tombant sur les tiges et les
feuilles du blé, ces germes microscopiques y engendrent
des plantes minuscules dont les racines envahissent bientôt tous les tissus et dont les tiges se couvrent de semences d'une nouvelle espèce, mais pouvant, comme les précédentes, germer et fructifier sur le blé.

Il résulte que les pieds de blé atteints de rouille peuvent contaminer les pieds voisins encore indemnes, et
que le champ le premier envahi devient un véritable
foyer d'infection pour tous ceux qui l'environnent.

Durant son développement sur le blé, la rouille passe
par deux phases bien distinctes, liées chacune à un mode
particulier de génération : la première est la rouille
*orangée*, et l'autre la rouille *noire*. La seconde forme
accompagne de bonne heure la première, dont elle provient sans doute, et s'y substitue ensuite plus ou moins
complètement. Après l'hiver, les *spores* ou *semences*
provenant de la deuxième génération, disséminées dans
les champs, sur les chaumes, les pailles, etc., germent
et donnent naissance à une troisième génération, très
différente des deux précédentes, et dont les spores ne
sont fructifères que sur l'épine-vinette. De cet arbrisseau, la maladie revient sur le blé, et ainsi de suite. Tel
est le cycle du développement de la rouille. Nous n'avons
fait, bien entendu, qu'indiquer *grosso modo*, les stades de
l'évolution si curieuse de ce champignon.

*Preuves pratiques des dangers que présente l'épine-
vinette pour la culture du blé.* — Parmi les exemples
mémorables des dangers que présentent le voisinage de
l'épine-vinette pour le blé, il en est deux que beaucoup
de gens connaissent, les journaux agricoles leur ayant
donné la plus large publicité : ce sont ceux qui se pro-
duisirent à la ferme de Rouvray (Seine-et-Marne), en
1885, M. Chertemps, l'agriculteur éminent que, dans
leur admiration pour ses grandes connaissances, plusieurs de ses confrères désignaient sous le nom flatteur
de « Maréchal de la Brie », et, si nous ne nous trom-
pons, chez M. Benoit, à Milly (Seine-et-Oise), en 1887.

Nous eûmes personnellement à étudier le premier cas,
et il nous souvient que la *rouille noire* y avait une telle
intensité, que le grain et la paille d'une pièce de 15 hect.,
furent complètement perdus, il nous fut d'ailleurs facile
de découvrir, dans des bosquets voisins — refuge habi-

tuel du gibier — les pieds d'épine-vinette qui, selon toutes probabilités, avaient causé ce désastre.

A la suite de cette constatation, un inspecteur général de l'enseignement agricole, M. Prilleux, fut délégué par M. le Ministre de l'agriculture, à l'effet d'aller étudier, sur place, ce fléau inattendu, et son rapport ne fit que confirmer le nôtre.

Le cas constaté à Milly, deux ans plus tard, n'eut pas moins de retentissement, tant à cause de l'importance du fait en lui-même, qu'à cause de la visite dont il fut l'objet de la part d'une délégation de la Société nationale d'agriculture. Depuis lors, des constatations semblables ont été faites sur divers point de la France.

De tout ce qui précède, il résulte donc que l'épine-vinette, plante nourricière de la rouille commune, est une menace permanente pour la culture du blé, et que l'on ne peut qu'applaudir aux mesures qui ont été prises contre elle.

Ajoutons, toutefois, qu'on rencontre dans les jardins, autour des habitations, soit à la ville, soit à la campagne, nombre de sujets de cette espèce qui n'ont jamais la moindre trace de cette maladie, et sont par conséquent inoffensifs. Ceux des champs, des haies et de la lisière des bois suffisent largement, il est vrai, à l'entretenir.

Maintenant, est-ce à dire que, l'épine-vinette disparue, la blé n'aura plus jamais la rouille ? Il est à croire que non ; car, les savants nous assurent que cette céréale est encore atteinte par deux autres espèces de rouille moins dangereuses, il est vrai, que la première, mais néanmoins très nuisibles. L'une a pour plantes nourricières un certain nombre de *borraginées*, l'autre les *nerpruns*. De sorte que, pour mettre le blé complètement à l'abri de la rouille, il faudrait détruire non seulement l'épine-vinette, mais les nerpruns, la bourrache, la consoude, etc., ce qui ne parait guère possible.

L. CAZAUX,<br>
*Professeur départemental d'agriculture*<br>
*de Seine-et-Marne.*

---

## Traitement des verrues ou fics.

Les *verrues*, *fics* ou *poireaux*, ne sont jamais, pour les animaux qui en sont atteints, qu'un inconvénient sans aucune gravité, même quand ils se manifestent sur la région mammaire de la vache. Cependant ces verrues ex-coriées peuvent devenir douloureuses par les frottements exercés pendant l'action de traire ou la mulsion. Et la douleur occasionnée à chaque traite, c'est-à-dire deux ou

246

trois fois par jour, peut finir par rendre méchante, et pour le moins difficile à traire, la vache qui en est atteinte.

L'arrachement ou l'incision des verrues constituaient le traitement ordinaire. Mais on a remarqué que ces néoplasmes ont de la tendance à se reproduire dans les régions touchées par le sang provenant de l'opération. Ce qui s'explique par la présence d'un microorganisme (*Bacterium porri*) découvert par le Dr Majocchi.

M. Boudeaud, vétérinaire à Aigurande (Indre), conseille un traitement simple, facile à mettre en pratique et qui a paru donner les meilleurs résultats constants. Toutefois, le pharmacien ne peut délivrer le médicament que sur l'ordonnance du vétérinaire. Selon l'auteur, il suffit de trois ou quatre applications, à vingt-quatre ou quarante-huit heures d'intervalle entre chaque application de la pommade rendue demi-liquide en la présentant au feu pendant quelques instants.

Voici la formule indiquée par M. Boudeaud et publiée dans le numéro du *Recueil de médecine vétérinaire* du 15 octobre 1892.

    Acide arsénieux . . . . . . . .   5 grammes.
    Poudre de Sabine
    Poudre de gomme ( parties égales. . 10 grammes.
arabique . . . .
    Cérat simple . . . . . . . . . 36 grammes.
        Mélangez avec soin.

M. Boudeaud donne une autre formule qui, selon moi, peut convenir pour le cheval, mais qui ne saurait être employée chez la vache qu'avec une extrême prudence.

    Sublimé corrosif . . . . . . . .   1 gramme.
    Collodion riciné . . . . . . . . 30   —

L'un ou l'autre de ces deux topiques seront appliqués en couche très mince avec un pinceau sur toute la masse verruqueuse aussi considérable qu'elle soit.

Dans ma pratique personnelle, je me suis fort bien trouvé de l'application journalière, avec un pinceau ou un tampon de ouate ou d'étoupes, de l'acide acétique et même aussi de l'acide azotique étendu d'eau. Après trois ou quatre applications de l'un des deux agents, je complétais le traitement par une onction quotidienne et jusqu'à guérison avec la pommade suivante :

    Calomel à la vapeur . . . . . . . 10 grammes.
    Axonge . . . . . . . . . . . 50 grammes.
        Mélangez.

EMILE THIERRY.

(Extrait du journal *La Gazette du village*).

## Les glands dans l'alimentation du bétail.

Les glands ne sont pas rares cette année et, comme les fourrages manquent, il convient de tirer de ces fruits le meilleur profit. On sait qu'ils constituent un excellent aliment pour la nourriture et l'engraissement des porcs ; qu'ils communiquent à la chair et au lard une saveur appréciable ; mais ce qu'on connait moins, c'est le mode d'emploi de cet aliment.

D'aucuns ramassent les glands et les donnent aux porcs sans préparation aucune ; or, ils ne sont réellement profitables qu'à la condition d'avoir été préalablement décortiqués et séchés.

Voici d'ailleurs, l'opinion de Magne à ce sujet :

« Le gland lui-même, eût-il seulement été desséché à l'air, est plus profitable que vert ; les animaux le mangent mieux, et ceux qui s'en nourrissent boivent davantage. On peut encore rendre ce fruit plus nutritif en le passant dans un four chaud ; on l'écrase et on le traite ensuite par l'eau bouillante ; les porcs en mangent le marc et en boivent l'infusion. Mais la meilleure manière d'utiliser le gland c'est de le faire *drêcher*, car la germination en détruit le tannin, et y développe du sucre.

Pour faire drêcher les glands, Léouzon recommande de les enterrer dans une fosse où on les arrose, avant de les couvrir de terre, avec de l'eau salée ; quand ils sont germés, on les retire, on les fait sécher et on les concasse. Par ce traitement on obtient aussi la décortication.

On donne à un porc 1 à 2 kilogr. de glands qu'on mélange avec du petit-lait, des eaux grasses et les autres aliments : farines, tourteaux, pommes de terre, etc.

Petermann recommande l'emploi des glands dans l'alimentation du mouton. Ils peuvent être combinés avec des féveroles, de la paille, du foin, des drêches, des pulpes ou des betteraves. On ne peut en donner plus de 500 grammes par jour.

(Extrait du journal *La Presse Agricole*).

## Les cidres et poirés au concours général agricole de Paris, du 30 janvier au 8 février 1893

Le ministre de l'agriculture,

Vu l'arrêté du 1er octobre 1892, réglant l'organisation du concours général agricole de Paris qui se tiendra au palais de l'Industrie du 30 janvier au 8 février 1893 ;

Considérant l'intérêt qu'il y a à faire apprécier les vins, cidres et poirés récoltés en 1892, en France, en Algérie et en Tunisie ;

248

Sur le rapport du conseiller d'Etat, directeur de l'agriculture,

Arrête :

Art. 1er. Les vins, cidres et poirés de provenances indiquées ci-dessus feront l'objet, au concours général agricole de Paris, en 1893, d'une exposition spéciale qui aura lieu du samedi 4 au mercredi 8 février 1893.

Art. 2. Les exposants de vins, cidres et poirés, auront la faculté de les faire déguster sur place au public, en se conformant aux prescriptions du règlement intérieur du concours.

Art. 3. Indépendamment des vins, cidres et poirés de l'année 1892, les exposants seront admis à soumettre à la dégustation des produits des années antérieures.

Art. 4. A cette exposition, les producteurs seuls seront admis.

Art. 5. Les exposants devront adresser au ministère de l'agriculture, avant le 1er janvier 1893, au plus tard, une déclaration écrite faisant connaître les produits qu'ils demandent à exposer.

Les vins, cidres et poirés seront reçus à l'Exposition les lundi 30 et mardi 31 janvier, de huit heures du matin à quatre heures du soir.

Art. 6. Le Conseiller d'Etat, directeur de l'agriculture, est chargé de l'exécution du présent arrêté.

Fait à Paris, le 28 novembre 1892.

JULES DEVELLE.

## Le renouvellement des semences.

Un bon nombre de nos lecteurs font eux-mêmes leurs graines pour le jardin et ils s'en trouvent bien en général, mais nous rencontrons de temps à autre quelqu'un qui nous écrit que ses variétés dégénèrent, qu'elles ne viennent plus aussi belles qu'autrefois.

La cause de cette dégénérescence est toute simple et le remède tout indiqué.

Le moyen de parer à cet inconvénient est, comme nous l'avons déjà dit, de recourir au renouvellement de la semence, ceux mêmes dont les variétés ne semblent pas dégénérer, pourraient par comparaison établir les différences entre le produit d'une graine renouvelée, *dépaysée*, comme disent les jardiniers, et celui d'une graine qu'il considère comme ayant conservé toutes ses qualités premières.

Au bout de quelques années, les changements des semences s'imposent, qu'il s'agisse de légumes, de fleurs, même de pommes de terre.

(Extrait de la *Gazette du Village*).

## Les Étables

Sous le nom générique d'étable sont comprises les diverses habitations des animaux de l'espèce bovine, telles que bouverie, vacherie, toit ou écurie des veaux ; si, dans les fermes, les bœufs, les vaches et les veaux peuvent sans inconvénient sérieux être réunis, il ne saurait en être de même des grandes exploitations, où une triple habitation doit être avec soin aménagée.

Quoiqu'il en soit, à cet égard, il est d'une importance capitale que les étables soient salubres et commodes. Ce serait faire un mauvais calcul que de négliger, dans un but d'économie, l'aménagement des locaux destinés à la race bovine et de reculer à cet égard devant les dépenses utiles et indispensables : le bœuf d'engrais, mal logé, s'engraisse mal ; le bœuf de travail, mal logé, se repose mal et fait moins de besogne ; la vache, enfin, lorsque son étable est insuffisamment aérée et trop étroite, produit une quantité de lait bien inférieure à son rendement normal. Donc les étables doivent être établies avec d'autant plus de soins que le fermier est plus désireux d'obtenir un gain légitime.

Les animaux auxquels le fermier ne demande pas de travail, mais qu'il engraisse ou entretient en vue de la secrétion du lait, ont besoin de vivre dans une habitation plutôt chaude que froide, humide que sèche ; la salubrité en doit être assez grande pour que l'établissement de ventilateurs y soit pour ainsi dire superflu, et cette élévation de l'atmosphère doit être produite, non pas par le grand nombre de bêtes réunies dans l'étable, mais bien par la façon même dont elle a été construite ; l'accumulation de nombreux animaux vicie l'air, le rend insalubre, à peine respirable, et ainsi le fermier fait naitre du remède même un danger, et un grand danger.

« S'il est avantageux, dit à ce propos M. Magne, que l'air des étables contienne plus d'humidité que celui du dehors, et peut-être un peu moins d'oxigène, il ne doit jamais renfermer des corps fétides, putrides, ni un excès trop considérable d'azote ou d'acide carbonique. Sous l'influence d'une atmosphère impure, la vitalité des animaux est moins grande, leur constitution s'altère et ils sont plus impressionnables aux causes des maladies. Une affection qui serait sans gravité sur un individu bien tenu, revêt promptement les caractères typhoïdes sur celui qui respire un mauvais air. Les effets d'un aérage insuffisant sont plus nuisibles aux animaux qui sont fortement nourris qu'à ceux qui sont dans la pénurie. »

Si, pour les bêtes à l'engrais, une atmosphère chaude, qui alourdit ceux qui vivent au milieu d'elle, est nécessaire ; pour les animaux de travail, au contraire, il faut naturellement un air sec et frais : forcés de vivre au dehors, ils ne pourraient supporter le brusque passage de l'air extérieur à l'atmosphère pesante d'une chaude étable.

D'abord doux et raréfié, l'air de l'étable destiné aux élèves, doit devenir plus âpre et plus froid à mesure que le sujet grandit.

## SYNDICAT DE LA MAYENNE

Le Syndicat des Agriculteurs de la Mayenne va prochainement renouveler ses marchés pour la fourniture des divers engrais pendant le premier semestre 1893, c'est-à-dire du 1er janvier au 30 juin, et pour la fourniture des graines fourragères du 1er janvier au 31 décembre.

Les personnes qui désireraient prendre part à ces fournitures, sont invitées à adresser leurs offres, conformément au cahier des charges, à M. Léizour, Président du Syndicat, à Laval, avant le 22 décembre prochain, délai de rigueur.

Pour le nitrate de soude, il devra être spécifié pour livraisons en sacs d'origine non réglés et en sacs réglés à 100 kilos, double euveloppe.

Le cahier des charges sera adressé aux personnes qui en feront la demande.

## SYNDICAT DE CHARTRES

### SAISON DE PRINTEMPS DE 1893

### VINS

Le Syndicat donne avis qu'il peut, pendant la prochaine saison, fournir aux prix ci-dessous les vins naturels, garantis purs raisins frais, des provenances ci-après :

### 1° Vins d'Algérie

1° Vin rouge de Bône, à 42 fr. l'hectolitre.

2° Vin blanc de Bône, à 43 fr. l'hectolitre.

3° Vin rouge d'Aïn-Beda d'Oran, à 115 fr. la pièce de 220 à 225 litres. Recommandé. (Pour cette espèce, il n'y a pas de demipièce).

NOTA. — Tous ces prix s'entendent franco gare de l'acheteur; fût perdu, paiement à 90 jours de l'expédition.

Les vins d'Algérie seront livrés jusqu'au 1er avril seulement, à cause des chaleurs, sauf épuisement avant cette date.

Les commandes sont reçues dès maintenant.

## 2° Vins Français

### VINS ROUGES DU GARD

|  | Récolte 1891 | | Récolte 1892 | |
|---|---|---|---|---|
|  | la pièce | la demi pièce | la pièce | la demi pièce |
| 1° Ordinaire.... | 95 fr. | 80 fr.  » | 90 fr. | 47 fr. 50 |
| 2° Montagne.... | 105 | 55  » | 100 | 52  50 |
| 3° Saint-Gilles.. | 110 | 57  50 | 105 | 55  » |
| 4° Costière extra | 120 | 62  50 | 115 | 60  » |

|  | Récolte 1890 | |
|---|---|---|
|  | la pièce | la demi-pièce |
| Saint-Gilles..... | 120 fr. | 62 fr. 50 |
| Qualité St-Georges | 130 | 67  50 |

### VINS BLANCS DU GARD

Vin blanc sec nouveau 1892, la pièce 100 fr. ; la demi-pièce 52 fr. 50.

Vin blanc Picpoul 1891-1892, la pièce 130 fr. ; la demi-pièce 67 fr. 50.

Contenance de la pièce 220 à 225 litres, de la demi-pièce 110 à 112 litre, le tout franco gare de l'acheteur, fût perdu, paiement à 90 jours.

### VINS ROUGES DE BORDEAUX

1° Bonnes côtes de Bordeaux, 1er choix, 1892. 140-160 fr. ; 1891 180-200 fr. la pièce de 225 à 228 litres.

(Prière de bien indiquer le prix qu'on a choisi).

| 2° Fronsac, 1er cru.................... | 1890, 230 fr. | |
|---|---|---|
| 3° Côte St-Christophe de St-Emilion. | 1890, 250 | 1889, 300 fr. |
| 4° Sables de Saint-Emilion ........ | 1890, 300 | 1889, 350 |
| 5° Saint-Estèphe................... | 1890, 350 | 1889, 400 |
| 6° Saint-Emilion et Haut Pomerol .. | 1889, 400 | 1887, 500 |
| id. | 1887, 600 | 1884, 700 |

### VINS BLANCS DE BORDEAUX

| 1° Petites Graves, la barrique de 225 à 228 litres, | 1892, 120 140 | |
|---|---|---|
| id. | 1891, 160 | |
| id. | 1890, 180 | |
| 2° Graves, 1er cru... .............. | 1891, 200. | 1890, 230 |
| 3° Preignac-Sauternes.............. | 1890, 250. | 1889, 300 |
| 4° Barsac-Sauternes................. | 1890, 350. | 1890, 400 |
| 5° Haut-Sauternes, 1890 450 ; 1889 500 | 1887, 600. | 1884, 700 |

Le tout franco gare de l'acheteur, paiement à 30 jours 3 0/0 ou à 90 jours sans escompte. — Par 1/2 pièce et 1/4 de pièce, 5 fr. en plus pour logement.

## 3° Eaux-de-vie du Gard

| Eaux-de-vie, type Béziers, 50 degrés......... | 0 fr. 80 le litre. |
|---|---|
| —    de Marc,    —   ......... | 1  »  — |
| —    pur vin, extra   —   ......... | 1  20  — |

Le tout pris sur place, logé, en bonbonnes d'au moins 10 litres ou en fûts d'au moins 20 à 25 litres.

NOTA. — Les droits et le transport, environ 90 centimes par litre, sont à la charge de l'acheteur.

## SYNDICAT DE CHARTRES

L'adjudication des fournitures à faire aux Membres de l'Association pendant la saison de printemps 1893, aura lieu à Chartres, au siège du Syndicat, rue Regnier, n° 11, le samedi 17 décembre prochain, à 2 heures du soir.

Les personnes qui auraient l'intention de prendre part à cette adjudication peuvent s'adresser, pour avoir des renseignements, à M. Mercier, comptable du Syndicat, 4, place Saint-Michel, à Chartres.

## CONCOURS AGRICOLE DE NEVERS

Le concours annuel de la Société d'agriculture de la Nièvre aura lieu du 25 au 29 janvier 1893. Les exposants de toute la France peuvent prendre part au concours d'animaux gras et aux expositions annexes. Quant au concours d'animaux reproducteurs, il est réservé aux éleveurs de la Nièvre.

Demander le programme à M. G. Vallière, place de la Halle, Nevers.

### CHEMINS DE FER DE L'OUEST

—

# Paiement d'Intérêts et Escompte de ce paiement

—

*Echéances des 1er et 6 janvier 1893*

Le Conseil d'Administration a l'honneur de prévenir MM. les porteurs des Obligations de la Compagnie de la mise en paiement, à l'échéance des 1er et 6 janvier prochain (avec faculté d'escompte un mois avant), des coupons d'intérêt semestriel ci-après :

## Echéance du 1er janvier

| | MONTANT NET D'IMPÔTS | | |
| --- | --- | --- | --- |
| | Numéro du coupon. | Titres nominatifs. | Titres au porteur. |
| Obligations 3 0/0 (1re série, titres roses). | 75 | 7 20 | 6 756 |
| Obligations 4 0/0 (délivrées en échange des actions de l'ancienne Compagnie de Dieppe . . . . . . . . | 75 | 9 60 | 9 096 |
| Obligations 5 0/0 de l'ancienne Compagnie de Saint Germain (Emprunts 1842 1849) . . . . . . . . | 102 | 24 » | 22 742 |
| Obligations de l'ancienne Compagnie de Versailles R. D. (Emprunt 1843). | 99 | 24 » | 22 735 |
| Obligations de l'ancienne Compagnie du Havre (Emprunt 1848) . . . . | 88 | 28 80 | 27 541 |

Obligations de l'ancienne Compagnie
de l'Ouest (Emprunts 1852-1854). .  81  24  »  22 730
Obligations de l'ancienne Compagnie
de l'Ouest (Emprunt 1853) . . . .  79  24  »  22 739

### Echéance du 6 janvier

Obligations de l'ancienne Compagnie
de Rouen (Emprunt 1845) . . . .  95  19 20  18 007

Les paiements seront faits :

1° A présentation, à la Caisse de la Compagnie, à Paris, gare Saint-Lazare (Bureau des Titres), de dix heures du matin à deux heures de l'après-midi, les dimanches et fêtes exceptés ;

2° Sous un délai de quinze jours, à dater du dépôt des coupons ou des titres nominatifs ne donnant pas lieu à d'autres opérations que celles de la vérification :

Dans les gares du réseau de l'Ouest désignées pour ce service ;

Dans toutes les gares de province du réseau français de la Compagnie de P.-L. M. et à ses bureaux des Titres de Lyon, de Marseille et d'Alger :

Dans toutes les gares du réseau d'Orléans :

Dans les principales gares du réseau de l'Est ;

3° Sous un délai de vingt jours, dans les principales gares du réseau du Midi (Bordeaux excepté) ;

4° Sans frais ni commission, mais sous réserve de délais, à tous les guichets ;

De la Société Générale,

De la Société Alsacienne de Banque,

Du Crédit Lyonnais,

Du Crédit Industriel et Commercial et chez tous ses correspondants de province.

5° à tous les guichets de la Banque de France, dans les délais et conditions d'usage.

Les dépôs de coupons et de titres nominatifs seront reçus :

Quinze jours avant l'échéance à Paris, au Siège de la Compagnie et dans les gares désignées des réseaux de l'Ouest, de P.-L.-M., d'Orléans et de l'Est ;

Vingt jours avant l'échéance, dans les gares désignées de la Compagnie du Midi.

---

**A VENDRE** prix exceptionnels, plants magnifiques, peupliers Suisses régénérés. (Variété nouvelle) 0 50 centimes.

Pommiers cidre, meilleures espèces, depuis 0.50 centimes (faisant 8 centimètres), jusqu'à 1 franc, faisant 10 à 11 centimètres, (1 fr. 25 faisant 11 et 12 centimètres).

Franco rendu en gare la plus proche (Mayenne).

S'adresser à M. GAGNEUX, Charles, maire de Distré, près Saumur (Maine-et-Loire). Des échantillons sont exposés à l'entrepôt central du Syndicat des Agriculteurs de la Mayenne, 48, rue Solférino, Laval.

---

### ROUSSELET, cultivateur à la Crochetière
### de St-Ouën des Toits.

**OFFRE :** Deux veaux mâles, âgés de 5 et 7 semaines, race mancelle. Un 2° prix au concours départemental agricole de la Mayenne (1892) a été décerné à la mère de l'un d'eux.

Manufacture d'engrais et produits chimiques pour l'agriculture
FABRIQUE D'ACIDE SULFURIQUE
## Spécialité de superphosphates minéraux et de superphosphates d'os
THÉOPHILE CONILLEAU, AU MANS
*Bureaux, rue de Bel-Air, 44. — Usine à Préau, rue des Maraîchers*
La situation de cette importante usine, établie au centre de l'Ouest, permet de livrer dans toute la région, à des conditions très-avantageuses, les produits de 1er choix de sa fabrication.

---

**Vacherie à céder** pour cause de décès du maître, 25 vaches, un seul cheval, 2 voitures, vente journalière sur place 320 litres de lait au prix moyen de 40 centimes le litre. Bénéfice net par an 10.000 fr. Loyer tout compris. Habitation, cour, étables, greniers, laiterie 1.800 fr. par an. Occasion à enlever de suite. Se presser. On traitera avec 10.000 fr. ou sans argent avec garanties.
Ecrire ou voir M. DAGORY, 149, rue Lafayette, Paris.

---

## TERRE DE LA MOTTE-DAUDIER
*Commune de Niafles, par Craon (télégraphe, chemin de fer à 3 kilomètres) département de la Mayenne.*
250 reproducteurs mâles et femelles de la race Durham pure, des tribus Gwynne, Beeswing, Catherine, Zemima, Niblet, Portia, Rosalind.
Les Durhams de M. le comte de Quatrebarbes ont remporté à Vannes et à Tours un 2e et un 3e prix, deux prix supplémentaires, une mention et une médaille d'or de la Société des Agriculteurs de France.
Moutons Dislhey et Southdown importés.
Mâles et femelles de la race porcine craonnaise pure.
Blés d'espèces améliorées à grand rendement pour semences, Dattel et autres.
S'adresser toute l'année à M. Gendry, régisseur.

---

## VINS DE BORDEAUX
Garantis naturels. — Médaillés à l'Exposition universelle de 1889.

| VINS ROUGES | | VINS BLANCS | |
|---|---|---|---|
| La pièce de 225 litres : | | La pièce de 225 litres : | |
| 2mes Côtes 1890 | 100 f. | Entre 2 Mers 1890 | 110 f. |
| Paluds 1890 | 115 | Petites Graves 1890 | 125 |
| 1res Côtes 1890 | 125 | Graves 1889 | 150 |
| Côtes supér. 1889 | 150 | 1res Côtes Soupiac 1888 | 200 |
| Graves Portets 1889 | 200 | Barsac, sec 1888 | 250 |
| Graves La Brède 1889 | 250 | H' Barsac, liquor, 1887 | 350 |
| Médoc Cussac 1889 | 350 | Sauternes, liquor. 1887 | 500 |

Double fût : 5 francs en sus.
Livraison en gare de départ. — Paiement à 90 jours net, ou à 30 jours avec 2 0|0 d'escompte.
S'adresser à M. G. BORD, secrétaire général du Syndicat agricole de CADILLAC (Gironde).

---

*Le Gérant,* E. MOREAU.

---

Laval, Imp. L. Moreau.

# TABLE DES MATIÈRES

## ANNÉE 1892